土木工程专业研究生系列教材

土 动 力 学

高盟　王滢　编著

中国建筑工业出版社

图书在版编目（CIP）数据

土动力学/高盟，王滢编著. —北京：中国建筑工业出版社，2022.12
土木工程专业研究生系列教材
ISBN 978-7-112-28189-3

Ⅰ.①土… Ⅱ.①高…②王… Ⅲ.①土动力学-研究生-教材 Ⅳ.①TU435

中国版本图书馆 CIP 数据核字（2022）第 221764 号

本书以编者10余年的土动力学教学、科研工作的丰富资料和实践经验为基础，参阅国内外大量文献资料和论著编写而成。本书围绕土动力学的基本概念、基本原理、基本方法，重点讨论土体的动力特性及波在土体中的传播衰减规律。全书共9章，主要包括四个方面的内容：土动力学基础知识，包括绪论、振动基础；土的波动理论，包括弹性介质中的波、饱和土体中的波、非饱和土体中的波；土的动力特性试验，包括室内试验和原位测试；土的动力学特性，包括土的动强度、动变形与动孔压特性、土的动力本构关系、土的液化特性。本书在强调内容的系统性和完整性的同时，着重突出了前瞻性、拓展性、实用性和简洁性等特点，融入了大量土动力学的最新研究思路和成果，拓展了读者的研究视野和深度。此外，为便于读者理解书中的抽象概念和理论，配套了相应的习题及答案。

本书可作为高等学校土木工程类有关专业的研究生、高年级本科生教材，也可供从事土动力学工作的科研和技术人员参考。

本书作者制作了配套的教学课件，有需要的教师可以通过以下方式获取：lijingwei9165@163.com，电话：(010) 58337464。

责任编辑：杨　允　李静伟
责任校对：芦欣甜

土木工程专业研究生系列教材
土动力学
高盟　王滢　编著
*
中国建筑工业出版社出版、发行（北京海淀三里河路9号）
各地新华书店、建筑书店经销
北京科地亚盟排版公司制版
北京建筑工业印刷厂印刷
*
开本：787毫米×1092毫米　1/16　印张：12¾　字数：315千字
2022年12月第一版　2022年12月第一次印刷
定价：**58.00**元（赠教师课件）
ISBN 978-7-112-28189-3
(40124)

前　　言

土动力学作为土力学的一个重要分支和延伸学科，是研究各种人工振源及地震作用下土的变形和强度等动力反应特性及动力稳定性的一门学科。土动力学的研究内容涉及土力学、弹塑性力学、岩土地震工程、振动和波的传播、数学物理方法、数值分析等多个学科和多种理论知识。从这个意义上说，它又是一门多学科交叉的学科，内容十分丰富。

随着我国基础设施建设的发展和海洋强国战略的实施，工程爆破、轨道交通、机器生产、地震、风浪流等动荷载诱发的工程建设中的新问题使土动力学的研究充满了生机和活力，促进了土动力学的发展。其研究内容也不断地延伸和扩展，涵盖了与土动力学密切相关的岩土地震工程、交通岩土工程和海洋岩土工程等学科领域，土动力学的发展面临新任务、新挑战，也使越来越多的青年学者和研究生投入到土动力学的研究中来。

土动力学虽与土力学密切相关，但与土力学相比，土动力学的研究需要深厚的理论基础和知识储备。对初学者门槛更高，难度也更大。因此，编者期望编写一本系统、完整，简洁易懂同时兼顾先进性、启发性和实用性可供研究生使用的简明教材。内容主要介绍土动力学的基础知识，使初学者通过学习掌握土动力学的基本概念、基本原理和基本方法，培养研究生分析、解决土动力学问题的能力和思维方法。编者从事土动力学课程的研究生教学 10 余年，本书的讲义经过 10 余届研究生的使用，不断地更新和完善，已具备了一定的实践基础。

本书的编写强调和注重教材的系统性和完整性，简明扼要而不面面俱到，重点介绍土动力学的基本概念、基本原理和基本方法。为降低初学者的门槛，编者在书中给出了一些基本方程的详细推导过程，并配有相关的例题和习题，通过例题的讲解和习题的练习，做到举一反三，更容易深入理解和把握相关原理和方法。同时，为增加本书的启发性和先进性，书中也注入了一些土动力学领域的新动向、新方法、新思路和新成果，从而激发读者的创新意识和灵感，推动土动力学学科发展。

本书共 9 章，主要包括四个部分的内容：土动力学基础知识，包括绪论、振动基础，这部分内容是分析土动力学问题的基础；土的波动理论，包括弹性介质中的波、饱和土体中的波、非饱和土体中的波，这部分内容是土动力学的重点；土的动力特性试验，包括室内试验和原位测试，这部分内容是联系土动力学理论和工程应用的纽带和桥梁，是土动力学研究的必要手段和途径；土的动力学特性，包括土的动强度、动变形与动孔压特性、土的动力本构关系、土的液化特性，这部分是土动力学的核心内容。

受篇幅所限，本书仅以土动力学的基本原则为主，而对于动力机器基础的振动、桩基础的振动、浅基础的动承载力、场地的地震反应分析、土体的动力稳定性、土-结构动力相互作用等专题没有涉及，但编者在本书的适当位置均做了启发性的延伸和拓展，相信读者在熟练掌握了土动力学的基本概念、基本原理和基本方法后，理解和掌握上述专题，独立解决相关的土动力学问题并非难事。

本书的编写和出版得到了国家自然科学基金项目和山东省自然科学基金项目（51808324、ZR2021ME144）的支持和帮助，在此表示感谢。山东科技大学土动力学研究组的老师和研究生们也在各个方面给予了大力支持和帮助，感谢我的学生孔祥龙、修积鑫、孔祥宵、李雪、范鲁澳、刘森、赵彩清、赵礼治、姚真等研究生在排版、绘图等方面的奉献和付出。感谢中国建筑工业出版社编辑杨允为本书出版所付出的辛勤劳动。此外，国内外有关专家的研究成果和资料给了编者很大的帮助，得到了大量的启发和借鉴，特别是国内已经出版的土动力学教材和专著，在此编者对他们表示真挚的谢意。

符 号 表

a	半径，加速度
$a_{\max}$	最大地面加速度
a_{n}、b_{n}	分别为前后轴之间的距离
a_{s}	土体骨架加速度
A	横截面面积
A_j	几何不平顺矢高
A_{L}	滞回曲线所包围的面积
W	试样的自重（$Al\gamma$）
W_m	附加块体的重量
A_N	第 N 次振幅
A_{N+m}	第 $N+m$ 次振幅
A_{s}	静位移
A_{T}	影线部分三角形面积
A^{α}、B^{α}	表示 P 波和 S 波在 r 相介质中的振幅
b	黏性耦合系数 $\eta n^2/k_{\mathrm{d}}$
b_{l0}、$b_{\mathrm{g}0}$	孔隙水、孔隙气体的与黏性系数和相对渗透系数相关的系数
B	饱和度 $B=\Delta u/\Delta\sigma_3$，弹性体积模量
c	阻尼系数，黏聚力，相速度
c_{c}	临界阻尼系数
c_{d}、φ_{d}	动强度指标
c_{d}	动力有效黏聚力
c_{r}	修正系数
c_{s}	剪切波波速
c_{scr}	临界剪切波速
C_{D}	阻力系数
C_{N}	考虑上覆有效应力影响的修正系数
C_{u}	不均匀系数
d_0	液化土深度特征
d_{b}	基础埋置深度
$\mathrm{d}n_{\mathrm{c}}$	最大回弹增量
d_{s}	饱和土标准贯入点深度，土的埋深
d_{u}	上覆非液化土层厚度

d_w	地下水位深度
$d\varepsilon_{ij}$	应变增量
$d\xi$	累积应变增量
$d\sigma_{11}$	轴向应力增量
$d\sigma_{ij}$	应力增量
$d\overline{\varepsilon^p}$	塑性八面体剪应变
D	阻尼比
D_r	土相对密实度
$D_{r三轴}$	室内试验土样的相对密实度
$D_{r现场}$	现场的相对密实度
e	偏心距，孔隙比
e_{cr}	临界孔隙比
E	单位体积内能，弹性模量
E_0	动弹性模量的最大值，炸药单位体积的初始内能
E'	损失能量
E_c	体积压缩模量
E_d	弹性压缩模量
$\overline{E}_r$	土在一次应力循环开始时有效应力状态下的回弹模量
$E'\gamma_{d0}$	应变为零时的剪应力值
$E\gamma_{d0}$	应变最大时的剪应力值
f	频率
$f_1(r-v_pt)$	以波速 v_p 沿 r 正方向传播的发散波
$f_1(x-v_ct)$	沿 x 轴正方向传播的波，又称下行波
$f_2(x+v_ct)$	沿 x 轴负方向传播的波，又称上行波
$f_1(y)$、$f_2(y)$	椭圆水平和垂直方向的轴长
$f_2(r+v_pt)$	以波速 v_p 沿 r 负方向传播的会聚波
f_m	最大振幅下的频率（即有阻尼振动的共振频率）
f_n	固有频率
f_{sl}、f_{sg}	土体骨架对孔隙水、孔隙气体的阻力
F_{max}	振动惯性力
g	重力加速度
G	剪切模量
G^*	复合剪切模量
G_0	初始剪切模量
G_d	动剪切模量
G_s	土粒相对密度
h	亨利系数（即空气溶解系数，20℃时为 0.02）
H	受荷历史，水头差
H_b	应力点落在边界面上的塑性模量

i_{cr}	出现渗流液化时的临界水力梯度
I_0、K_0	第 1 类和第 2 类 0 阶修正的 Bessel 虚宗量
J	极惯性矩
J_1	第一应力不变量
J_{2D}	剪切应力张量的第二不变量
J_m	附加块体的质量极惯性矩
k	波数，弹性系数，渗透系数
k_1	邻近车轮力在线路上的叠加系数
k_2	钢轨及轨枕的分散系数
k_d	渗透系数
k_l、k_g	水与空气的渗透系数
k_p、k_s	P（压缩波）波和 S（剪切波）波的波数
k_{rl}、k_{rg}	孔隙水、孔隙气体的相对渗透系数
K	破损参数，固结应力比，体积模量
K_0	静止时的土压力系数
$K_0\sigma_v$	侧向应力
K_b	土骨架的体积压缩模量
K_c	静力固结比
K_f	孔隙流体的体积模量
K_g	空气的体积压缩模量
K_l	水的体积压缩模量
K_l、P^a	水和空气的压缩模量
K_p	塑性模量
K_s	土颗粒的压缩模量
l	杆件长度
L	渗径，荷载指数，距离
L_D	列车荷载到观察点之间的距离
L_j	几何不平顺曲线波长
L_S	车厢长度
m	质量，反映孔压比随 β_0 衰减的一个经验系数
m_e	每个反向旋转元件的质量
M	放大系数
M_0	簧下质量
n	单位法线矢量，孔隙率，一个整数
n、n_{el}、n_{eg}	残余含水量作为土骨架组成部分时土体、孔隙水、孔隙气所对应的孔隙率
n^r	r 相介质的体积分数
N	振次
N/N_L	振次比

N_0	液化判别标准贯入锤击数基准值
N_{50}	孔压比等于50%时的循环次数
N_{50}^*	孔压等于 u_f 的50%时的循环次数
N_{60}	标准贯入击数
N_e	等效循环数
N_{eq}	等效均匀应力循环次数
N_f	振次
N_L	达到液化时的循环次数
p	孔隙压力，平均应力，球应力
p'	有效平均应力
p_0	大气压力，简谐荷载单幅值
p_a	比贯入阻力
p_c	基质吸力，黏粒含量
p_f	孔压
p_l、p_g	孔隙水压力、孔隙气压力
p^l、p^g	水和空气承受的压力增量
P	空气压力
P_0	列车轮对静载
P_1	爆炸压力
P_1	固体体波
P_2	流体体波
P_j	对应Ⅰ、Ⅱ、Ⅲ三种控制条件中振动荷载的典型值 $P_j = M_0 A_j \omega_j^2$ ($j=1, 2, 3$)
$\bar{p}_r$	r 相介质的相对密度
q	剪应力，排渗流量
q/p'	剪应力比
q_c	贯入阻力
q_{cl}	归一化贯入阻力
q_n	是一组内部状态变量
r	非弹性阻力系数
r^*	归一化极坐标
R	摩尔气体常数 $\mathrm{R}=8.2144\mathrm{J/(mol \cdot K)}$
R、Q	Biot 系数
R_s	收缩膜曲率半径或最大孔隙半径
$R(t)$	阻尼力
S_0	初始饱和度（%）
S_e	有效饱和度
S_f	最后饱和度（%）
S_{ij}	偏应力，i，$j=1$，2

S_r	饱和度
S_{rg}	进气饱和度
S_{sat}	饱和饱和度
t	时间
t^*	归一化时间
T	温度，扭矩，周期，γ 影响的变化量
T_s	收缩膜的表面张力
u	位移，孔隙水压力
u、u^l、u^g	固、液、气相的位移
u_0	饱和所需施加的反压力（kPa）
u_a	孔隙气压力
u^a	孔隙气位移
$(u_a-u_w)_d$	高进气陶土板进气值
u_f	非等向固结的孔压极限值
u^r	r 相介质的位移矢量
u_r	径向位移分量
$\dot{u}^r$、$\ddot{u}^r$	r 相介质的速度与加速度
u_r、u_r^l、u_r^g	土体骨架、孔隙水、孔隙气的径向位移
$u_r(r, w, t)$、$w_r(r, w, t)$	土骨架和孔隙流体的绝对径向位移
$u_r^*(r^*, \omega, t^*)$、$w_r^*(r^*, \omega, t^*)$	z 截面处土骨架和孔隙流体的归一化径向位移
u_w	孔隙水压力
u^w	孔隙水位移
$\boldsymbol{u}$	土骨架位移
$\boldsymbol{U}$	土骨架位移矢量
$U(x)$	由振型定义的与时间无关的振动幅值
$\boldsymbol{U}$、$\boldsymbol{W}$	固体、流体部分的位移张量
v	波速，流速
v_c	纵波波速
v_p	沿 r 负方向传播的会聚波
v_r	弹性半空间中瑞利波的波速
v_t	列车速度
$v_w(z, t)$	波动分量
V	体积
V_P	压缩波的速度
V_S	剪切波速度
$V_w(z)$	平均风速
w	饱和后的含水率，风荷载
w_r	孔隙流体的径向位移
$\boldsymbol{W}$	水相位移，振动的总能量

z	位移，深度
$\dot{z}$	速度
$\ddot{z}$	加速度
$z_{\max}$	最大位移
z_s	静位移
α	衰减系数，土的体积压缩系数
α、m、k	V-G 模型的材料参数
α、M	土颗粒和孔隙水压缩性的 Biot 系数，$0\leqslant\alpha\leqslant1$，$0\leqslant M\leqslant\infty$
β	超压在轴向上的衰减系数，考虑震源距的调整系数，土的体积回弹系数
β_0	初始剪应力比
β_1、β_2	Biot 理论中定义的两类压缩波（即快波和慢波）所对应的无量纲波数
γ	剪应变，气体比热比，土的重度
γ'	土的浮重度
γ_b	固体组分和液体组分真密度
γ_c	循环剪应变
γ_{cr}	临界剪应变
γ_d	剪应力折减系数
γ_{d0}	剪应变幅值，滞回圈上的最大剪应变
γ_g	气体组分物质真密度
$\gamma_r=\tau_{d\max}/G_0$	参考应变，屈服应变
γ_{ss}，γ_{ll}，γ_{gg}，γ_{sl}，γ_{sg}，γ_{lg}	孔隙介质参数
γ_t	极限剪应变
δ	Dirac 函数（表征应变对应力滞后作用的相位差），对数递减率
δE	变形能增量
δ_{ij}	Kronecker 符号，$i=j$ 时为 1，$i\neq j$ 时为 0
δ_{in}	指的是材料刚开始产生塑性变形时的 δ 值
δW_e	不可恢复的消耗能或塑性能
δW_c	可恢复的弹性能
Δn	孔隙率变化
Δn_t、Δu_t	土体在部分排水条件下达到 t 时刻时的孔隙率增量和孔压增量
Δu	孔压的增量
Δu^*	不排水条件下的孔压
ΔW	一个周期内损耗的能量
$\Delta\varepsilon_r$	体积缩小量
$\Delta\varepsilon_{vd}$	塑性体应变增量

ε	应变，初相位角
ε_1	大主应变
ε_d	动应变
ε_{ij}	土骨架应变
ε_m	残余应变
ε_{rr}、$\varepsilon_{\theta\theta}$	多孔介质的径向总应变和环向总应变
ε_S^r、ε_S^θ	土骨架的径向应变和环向应变
ε_v、ε_q	分别表示体应变和剪应变
η	流体黏度系数
η_g	孔隙气的黏性系数
η_l	孔隙水的黏性系数
θ	角位移，土的结构效应
θ_σ	应力洛德角
κ	土的固有渗透性
λ	波长
λ_s、G_s	土体骨架拉梅常数
λ_1	应变速率校正系数
λ_d	黏弹性体的阻尼比，等效滞回阻尼比
λ_R	瑞利波波长
μ	泊松比，相对密度
ξ	加载中土的累积应变，孔隙水的体应变，应变路径长度，有效侧压力系数
ξ_l、ξ_g	固体骨架和流体（液体和气体）之间的黏滞力参数
ρ	密度
ρ_f、ρ_S	孔隙流体和固体骨架的质量密度
ρ_{11}	考虑附加质量的土骨架密度
ρ_{22}	考虑附加质量的孔隙水密度
ρ_{33}	考虑附加质量的孔隙气密度
ρ_a	流体产生的额外质量密度
ρ_d	干密度
ρ_f	孔隙水的密度
ρ^r	r 相介质的密度
ρ_s、ρ_f	土骨架密度和附加质量密度
ρ_s、ρ_l、ρ_g	固、液、气相的密度
ρ_{w0}^g	饱和水蒸气密度
ρ_w^l、ρ_w^g、ρ_a^g和ρ_a^l	液态水、水蒸气、干气和溶解于液相中空气的密度
σ	正应力
σ'	有效应力

σ_0	静应力
σ_1/σ_3	应力比
σ_1、σ_3	静态应力
σ_1'	换算有效应力
σ_{rr}、$\sigma_{\theta\theta}$	饱和多孔介质的径向总应力和环向总应力
σ_{1c}、σ_{3c}或σ_v'	固结应力
σ_{1e}、σ_{3e}	地震时的应力
σ_π	法向应力
σ_c	45°面上法向应力，围压
σ_c'	有效固结围压
σ_d	动应力
σ_{de}	动强度
σ_{cd}	动黏性应力
σ_d	动应力
σ_{d0}	动应力幅值
σ_{ed}	动弹性应力
σ_f	超孔隙水压力，流相平均应力，破坏强度
σ_{ij}	土体单元总应力，i，$j=x$，y，z
σ_{ij}'	有效应力
σ_{ij}^s	固相上的应力分量
σ_m	平均主应力
σ_m'	有效平均应力
σ_r	侧向压力
σ_r'、σ_θ'	分别为土骨架的径向应力和切向应力
σ_r、σ_θ	土体总应力
σ_S^r、σ_S^θ	饱和土体的总径向应力和环向应力
σ_s	静应力
σ^s	土体粒间吸应力
σ_v	竖向应力
σ_v'	上覆有效应力
σ_z、σ_x	垂直和水平法向总应力
ΣW	振动过程中单位体积土体内累积耗损的能量
τ	剪应力
τ_0	简谐波的剪应力幅值，八面体剪应力
τ_{av}	等效循环剪应力
τ_c	切向应力
$\bar{\tau}_c$	均匀循环剪应力
τ_d	均匀作用剪应力，周期偏应力
τ_{d0}	剪应力幅值，滞回圈上的最大剪应力

$\tau_{d\,max}$	骨干曲线上的最大剪应力
τ_h	水平往复剪应力
τ_{max}	最大剪应力
φ	静力有效内摩擦角，势函数，应力-应变相位角
φ'	土的有效内摩擦角
ϕ、Φ	土骨架位移的标量势函数和矢量势函数
φ、Ψ	孔隙水位移的标量势函数和矢量势函数
φ_1、Ψ_1	土骨架的势函数
φ_2、Ψ_2	流相的势函数
φ_c、φ_e	分别为压缩试验和伸长试验确定的残余内摩擦角
φ_d	动力有效内摩擦角
χ、m、d	V-G 模型的土参数
χ、Θ	孔隙气位移的标量势函数和矢量势函数
ψ	能量损失数
Ψ	基质吸力
Ψ^r和H^r（$r=s$，l，g）	固、液、气相三相介质的标量势函数和矢量势函数
ω	圆频率
ω_0	衰减振动时的频率
ω_j	振动圆频率，$\omega_j=2\pi c/L$
ω_n	固有圆频率
∇^2	Laplace 算符

目 录

第1章 绪论

1.1 土动力学的概念及其重要性

土动力学源于土力学。但又与土力学有着本质区别，是研究土在各种动荷载（地震、爆炸、交通、风、浪、流、机器运转等）作用下的力学行为的一门科学。它的主要任务是探究动荷载在土中产生的波的传播规律及土的动力特性，在此基础上，应用近代数学、力学的原理和方法来分析研究土（海）工结构、基础及地基对各种动荷载的动力反应规律。而土力学是研究土在静荷载作用下的力学行为，包括应力、变形、强度和稳定，这种力学行为是不随时间变化的，尽管荷载有时是动态的。因此，土动力学是土力学研究在静荷载作用下，土的力学行为扩展到使荷载随时间的变化与土的力学行为变化相联系而形成的土力学的一个重要分支。

岩土工程中经常遇到与土及土（海）工结构动荷载有关的问题包括但不限于以下方面：

（1）地震、地面振动和波在土中的传播；

（2）土的动应力、变形和强度特性；

（3）动土压力问题；

（4）浅基础的动承载力问题和设计；

（5）与土液化有关的问题；

（6）动力机器设备的基础设计；

（7）动荷载桩基础的设计；

（8）地震作用下路堤的稳定性；

（9）土（海）工结构的动力稳定性。

为了对这些问题进行合理的分析和设计，必须深入了解土在静态和动态荷载条件下的行为。例如，在设计基础以抵抗机器运转或外部源施加的动态荷载时，工程技术人员必须根据当地土质条件和环境因素得出特殊的解决方案。基础的设计必须满足静态荷载的标准，同时必须能够安全抵抗动态荷载。在设计动态荷载条件时，工程技术人员要求回答以下问题：

（1）动荷载作用下失效应如何定义，失效标准应是什么？

（2）动荷载作用与定义失效标准时使用的岩土参数之间的关系是什么？

（3）动荷载下的岩土参数如何取得？

(4) 动荷载下可接受的安全系数如何确定，静态设计条件下使用的安全系数是否足以确保令人满意的性能，或者是否需要满足一些附加条件?

近年来，土与土（海）工结构的振动问题越来越受到岩土工程界的重视，并在这方面取得了重大进展。已经建立了较为完善的土的波动理论和求解方法，用于预测地基和土（海）工结构的振动响应；开发了新的理论程序，用于计算基础的响应、分析土的液化潜力以及土工结构的设计；研发了用于确定土的动力特性和动力学行为的室内试验方法和现场测试技术。但总体上，土动力学理论的进步依然滞后于工程实践的发展。随着世界各国，特别是中国基础设施的大力发展，与土动力学有关的工程实践问题大量涌现，如轨道交通诱发的环境振动危害、高速铁路的岩土工程抗震设计、海工结构在风、浪、流复杂荷载下的动力稳定性、冻土、海底能源土等特殊土的动力特性等对土动力学提出的新课题、新挑战。同时，这些工程建设中的新问题也给土动力研究不断注入新的活力。土动力学的重要性在于为土中的动态荷载问题提供安全、可接受和经过时间检验的解决方案，尽管某些地区可能缺乏信息，并且实际荷载条件可能无法预测，例如地震。综上所述，可以看出土动力学是一个跨学科领域，除传统土力学外，还需要了解振动理论、波的传播原理、动态循环条件下土的力学行为、数学的力学原理和方法、有限元法等数值方法，以找到实际问题的适当解。

1.2 动荷载的性质、分类及其数学描述

动荷载是指荷载的大小、方向、作用位置随时间而变化，且对作用体系的动力效应不可忽略的荷载，一种以上的力的变化可能共存。其性质可用振幅（amplitude vibration）、频率（frequency）和持续作用时间（duration of vibration）来表示。根据其性质动荷载可分为周期荷载、非周期荷载和随机荷载。

1.2.1 周期荷载

周期荷载是一种特殊类型的荷载，其大小随时间而变化，并以规则的间隔重复。例如，往复或旋转机器的运行。其持续作用时间用循环作用振次 N 来表示，运动重现一次称为一个循环，单位时间内所完成的循环周数，称为频率 f，单位 Hz。

$$f = \frac{\omega}{2\pi} \tag{1.1}$$

式中，ω 为圆频率。

完成一个循环所需要的时间，称为周期，以 T 表示，单位 s。

$$T = \frac{1}{f} = \frac{2\pi}{\omega} \tag{1.2}$$

平衡位置的位移总是相等的相邻两个振动质点间的距离称为一个波长，用 λ 表示，单位 m。

$$\lambda = vt \tag{1.3}$$

式中，v 为波速，单位 m/s。

周期荷载可以用周期函数表达，如机器转子的运动、波浪作用等。周期荷载的最简单

形式是简谐荷载（harmonic loading）。简谐荷载随时间 t 的变化规律可用正弦或余弦函数表示。其示意图如图 1.1 所示。

$$p(t) = p_0 \sin(\omega t + \varepsilon) \tag{1.4}$$

式中，p_0 为简谐荷载的单幅值，称为振幅；ω 为圆频率（rad/s）；ε 为初始相位角。

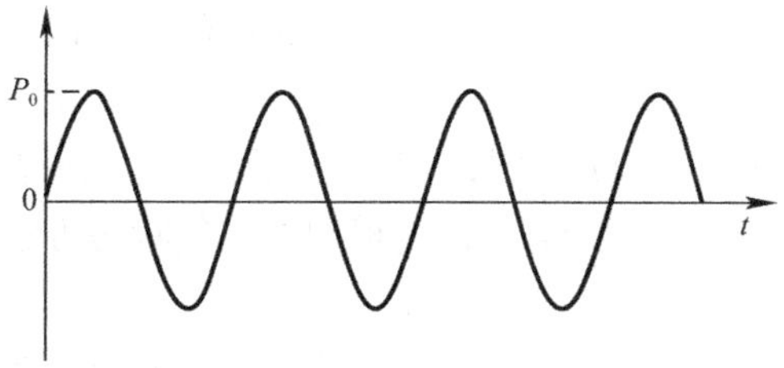

图 1.1　正弦荷载

1.2.2　非周期荷载

非周期荷载是指不显示任何周期性的荷载，例如，作用在建筑物上的风荷载、爆炸冲击荷载、轨道交通荷载等。

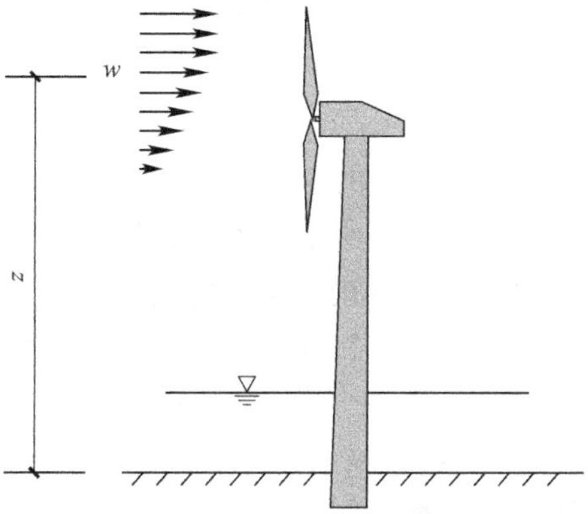

图 1.2　海上风车受风荷载作用

1. 风荷载

风荷载也称风的动压力，是空气流动对工程结构所产生的压力。其频幅变化很大，时增时减，不稳定。风荷载 w 与风速、荷载作用面积等因素有关。例如，作用在海上风车结构上的荷载如图 1.2 所示，可表示为：

$$w = 0.5\rho_a C_D D(V_w + v_w)^2 \tag{1.5}$$

式中，ρ_a 为在 1atm 和 15℃下的空气密度；D 为风车的外径；C_D 为阻力系数，其值从1～1.58 不等；$V_w(z)$ 为平均风速；$v_w(z, t)$ 为波动分量，z 为风车自水平面的计算高度。

2. 爆炸荷载

爆炸荷载是一种瞬时荷载，强度大，作用持续时间短，压力升高速率大。爆炸荷载产生的超压可用如图 1.3 所示的 4 种数学函数表示。

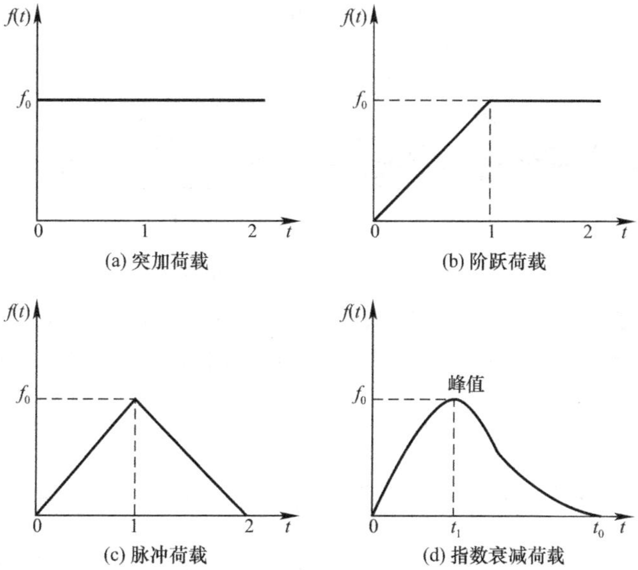

图 1.3　爆炸荷载

爆炸荷载随着与爆源距离的增大而呈指数衰减，一般可表达为：

$$f(z,t)=f(t)\mathrm{e}^{-\alpha t}\mathrm{e}^{-\beta|z|} \tag{1.6}$$

式中，$f(t)$ 为爆炸荷载函数；β 为超压在轴向上的衰减系数；z 为离爆源的距离。

数值计算中炸药模型的空气状态方程可表达为：

$$P=C_0+C_1\mu+C_2\mu^2+C_3\mu^3+(C_4+C_5\mu+C_6\mu^2)E \tag{1.7}$$

式中，P 为空气压力；E 为单位体积内能；μ 为相对密度；线性多项式状态方程可用于模拟空气状态方程，通过设置 $C_0=C_1=C_2=C_3=C_6=0$，$C_4=C_5=\gamma-1$ 来实现，γ 为气体比热比。炸药的状态方程为：

$$P_1=A\left(1-\frac{\omega}{R_1V}\right)\mathrm{e}^{R_1V}+B\left(1-\frac{\omega}{R_2V}\right)\mathrm{e}^{R_2V}+\frac{\omega E_0}{V} \tag{1.8}$$

式中，P_1 为爆炸压力；E_0 为炸药单位体积的初始内能；V 为爆轰产物与初始状态的相对体积；A、B、R_1、R_2、ω 为方程参数。

3. 轨道交通荷载

随着我国高速铁路、市内轨道交通的迅速发展，列车运行诱发的振动已成为人工振源的一种主要形式。轨道交通振动产生机理（以地铁为例）如图 1.4 所示，列车在轨道上运行时，由于列车自重和轨道不平顺、轮轨失圆等产生振动，振动由轨道向外传播，经隧道和地基土传到地表建筑物，危害建筑物内人体健康、古建筑保护、邻近既有建（构）筑物和精密仪器的正常使用。

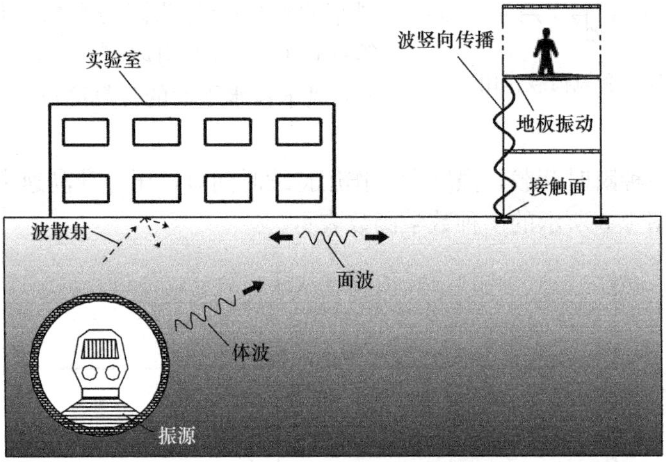

图 1.4　轨道交通振动产生机理

合理准确表达轨道交通荷载对预测其诱发的环境振动危害至关重要。边学成等假设列车由一系列轮重荷载组成，如图 1.5 所示。设计一共有 D 节车厢，对于沿着 x 坐标正向以速度 v_t 移动，自振频率 $\omega_0=2\pi f_0$ 的移动荷载，可在时域和空间域表示为：

$$f(x,y,z,t)=\sum_{n=1}^{D}F_n\delta(x-v_t t)\mathrm{e}^{i2\pi f_0 t} \tag{1.9}$$

$$\begin{aligned}F_n\delta(x-v_t t)=P_0\Big[&\delta\Big(x-v_t t+\sum_{s=0}^{n-1}L_s+L_D\Big)+\delta\Big(x-v_t t+a_n+\sum_{s=0}^{n-1}L_s+L_D\Big)+\\&\delta\Big(x-v_t t+a_n+b_n+\sum_{s=0}^{n-1}L_s+L_D\Big)+\delta\Big(x-v_t t+2a_n+b_n+\sum_{s=0}^{n-1}L_s+L_D\Big)\Big]\end{aligned} \tag{1.10}$$

式中，P_0 为列车轮对静载；L_s 为车厢长度；L_D 为列车荷载到观察点之间的距离；a_n，b_n 分别为前后轴之间的距离；δ 为 Dirac 函数。

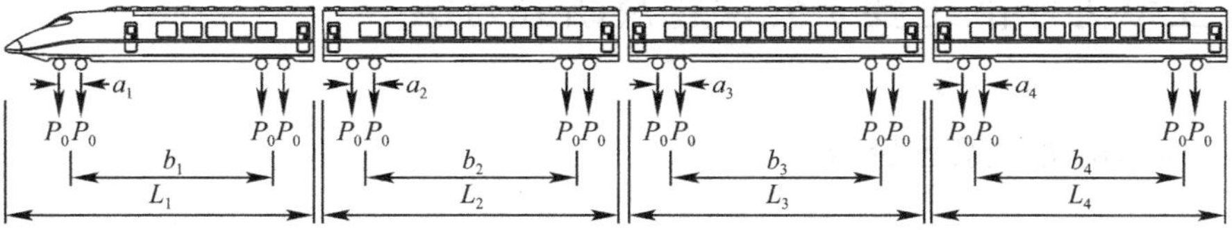

图 1.5　列车荷载示意图

式（1.9）仅考虑列车轴重，不能考虑列车的随机激振部分。为此，梁波等提出了可以反映轨道不平顺、附加动荷载和轨面波形磨耗效应的激励力函数，同时考虑钢轨、轨枕的分散传递因素表达式。

$$f_2(x,y,z,t)=k_1k_2\sum_{n=1}^{N}(P_0+P_1\sin\omega_1 t+P_2\sin\omega_2 t+P_3\sin\omega_3 t)\delta(x-v_t t) \tag{1.11}$$

$$P_j\sin\omega_j t\delta(x-v_t t)=P_j\sin\omega_j t\Big[\delta\Big(x-v_t t+\sum_{i=1}^{N-1}L_s+L_D\Big)+\delta\Big(x-v_t t+a_n+\sum_{i=1}^{N-1}L_s+L_D\Big)+$$
$$\delta\Big(x-v_t t+a_n+b_n+\sum_{i=1}^{N-1}L_s+L_D\Big)+\delta\Big(x-v_t t+2a_n+b_n+\sum_{i=1}^{N-1}L_s+L_D\Big)\Big] \tag{1.12}$$

式中，k_1 为邻近车轮力在线路上的叠加系数，一般为 1.2～1.7；k_2 为钢轨及轨枕的分散系数，一般为 0.6～0.9；$P_j=M_0A_j\omega_j^2$（$j=1$，2，3）分别对应三种控制条件中振动荷载的典型值，M_0 为簧下质量，$\omega_j=2\pi c/L_j$ 为振动圆频率，L_j 为几何不平顺曲线波长，A_j 为几何不平顺矢高。

此外，由车轮失圆导致车轮扁疤冲击钢轨也会产生附加荷载，考虑车轮失圆的列车荷载表达式可参考编者课题组李建端的学位论文《车轮失圆和轨面不平诱发的轨道及准饱和地基振动响应研究》，本书不再赘述。

1.2.3　随机荷载

随时间以高度不规则方式变化的荷载称为随机荷载，地震作用是一种典型的随机荷载，持续时间从几秒到几十秒不等。持续时间 t 和主要作用次数 N 与震级有关，震级越大，t 和 N 值越大，每个脉冲的波形更接近于正弦变化的曲线。试验研究中，如动三轴试验和振动台试验通过计算机控制实现已有记录的地震实际波形输入。但在理论计算中，很难实现。一般将一个不规则的地震动力时程等效为一个等幅的往复荷载，即这个往复荷载在某个幅值和某个振次产生的作用与原不规则地震波的效应相等。这样在土动力学试验和理论计算中就可以用等效的规则往复循环荷载代替不规则的动荷载，以简化试验操作和理论计算。Seed 根据大量地震数据资料的分析，提出了将不规则地震波最大荷载幅值的 0.65 倍作为等效后等幅动力时程的幅值，对 7 级、7.5 级和 8 级地震分别取等效振次为 10 次、20 次和 30 次。如图 1.6 所示，已知最大剪应力为 τ_{max} 的 7

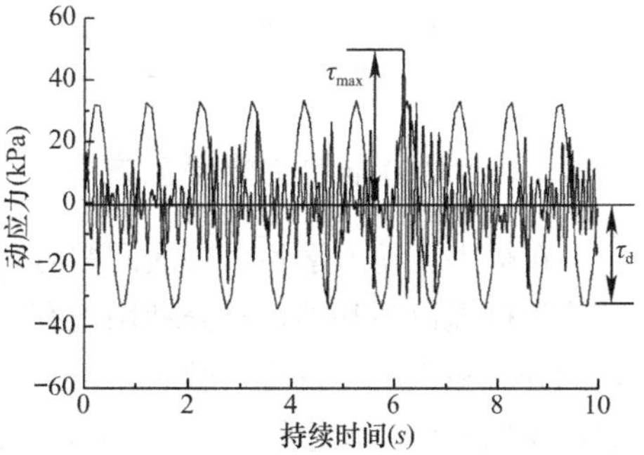

图 1.6　不规则地震波的等效

级地震波可等效为循环次数 $N=10$ 次和均匀作用剪应力 τ_d 的规则正弦波。

1.3 土动力学的主要研究课题及研究方法

1.3.1 土动力学的主要研究课题

土动力学是一门多个学科密切交叉融合的科学，研究内容涉及弹塑性力学、土力学、振动工程学、地震工程学、数学、物理、海洋岩土工程和交通岩土工程等多个学科领域。归纳起来，土动力学所解决的问题主要包括三个层次：

(1) 第一层次（小应变问题，$\varepsilon \leqslant 10^{-5}$）。如动力机器、交通荷载等诱发的振动在地基中的传播问题、环境振动危害控制问题，即屏障隔振问题、桩基动力测试技术问题。

(2) 第二层次（中等应变问题，$10^{-5}<\varepsilon \leqslant 10^{-3}$）。如动应力-动应变关系问题（动力本构模型问题）、砂土的初始液化问题及与之相关的动力反应问题均属于这个层次的问题，也是土动力学的核心内容。

(3) 第三层次（大应变问题，$\varepsilon>10^{-3}$）。如动强度问题、液化及液化后的大变形问题，属于塑性范围内的问题。

目前，对第一层次问题的研究较多，理论也较为成熟，主要集中在动力机器、列车运行等人工振源诱发的场地振动预测及振动控制（屏障隔振）、桩基在复杂地基条件下的纵、横向振动方面。此外，其范围还延伸到海洋岩土工程领域，如海上风电基础、采油平台、跨海工程基础在风浪流复杂动力环境下的振动问题已成为土动力学在这一层次新的增长点和发展方向。对第二层次问题的研究，由于受土体本身固有性质的制约，仍旧不能摆脱大量简化假设而有很大的局限性，进展相对缓慢。需要加大科研投入，开展深入、细致的研究工作，突破现有的简化假定，逐渐逼近工程实际。对第三层次问题的研究主要是在液化现象本身及机理的解释上，而汶川地震大破坏证明人们在地震导致的地基大面积液化后的大变形问题仍然束手无策。可见，液化后的大变形及液化防治问题是今后这一层次问题研究的重点。

土动力学的最终目标是解决土体在各种动荷载作用下的强度稳定性问题，即第三层次问题，第一层次和第二层次问题的研究都是为解决第三层次问题服务的。因此，土动力学的主要研究课题应该包括：土的振动、波动问题，土的动强度、动孔压问题，土的动力本构模型问题，砂土的振动液化问题及其延伸问题、振动控制-屏障隔振问题、动力机器基础的振动问题、桩基动力测试问题、浅基础的动承载力问题、场地的地震反应问题、土体的动力稳定性问题、土-结构动力相互作用问题等。

1.3.2 土动力学的主要研究方法

在解决土动力学各个层次问题时，应以弹塑性力学、土力学、结构动力学、数学、物理等学科理论为基础，充分利用现有室内试验技术和现场测试量测技术，进行符合工程实际的分析和判断。目前，解决土动力学问题的主要途径和方法有 3 种：理论计算、试验、数值模拟分析。理论计算是运用数学变换、波函数展开、数学物理方程、复变函数等数学、物理原理和方法，建立一定简化假设条件下的计算方法，需要不断地在工程实践中检验和修正，主要用于解决第一层次问题。试验包括室内模型试验、现场试验和原位测试量测，如动三轴试验、共振柱试验、振动台、离心机试验和现场测振技术等，主要用于解决第二层次、第三层次问题。数值模拟分析是利用现有的一些软件，如 ABAQUS、ANSYS、FLAC 及 PLAXIS 等模拟分析土体及结构在动荷载作用下的力学行为，主要用于解决第一层次和第三层次的问题。3 种研究途径和方法应紧密结合，互为补充、互为验证，对某一土动力学问题开展系统而深入的研究。但由于土动力学问题的复杂性、试验条件和科研投入的制约，现阶段土动力学的研究主要依赖理论计算和数值模拟，结合现场测试和量测，其研究重点仍然在理论依据、理论结果的工程验证及增稳减危的技术措施方面。试验方面的研究工作主要是基于现有试验设备和较为成熟的试验技术，为工程设计提供合理的技术指标。近年来，针对专有问题的试验设备研发和试验设计正在发展。土动力学的研究与土力学类似，应进一步将理论计算、室内试验、现场原位测试和量测、模型试验等紧密结合起来，互相验证，互相补充，各取所长，开展多手段、多方法、多角度长期的系统探索。

1.4 土动力学的发展

与土力学的发展类似，土动力学的研究源于人们解决工程实践问题。土动力学的发展大致经历 4 个阶段：

（1）起源

第一次世界大战后，机器工业迅速发展，动力机器产生的振动导致产品不合格问题使人们开始研究机器振动诱发的地基振动（以 Barkan 为代表）。之后，这一领域的研究成为土动力学的热点之一，到 20 世纪 60 年代已较为成熟。这一时期衍生了针对机器振动的屏障隔振研究，如 Pao、Woods 等通过现场试验、观测技术和理论计算，提出并分析了空沟、填充沟等屏障的隔振机理和隔振效应。

近年来，随着我国基础设施建设和现代工业生产的不断投入，建筑施工（打桩、工程爆破）、轨道交通（地铁、高铁和轻轨）和机器生产（动力机器）等诱发的环境振动对邻近建筑物、地下管线、人类生产和生活危害日趋严重，屏障隔振研究已成为国家的重大需求。高广运教授将隔振屏障分为连续屏障和非连续屏障，并提出了非连续屏障隔振设计的三准则；刘维宁、马蒙等提出了周期性排桩隔振理论；周凤玺教授等将波阻板-空沟屏障结合，提出多屏障联合隔振系统；编者课题组提出了复合波阻板和周期结构波阻板的隔振设计理论和技术。因此，屏障隔振直到现在仍然是土动力学研究的热点之一。

（2）延续

第二次世界大战后，军事工业得到迅猛发展，人们开始深入研究爆炸特别是核爆炸作用下的土动力学问题，如哈佛大学 Casagrande 等开展了核爆炸荷载作用下土的动力特性试验研究和理论分析，麻省理工学院 Taylor 和 Whitman 等对加载速率对土的强度的影响进行了试验研究。但由于涉及军事机密，这类研究成果公开报道的较少。我国学者钱七虎院士对冲击波作用下土与结构动力相互作用及工程防护问题开展了深入而系统的研究，建立了现代防护工程的理论体系。近年来，编者课题组针对我国能源运输管道和地铁隧道等维持城市生存功能的“生命线工程”面临的内爆炸作用问题，提出了弹性、饱和、非饱和地基中衬砌隧道在爆炸荷载作用下的动力响应解析理论，为地下衬砌结构的抗爆防护设计与施工提供了理论依据和技术支持。爆炸荷载作用下地下结构的动力反应及防护也是土动力学的一个重要研究领域。

(3) 繁荣

20 世纪 60—90 年代发生的几次大地震，如美国旧金山地震、加州地震、唐山地震、神户地震等推动了土动力学的发展，使土动力学从土力学和工程地震学中独立出来，成为一个分支学科。这几次地震均产生了大面积的地基液化灾害，促使人们对地震液化及土工抗震问题持续研究。我国学者黄文熙和汪闻韶研制了我国第一台振动三轴仪，对土的动强度和地震液化问题进行了大量研究工作，提出了地震稳定性分析方法和砂土液化机理。Seed 和 Lee 等根据室内动三轴的试验成果，提出了初始液化的概念并用来分析液化发生的机理。此后，与地震液化有关的动强度、动孔压及大变形问题的研究迅速发展而达到繁荣，使土动力学逐渐趋于成熟，并向更广阔的领域发展。

这一时期，Biot 波动理论的出现极大地推动土动力学理论的发展。Biot 于 1956 年和 1962 年先后在美国 *The Journal of Acoustical Society of America*、*Journal of Applied Physics* 杂志发表文章，创立了饱和多孔介质的波动理论，预言了饱和多孔介质中存在三种体波，20 年后，这一预言被试验所证实。Biot 波动理论自创立以来，已成为研究有关饱和土动力学问题的理论基础，在各种解析理论和数值计算中有着最广泛的应用，使土动力学研究经久不衰，呈现出一派充满活力、蓬勃发展的景象。

(4) 新兴

跨入新世纪，我国提出了海洋强国和“一带一路”倡议规划，涌现出大量的海上、陆上工程建设，为土动力学研究提出了新问题、新挑战，如复杂海洋动力环境下能源开采平台、跨海工程、风机基础等海上结构的振动反应及动力稳定性，高速铁路、地铁等轨道交通诱发的场地振动预测及危害控制，考虑应力主轴旋转和土各向异性的地基土动力反应特性，动荷载作用下非饱和多孔介质的动力反应特性等。这些新问题的出现给土动力学研究注入了新动力，推动着土动力学在理论计算、数值模拟、试验仪器研发、测试技术等领域快速发展，土动力学研究进入了一个新的发展阶段。

1.5 小结

(1) 土动力学是土力学的一个独立的多学科交叉的分支学科，它主要研究土在各种动荷载（地震、爆炸、交通、风、浪、流、机器运转等）作用下的变形、强度特性及动力稳定性。土动力学是预测动荷载作用下地基及结构振动、设计抗震性能良好的地基基础和结构物、是分析地基基础和结构物动力稳定性的工具。

(2) 动荷载是指荷载的大小、方向、作用位置随时间而变化，且对作用体系的动力效应不可忽略的荷载，具有振幅、频率和持续作用时间三个要素，分为周期荷载、非周期荷载和随机荷载三类。风荷载、爆炸荷载、交通荷载和地震作用是工程中常见的动荷载类型。动荷载较为复杂，在数学上很难准确描述，应根据工程实际情况选择合理的数学表达。

(3) 土动力学的研究课题可分为 3 个层次：第一层次（小应变问题）；第二层次（中等应变问题）；第三层次（大应变问题）。目前，小应变问题研究较多，也比较成熟，而对第二层次和第三层次的研究相对滞后，但后两者是土动力学研究的最终目标，应是土动力学今后发展的方向。理论计算、试验、数值模拟分析是土动力学的主要研究手段，三者互为补充、互为验证，应紧密结合，对土动力学问题进行深入系统的长期探索。

(4) 土动力学的发展经历了起源、延续、繁荣和新兴 4 个阶段，基本上是从第一层次到第二层次再到第三层次的发展过程。从起源到延续再到繁荣，Biot 波动理论起到了极大的推动作用，而对地震液化大变形问题的研究则使土动力学研究达到繁荣。21 世纪面临的海上结构的动力稳定性、轨道交通诱发的场地振动预测及控制等新问题、新挑战使土动力学的发展迈入一个崭新的阶段。

参考文献

[1] 谢定义. 土动力学 [M]. 北京：高等教育出版社，2011.

[2] 吴世明. 土动力学 [M]. 北京：中国建筑工业出版社，2000.

[3] 刘洋. 土动力学基本原理 [M]. 北京：清华大学出版社，2019.

[4] DAS BM，RAMANA GV. Principles of soil dynamics [M]. Stamford：Cengage Learning，2011.

[5] WANG P G，ZHAO M，DU X L，LIU J B，XU C S. Wind，wave and earthquake responses of offshore wind turbine on monopile foundation in clay [J]. Soil Dynamics and Earthquake Engineering，2018，113 (10)：47-57.

[6] GAO M，WANG Y，GAO GY，YANG J. An analytical solution for the transient response of a cylindrical lined cavity in a poroelastic medium [J]，Soil Dynamics and Earthquake Engineering，2013，46 (3)：30-40.

[7] 高盟，张继严，高广运，等. 内源爆炸荷载作用下无限弹性土体中圆柱形衬砌隧道的瞬态响应解答 [J]. 岩土工程学报，2017，39 (8)：1366-1373.

[8] 高盟，张继严，王滢，等. 内源爆炸荷载作用下饱和土中圆形衬砌隧道的瞬态响应解答 [J]. 岩土工程学报，2017，39 (12)：2304-2311.

[9] 白金泽. LS-DYNA3D 理论基础与实例分析 [M]. 北京：科学出版社，2005.

[10] 边学成，陈云敏，胡婷. 基于 2.5 维有限元方法模拟高速列车产生的地基振动 [J]. 中国科学 (物理学 力学 天文学)，2008，38 (5)：600-617.

[11] 梁波，罗红，孙常新. 高速铁路振动荷载的模拟研究 [J]. 铁道学报，2006 (4)：89-94.

[12] 李建端. 车轮失圆和轨面不平诱发的轨道及准饱和地基振动响应研究 [D]. 青岛：山东科技大学，2022.

[13] 高运昌. 高聚物固化钙质砂静力特性及液化机理研究 [D]. 青岛：山东科技大学，2022.

[14] BARKAN D D. Dynamics of base and Foundation [M]. Mc Graw：Hill Book Co.，1962.

[15] PAO Y H，MOW C C. Scattering of plane compressional waves by a spherical obstacle [J]. Journal of Applied Physics，1963，34 (2)：493-499.

[16] WOODS R D. Screening of surface waves in soils [J]. Journal of the Soil Mechanics and Foundation Division，ASCE，1968，94 (4)：951-979.

[17] 高广运. 非连续屏障地面隔振理论与应用 [D]. 杭州：浙江大学，1998.

[18] 刘维宁，姜博龙，马蒙，等. 周期性排桩设计频段隔振原理性试验研究 [J]. 岩土力学，2019，40 (11)：4138-4148.

[19] 周凤玺，马强，周志雄. 二维地基中空沟-波阻板联合隔振屏障分析 [J]. 岩土力学，2020，41 (12)：4087-4092.

[20] 田抒平. 竖向激振作用下 Duxseal-WIB 联合隔振研究 [D]. 青岛：山东科技大学，2020.

[21] GAO M, TIAN S P, CHEN Q S, WANG Y, GAO G. Y. Isolation of Ground Vibration Induced by High Speed Railway by DXWIB: Field Investigation [J]. Soil Dynamics and Earthquake Engineering, 2020, 131 (4): 1-6.

[22] 高盟，张致松，田抒平. 竖向激振力下 WIB-Duxseal 联合隔振试验研究 [J]. 岩土力学，2021，42 (2): 537-546.

[23] 高盟，孔祥龙，赵礼治. 周期结构波阻板的带隙特性研究 [J/OL]. 土木工程学报：1-11 [2022-09-04]. DoI:10. 15951/j. tmgcxb. 22020168.

[24] CASAGRANDE A. Characteristics of cohesionless soils affecting the stability of slopes and earth fills [J]. Journal of Boston Society of Civil Engineers, 1936, 23 (1): 13-32.

[25] TAYLOR D W. Fundamentals of soil mechanics [M]. New York: John Wiley and Sons, 1948.

[26] WHITMAN R V. The behavior of soils under transient loading [C] //Proceedings of the 4th International Conference on Soil Mechanics and Foundation Engineering, 1957, 1: 207-210.

[27] 钱七虎，王明洋. 高等防护结构计算理论 [M]. 南京：江苏科学技术出版社，2009.

[28] 钱七虎，王明洋. 岩土中的冲击爆炸效应 [M]. 北京：国防工业出版社，2010.

[29] 高盟. 土与衬砌结构动力相互作用的瞬态动力响应研究 [D]. 上海：同济大学，2009.

[30] 王滢. 饱和土中内源瞬态加载衬砌隧道的动力响应研究 [D]. 上海：同济大学，2015.

[31] GAO M, XU X, CHEN Q S, WANG Y. Responses of a cylindrical lined tunnel due to internal dynamic load in two distinct mediums: Ideal elastic and saturated porous medium [J]. Soils and Foundation, 2019, 59 (6): 2356-2366.

[32] GAO M, ZHANG J Y, CHEN Q S, GAO G Y, YANG J, LI D Y. An exact solution for three-dimensional (3D) dynamic response of a cylindrical lined tunnel in saturated soil to an internal blast load [J]. Soil Dynamics and Earthquake Engineering, 2016, 90: 32-37.

[33] 黄文熙. 土坝弹塑性应力分析简捷法 [J]. 岩土工程学报，1989，11 (6): 1-8.

[34] 汪闻韶. 土的液化机理 [J]. 水利学报，1981 (5): 22-34.

[35] SEED H B, LEE K L. Liquefaction of saturated sand during cyclic loading [J]. Journal of Soil Mechanics and Foundation Engineering Division, 1966, 92 (6): 105-134.

[36] BIOT M A. Theory of propagation of elastic waves in a fluid-saturated porous solid II: Higher frequency range [J]. The Journal of the Acoustical Society of America, 1956, 28 (2): 179-191.

[37] BIOT M A. Theory of propagation of elastic waves in a fluid saturated porous solid I: Low-Frequency-Range [J]. The Journal of the Acoustical Society of America, 1956, 28 (2): 168-178.

[38] BIOT M A. Mechanics of deformation and acoustic propagation in porous media [J]. Journal of Applied Physics, 1962, 33 (4): 1482.

第2章 振动基础

2.1 概述

2.1.1 振动

物体或物体质点受外力作用后，在某个位置附近所作的往复运动，称为振动。振动可以用位移与时间的函数关系来描述。如果这种函数关系为周期函数，那么这种振动称为周期振动；否则，称为非周期振动，如图 2.1 所示。

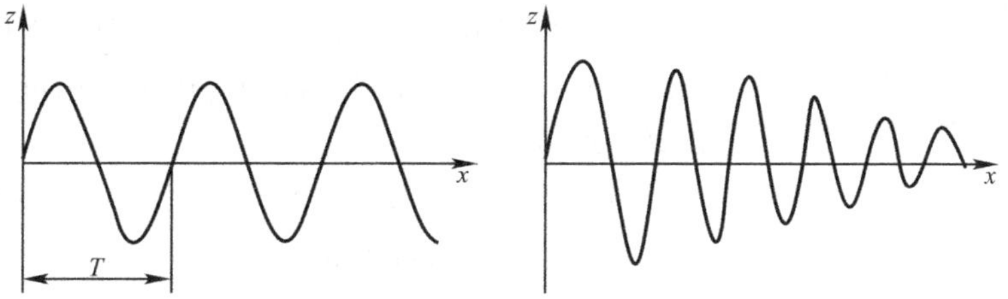

(a) 周期振动　　(b) 非周期振动

图 2.1　振动位移与时间的关系

在周期振动中，质点的运动按照一定规律重复出现，运动规律重复出现的最短时间称为周期 T。单位时间内运动的周期数称为频率 f，最大位移的绝对值称为振幅 a。如图 2.2 所示，假设一个质点 A 沿与半径振幅相等的圆周由初相位角 ε 处以 ω 的速率运动，则它在 y 轴上的投影 A' 点正好在圆心的上下两侧作往复运动，其运动规律可表示为：

$$z(t)=a\cos(\omega t+\varepsilon) \tag{2.1}$$

圆频率 ω、频率 f 和周期 T 之间的关系可表示为：

$$\omega=\frac{2\pi}{T},f=\frac{\omega}{2\pi},T=\frac{2\pi}{\omega} \tag{2.2}$$

由式（2.1）可以求得振动时的速度和加速度：

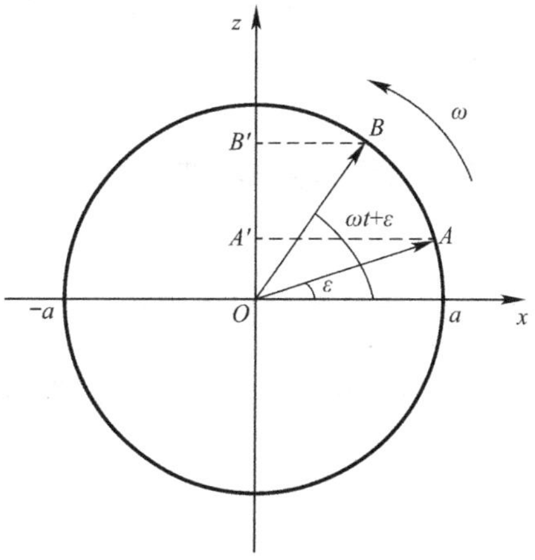

图 2.2　圆周上一点的运动规律

$$\begin{cases}\dot{z}(t)=-a\omega\sin(\omega t+\varepsilon)=a\omega\cos\left(\omega t+\varepsilon+\dfrac{\pi}{2}\right)\\ \ddot{z}(t)=-a\omega^2\cos(\omega t+\varepsilon)=a\omega^2\cos(\omega t+\varepsilon+\pi)\end{cases}\tag{2.3}$$

最大加速度 $\ddot{z}_{max}$、振动惯性力 F_{max}为：

$$\begin{cases}\ddot{z}_{max}=a\omega^2\\ \ddot{z}_{max}=\dfrac{4\pi^2}{T^2}a=4\pi^2af^2\end{cases}\tag{2.4}$$

$$F_{max}=m\ddot{z}_{max}=4\pi^2maf^2\tag{2.5}$$

振动的总能量 W 为动能和弹性势能之和，即：

$$W=\frac{1}{2}m\dot{z}^2(t)+\frac{1}{2}kz^2(t)=\frac{1}{2}ka^2\cos^2(\omega t+\varepsilon)+\frac{1}{2}ma^2\omega^2\sin^2(\omega t+\varepsilon)\tag{2.6}$$

式中，k 为弹性系数，也可称作刚度。

由于圆频率 $\omega^2=k/m$，即 $k=m\omega^2$，故式（2.6）可写成：

$$W=\frac{1}{2}ka^2[\cos^2(\omega t+\varepsilon)+\sin^2(\omega t+\varepsilon)]=\frac{1}{2}ka^2=2m\pi^2a^2f^2\tag{2.7}$$

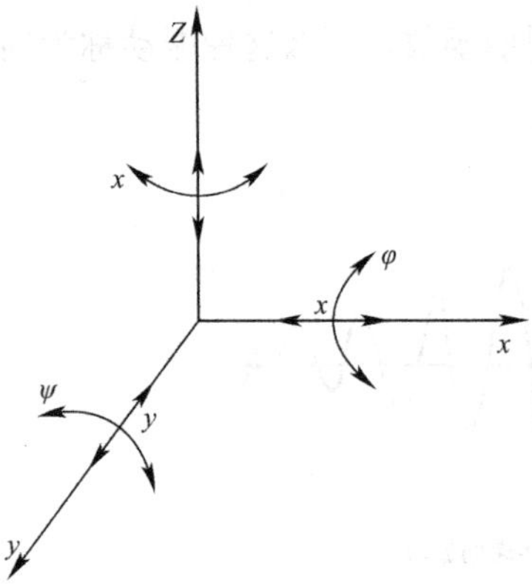

图 2.3　空间振动体系的自由度

一个空间的振动体系可能以如图 2.3 所示的 6 种模式振动，即这个振动体系有 6 个自由度（三个平动 x、y、z 和三个转动 φ、ψ、χ）。一般来讲，一个振动体系有多个自由度，较为复杂。因此，首先应考虑单自由度体系的振动问题，而多自由度体系的振动可由单自由度体系的运动方程联立求得。

对于单自由度体系的振动，例如一个刚体在平面内平动，其动力平衡方程可表达为：

$$m\ddot{z}+c\dot{z}+kz=p(t)\tag{2.8}$$

式中，m 为振动体系的质量；c 为阻尼系数；$p(t)$ 为外力。

如果振动体系上无外力作用，即 $p(t)=0$，则称为自由振动；如果体系上有外力作用，即 $p(t)\neq0$，则称为强迫振动。自由振动和强迫振动又可按有无阻尼力作用（阻尼系数 c 是否等于零），分为有阻尼或无阻尼的自由振动和强迫振动。

2.2　单自由度体系的振动

2.2.1　无阻尼的自由振动

当体系做无阻尼的自由振动时，动力平衡方程为：

$$\ddot{z}+\left(\frac{k}{m}\right)z=0\tag{2.9}$$

$$\ddot{z}=\frac{d^2z}{dt}\tag{2.10}$$

式中，z 为质点的位移；t 为时间；k 为弹性系数；m 为质量。

为求解式（2.9），设

$$z = A_1 \cos\omega_n t + A_2 \sin\omega_n t \tag{2.11}$$

式中，A_1 和 A_2 为常数；ω_n 为无阻尼固有圆频率，单位是弧度/秒（rad/s）。

把式（2.11）代入式（2.9）得：

$$\omega_n = \sqrt{\frac{k}{m}} \tag{2.12}$$

因此

$$z = A_1 \cos\left(\sqrt{\frac{k}{m}}t\right) + A_2 \sin\left(\sqrt{\frac{k}{m}}t\right) \tag{2.13}$$

$$\dot{z} = -A_1\sqrt{\frac{k}{m}}\sin\left(\sqrt{\frac{k}{m}}t\right) + A_2\sqrt{\frac{k}{m}}\cos\left(\sqrt{\frac{k}{m}}t\right) \tag{2.14}$$

当 $t=0$ 时，假设位移 $z=z_0$，代入式（2.13）可得：

$$z_0 = A_1 \tag{2.15}$$

当 $t=0$ 时，假设速度 $v=\dot{z}=v_0$，代入式（2.14）可得：

$$A_2 = \frac{v_0}{\sqrt{k/m}} \tag{2.16}$$

故有

$$z = z_0 \cos\left(\sqrt{\frac{k}{m}}t\right) + \frac{v_0}{\sqrt{k/m}}\sin\left(\sqrt{\frac{k}{m}}t\right) \tag{2.17}$$

假设

$$z_0 = Z\cos\alpha \tag{2.18}$$

$$\frac{v_0}{\sqrt{k/m}} = Z\sin\alpha \tag{2.19}$$

将式（2.18）和式（2.19）代入式（2.17）得：

$$z = Z\cos(\omega_n t - \alpha) \tag{2.20}$$

式中

$$\alpha = \tan^{-1}\left(\frac{v_0}{z_0\sqrt{k/m}}\right) \tag{2.21}$$

$$Z = \sqrt{z_0^2 + \left(\frac{v_0}{\sqrt{k/m}}\right)^2} = \sqrt{z_0^2 + \left(\frac{m}{k}\right)v_0^2} \tag{2.22}$$

根据式（2.20）可以给出时间位移关系，如图 2.4 所示。

由图 2.4 可知，质点做无阻尼自由振动时，其运动为周期振动，且位移与时间为正弦关系。该运动的周期 T 和频率 f 分别为：

$$T = \frac{2\pi}{\omega_n} \tag{2.23}$$

$$f = \frac{1}{T} = \frac{\omega_n}{2\pi} \tag{2.24}$$

式（2.12）表明，对于该系统 $\omega_n = \sqrt{k/m}$。故有：

$$f = f_n = \left(\frac{1}{2\pi}\right)\sqrt{\frac{k}{m}} \tag{2.25}$$

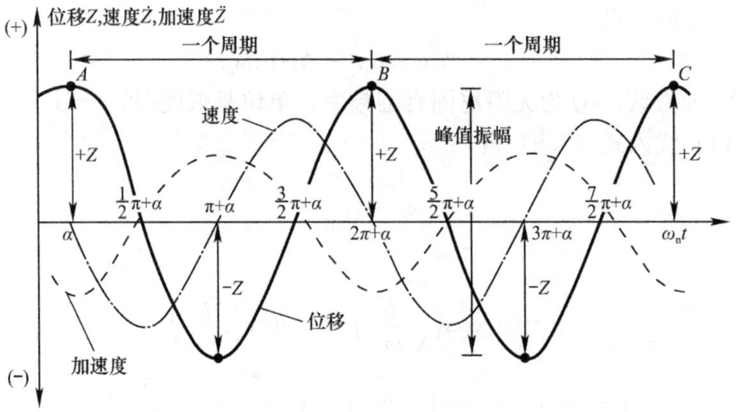

图 2.4　位移、加速度、速度与时间的关系曲线

式中，f_n 通常被称为无阻尼固有频率。质点速度和加速度随时间的变化如图 2.4 所示。根据式（2.20），速度和加速度可表达为：

$$\dot{z}=-(Z\omega_n)\sin(\omega_n t-\alpha)=Z\omega_n\cos\left(\omega_n t-\alpha+\frac{1}{2}\pi\right) \tag{2.26}$$

$$\ddot{z}=-Z\omega_n^2\cos(\omega_n t-\alpha)=Z\omega_n^2\cos(\omega_n t-\alpha+\pi) \tag{2.27}$$

2.2.2　无阻尼的强迫振动

假设体系受简谐荷载作用，则其运动方程为：

$$m\ddot{z}+kz=p_0\sin(\omega t+\varepsilon) \tag{2.28}$$

式（2.28）的通解为 $m\dot{z}+kz=0$ 的通解，加上它的一个特解。设 $z=A_1\sin(\omega t+\varepsilon)$ 是式（2.28）（A_1 为常数）的特解，将其代入式（2.28）可得：

$$-\omega^2 mA_1\sin(\omega t+\varepsilon)+kA_1\sin(\omega t+\varepsilon)=p_0\sin(\omega t+\varepsilon)$$

$$A_1=\frac{p_0/m}{(k/m)-\omega^2} \tag{2.29}$$

因此，式（2.28）的特解为：

$$z=A_1\sin(\omega t+\varepsilon)=\frac{p_0/m}{(k/m)-\omega^2}\sin(\omega t+\varepsilon) \tag{2.30}$$

由式（2.11）可知，$m\dot{z}+kz=0$ 的通解为：

$$z=A_2\cos\omega_n t+A_3\sin\omega_n t \tag{2.31}$$

式中，$\omega_n=\sqrt{\frac{k}{m}}$，$A_2$ 和 A_3 为常数。

将式（2.30）和式（2.31）相加，可得式（2.28）的通解为：

$$z=A_1\sin(\omega t+\varepsilon)+A_2\cos\omega_n t+A_3\sin\omega_n t \tag{2.32}$$

对式（2.32）求导可得：

$$\frac{dz}{dt}=A_1\omega\cos(\omega t+\varepsilon)-A_2\omega_n\sin\omega_n t+A_3\omega_n\cos\omega_n t \tag{2.33}$$

已知边界条件为：

（1）在时间 $t=0$ 时

$$z=z_0=0 \tag{2.34}$$

由式（2.32）和式（2.34）得：

$$A_2 = -A_1 \sin\varepsilon \tag{2.35}$$

（2）在时间 $t=0$ 时

$$\frac{dz}{dt} = v_0 = 0 \tag{2.36}$$

由式（2.33）和式（2.36）得：

$$A_3 = -\left(\frac{A_1\omega}{\omega_n}\right)\cos\varepsilon \tag{2.37}$$

由式（2.32）、式（2.35）和式（2.37）得：

$$z = A_1\left[\sin(\omega t + \varepsilon) - \cos\omega t \cdot \sin\varepsilon - \left(\frac{\omega}{\omega_n}\right)\sin\omega_n t \cdot \cos\varepsilon\right] \tag{2.38}$$

对于真实系统，式（2.38）中括号内的最后两项将因阻尼作用而消失，留下稳态解的唯一项。

若外力项与振动系统同相（即 $\varepsilon=0$），则：

$$z = \frac{p_0/k}{1-(\omega^2/\omega_n^2)}\left(\sin\omega t - \frac{\omega}{\omega_n}\sin\omega_n t\right) \tag{2.39}$$

静位移 $z_s=p_0/k$。若令 $1/(1-\omega^2/\omega_n^2)$ 等于 M [M 为放大系数或 $A_1/(p_0/k)$]，则式（2.39）为：

$$z = z_s M\left[\sin\omega t - \left(\frac{\omega}{\omega_n}\right)\sin\omega_n t\right] \tag{2.40}$$

放大系数 M 随 ω/ω_n 的变化如图 2.5(a) 所示。

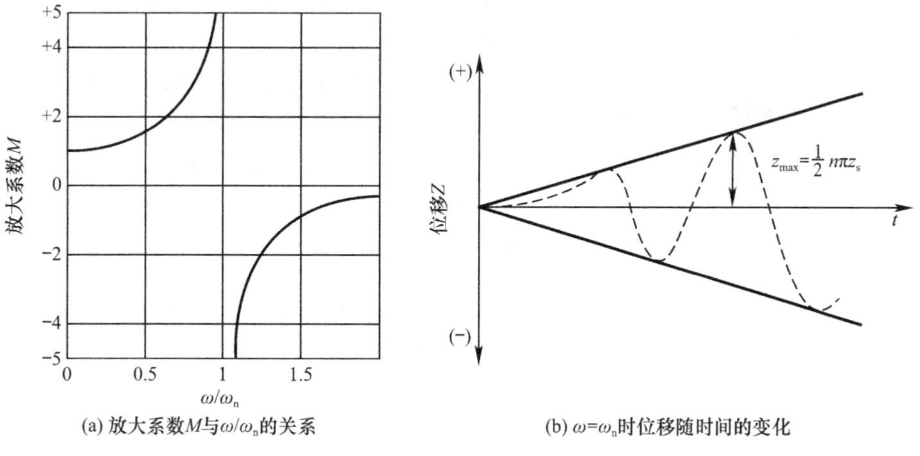

(a) 放大系数 M 与 ω/ω_n 的关系　　(b) $\omega=\omega_n$ 时位移随时间的变化

图 2.5　强迫振动的性质

当 $\omega/\omega_n=1$ 时，放大系数变为无穷大，称为共振条件。对于共振条件，式（2.40）的右边得出 0/0。

因此，应用洛必达法则可得：

$$\lim_{\omega\to\omega_n}(z) = z_s\left[\frac{(d/d\omega)[\sin\omega t - (\omega/\omega_n)\sin\omega_n t]}{(d/d\omega)(1-\omega^2/\omega_n^2)}\right]$$

即：

$$z = \frac{1}{2}z_s(\sin\omega_n t - \omega_n t\cos\omega_n t) \tag{2.41}$$

$$\dot{z} = \frac{1}{2}z_s(\omega_n\cos\omega_n t - \omega_n\cos\omega_n t + \omega_n^2 t\sin\omega_n t) = \frac{1}{2}(z_s\omega_n^2 t)\sin\omega_n t \tag{2.42}$$

由于位移最大点处速度为零，故当位移最大时：

$$\dot{z} = 0 = \frac{1}{2}(z_s\omega_n^2 t)\sin\omega_n t$$

即

$$\sin\omega_n t = 0, 即\ \omega_n t = n\pi \tag{2.43}$$

式中，n 是一个整数。

根据式（2.43），由位移方程（2.41）可得：

$$|z_{max}|_{res} = \frac{1}{2}n\pi z_s \tag{2.44}$$

式中，z_{max}为最大位移。

值得注意的是，当 n 趋近于∞时，z_{max}也是无穷大的，这反映了振动系统的危险性。共振条件下 z/z_s 随时间的变化，如图 2.5(b) 所示。

2.2.3 有阻尼的自由振动

如第 2.2.1 节所述，在无阻尼自由振动的情况下，一旦系统启动，振动将一直持续。然而，实际上所有振动的振幅都会随着时间逐渐减小，这种振动特性称为阻尼。图 2.6 表示由弹簧和阻尼器支撑的基础。阻尼器代表土的阻尼特性，阻尼系数为 c。

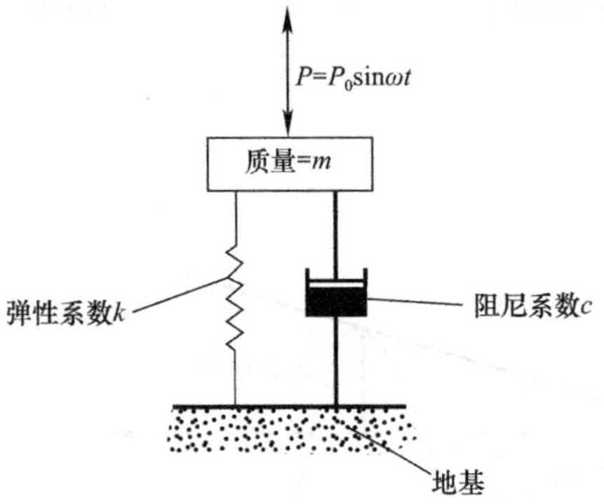

图 2.6 有阻尼的振动体系

对于基础的自由振动（即基础上的力 $p=p_0\sin\omega t=0$），运动微分方程可表示为：

$$m\ddot{z} + c\dot{z} + kz = 0 \tag{2.45}$$

设式（2.45）的解为 $z=Ae^{rt}$，其中 A 是常数。将其代入式（2.45）得：

$$r^2 + \left(\frac{c}{m}\right)r + \frac{k}{m} = 0 \tag{2.46}$$

求解式（2.46）得：

$$r = -\frac{c}{2m} \pm \sqrt{\frac{c^2}{4m^2} - \frac{k}{m}} \tag{2.47}$$

由式（2.47）可以得出三种情况：

（1）如果 $c/2m > \sqrt{k/m}$，式（2.46）的两个根均为负实根，称为过阻尼情况。

（2）如果 $c/2m = \sqrt{k/m}$，$r=-c/2m$，称为临界阻尼情况。对于这种情况，

$$c = c_c = 2\sqrt{km} \tag{2.48a}$$

（3）如果 $c/2m < \sqrt{k/m}$，式（2.46）的根是复数，称为欠阻尼情况。这种情况下的解为：

$$r = -\frac{c}{2m} \pm i\sqrt{\frac{k}{m} - \frac{c^2}{4m^2}}$$

阻尼比 D 可表示为：

$$D=\frac{c}{c_c}=\frac{c}{2\sqrt{km}} \tag{2.48b}$$

则式（2.47）可改写为：

$$r=-\frac{c}{2m}\pm\sqrt{\frac{c^2}{4m^2}-\frac{k}{m}}=\omega_n(-D\pm\sqrt{D^2-1}) \tag{2.49}$$

式中，$\omega_n=\sqrt{k/m}$。

（1）对于过阻尼情况（$D>1$）

$$r=\omega_n(-D\pm\sqrt{D^2-1})$$

在这种情况下，位移方程（即 $z=Ae^{rt}$）可写为：

$$z=A_1\exp[\omega_n t(-D+\sqrt{D^2-1})]+A_2\exp[\omega_n t(-D-\sqrt{D^2-1})] \tag{2.50}$$

式中，A_1 和 A_2 是常数。

设

$$A_1=\frac{1}{2}(A_3+A_4) \tag{2.51}$$

$$A_2=\frac{1}{2}(A_3-A_4) \tag{2.52}$$

将式（2.51）和式（2.52）代入式（2.50）得：

$$z=e^{-D\omega_n t}[A_3\cosh(\omega_n\sqrt{D^2-1}t)+A_4\sinh(\omega_n\sqrt{D^2-1}t)] \tag{2.53}$$

式（2.53）表明，过阻尼的情况下体系不会振动。z 随时间的变化如图 2.7 所示。A_3 和 A_4 可以通过初始条件得出。假设在 $t=0$ 时，位移 $z=z_0$，速度 $v=dz/dt=v_0$。由式（2.53）和边界条件 $z=z_0$ 得：

$$z=z_0=A_3 \tag{2.54}$$

由式（2.53）和边界条件 $v=dz/dt=v_0$ 得：

$$A_4=\frac{v_0+D\omega_n A_3}{\omega_n\sqrt{D^2-1}}=\frac{v_0+D\omega_n z_0}{\omega_n\sqrt{D^2-1}} \tag{2.55}$$

将式（2.54）和式（2.55）代入式（2.53）得：

$$z=e^{-D\omega_n t}\left[z_0\cosh(\omega_n\sqrt{D^2-1}t)+\frac{v_0+D\omega_n z_0}{\omega_n\sqrt{D^2-1}}\sinh(\sqrt{D^2-1}t)\right] \tag{2.56}$$

（2）对于临界阻尼情况（$D=1$）

$$r=-\omega_n \tag{2.57}$$

位移方程（$z=Ae^{rt}$）可写为：

$$z=(A_5+A_6t)e^{-\omega_n t} \tag{2.58}$$

式中，A_5 和 A_6 是两个常数。这与过阻尼系统的情况类似，只是 z 的符号仅改变一次。如图 2.7 所示。

式（2.58）中 A_5 和 A_6 的值可以通过初始条件确定。当 $t=0$ 时，设 $z=z_0$，则由式（2.58）可得：

$$A_5=z=z_0 \tag{2.59}$$

当 $t=0$ 时，设 $\frac{dz}{dt}=v_0$，则由式（2.58）可得：

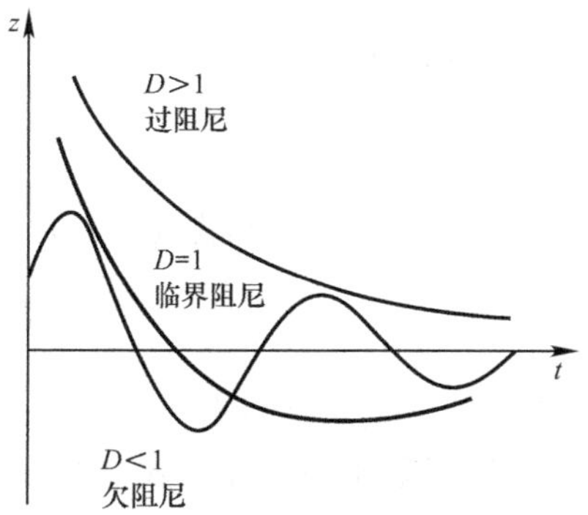

图 2.7　有阻尼的自由振动的特性

$$A_6 = v_0 + \omega_n z_0 \tag{2.60}$$

将式（2.59）和式（2.60）代入式（2.58）得：

$$z = [z_0 + (v_0 + \omega_n z_0)t]e^{-\omega_n t} \tag{2.61}$$

（3）对于欠阻尼情况（$D<1$）

$$r = \omega_n(-D \pm i\sqrt{1-D^2})$$

位移方程（$z=Ae^{rt}$）的一般形式可表示为：

$$z = e^{-D\omega_n t}[A_7 \exp(i\omega_n \sqrt{1-D^2 t}) + A_8 \exp(-i\omega_n \sqrt{1-D^2 t})] \tag{2.62}$$

式中，A_7 和 A_8 是两个常数。

式（2.62）可化简为：

$$z = e^{-D\omega_n t}[A_9 \cos(\omega_n \sqrt{1-D^2 t}) + A_{10} \sin(\omega_n \sqrt{1-D^2 t})] \tag{2.63}$$

式中，A_9 和 A_{10} 是两个常数。

式（2.63）中 A_9 和 A_{10} 的值可由初始条件确定。设 $t=0$ 时，

$$z = z_0, \quad \frac{dt}{dz} = v_0$$

由此可得最终方程为：

$$z = e^{-D\omega_n t}\left[z_0 \cos(\omega_n \sqrt{1-D^2} t) + \frac{v_0 + D\omega_n z_0}{\omega_n \sqrt{1-D^2}} \cdot \sin(\omega_n \sqrt{1-D^2} t)\right] \tag{2.64}$$

式（2.64）可进一步简化为：

$$z = Z\cos(\omega_d t - \alpha) \tag{2.65}$$

式中

$$Z = e^{-D\omega_n t}\sqrt{z_0^2 + \left(\frac{v_0 + D\omega_n z_0}{\omega_n \sqrt{1-D^2}}\right)^2} \tag{2.66}$$

$$\alpha = \tan^{-1}\left(\frac{v_0 + D\omega_n z_0}{\omega_n z_0 \sqrt{1-D^2}}\right) \tag{2.67}$$

$$\omega_d = \omega_n \sqrt{1-D^2} \tag{2.68}$$

式中，ω_d 为固有圆频率。为评估振幅随时间减小的幅度，设 Z_n 和 Z_{n+1} 为从振动开始到时间 t_n 和 t_{n+1} 的两个连续的正或负最大位移值，如图 2.7 所示。根据式（2.66）可得：

$$\frac{Z_{n+1}}{Z_n} = \frac{\exp(-D\omega_n t_{n+1})}{\exp(-D\omega_n t_n)} = \exp[-D\omega_n(t_{n+1} - t_n)] \tag{2.69}$$

振动周期 T 为：

$$T = t_{n+1} - t_n = \frac{2\pi}{\omega_d} = \frac{2\pi}{\omega_n \sqrt{1-D^2}} \tag{2.70}$$

由式（2.69）和式（2.70）可得：

$$\delta = \ln\left(\frac{Z_n}{Z_{n+1}}\right) = \frac{2\pi D}{\sqrt{1-D^2}} \tag{2.71}$$

式中，δ 为对数递减率。

若阻尼比 D 很小，式（2.71）可近似为：

$$\delta_1 = \ln\left(\frac{Z_n}{Z_{n+1}}\right) = 2\pi D \tag{2.72}$$

2.2.4 有阻尼的强迫振动

如图 2.6 所示的振动体系，该体系受到简谐力 $p=p_0\sin\omega t$ 作用。其运动微分方程为：

$$m\ddot{z}+c\dot{z}+kz=p_0\sin\omega t \tag{2.73}$$

振动的瞬态部分迅速衰减，为求稳态振动状态下式（2.73）的特解，假设：

$$z=A_1\sin\omega t+A_2\cos\omega t \tag{2.74}$$

式中，A_1 和 A_2 是两个常数。

将式（2.74）代入式（2.73），可得：

$$\begin{aligned}&m(-A_1\omega^2\sin\omega t-A_2\omega^2\cos\omega t)+k(A_1\sin\omega t+A_2\cos\omega t)\\&+c(A_1\omega\cos\omega t-A_2\omega\sin\omega t)=p_0\sin\omega t\end{aligned} \tag{2.75}$$

整理得：

$$\begin{cases}(-mA_1\omega_2+kA_1-cA_2\omega)\sin\omega t=p_0\sin\omega t\\(-mA_2\omega_2+A_2k+cA_1\omega)\cos\omega t=0\end{cases} \tag{2.76}$$

由式（2.76）得：

$$A_1\left(\frac{k}{m}-\omega^2\right)-A_2\left(\frac{c}{m}\omega\right)=\frac{p_0}{m} \tag{2.77}$$

$$A_1\left(\frac{c}{m}\omega\right)+A_2\left(\frac{k}{m}-\omega^2\right)=0 \tag{2.78}$$

根据式（2.77）和式（2.78）的解，可得 A_1 和 A_2 的关系为：

$$A_1=\frac{(k-m\omega^2)p_0}{(k-m\omega^2)^2+c^2\omega^2} \tag{2.79}$$

$$A_2=\frac{-c\omega p_0}{(k-m\omega^2)^2+c^2\omega^2} \tag{2.80}$$

将式（2.79）和式（2.80）代入式（2.78），化简可得：

$$z=Z\cos(\omega t+\alpha) \tag{2.81}$$

式中

$$\begin{aligned}\alpha&=\tan^{-1}\left(-\frac{A_1}{A_2}\right)=\tan^{-1}\left(\frac{k-m\omega^2}{c\omega}\right)\\&=\tan^{-1}\left[\frac{1-(\omega^2/\omega_n^2)}{2D(\omega/\omega_n)}\right]\end{aligned} \tag{2.82}$$

$$\begin{aligned}Z&=\sqrt{A_1^2+A_2^2}\\&=\frac{(p_0/k)}{\sqrt{[1-(\omega^2/\omega_n^2)]^2+4D^2(\omega^2/\omega_n^2)}}\end{aligned} \tag{2.83}$$

式中，$\omega_n=\sqrt{k/m}$ 为无阻尼固有频率，D 是阻尼比。

根据式（2.83）可绘出 $Z/(p_0/k)$ 与 ω/ω_n 的关系，如图 2.8 所示。由图可知，$Z/(p_0/k)$ 的最大值不会出现在 $\omega=\omega_n$ 处。

根据式（2.83）可得：

$$\frac{Z}{(p_0/k)}=\frac{1}{\sqrt{[1-(\omega^2/\omega_n^2)]^2+4D^2(\omega^2/\omega_n^2)}} \tag{2.84}$$

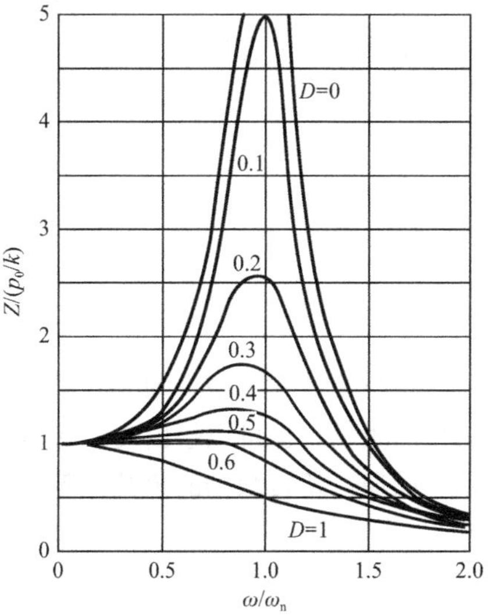

图 2.8　有阻尼强迫振动的特性

对于 $Z/(p_0/k)$ 的最大值：

$$\frac{\partial[Z/(p_0/k)]}{\partial(\omega/\omega_n)}=0 \tag{2.85}$$

由式（2.84）和式（2.85）得：

$$\frac{\omega}{\omega_n}\left(1-\frac{\omega^2}{\omega_n^2}\right)-2D^2\left(\frac{\omega}{\omega_n}\right)=0$$

或

$$\omega=\omega_n\sqrt{1-2D^2} \tag{2.86}$$

故有：

$$f_m=f_n\sqrt{1-2D^2} \tag{2.87}$$

式中，f_m 是最大振幅下的频率（即有阻尼振动的共振频率）；f_n 是固有频率，$f_n=(1/2\pi)\sqrt{k/m}$。因此，共振时的振幅可以通过将式（2.86）代入式（2.83）求得。

$$Z_{res}=\frac{p_0}{k}\frac{1}{\sqrt{[1-(1-2D^2)]^2+4D^2(1-2D^2)}}=\frac{p_0}{k}\frac{1}{2D\sqrt{1-D^2}} \tag{2.88}$$

2.3 扭转振动

在许多情况下，机器基础的垂直振动是由图 2.9(a) 所示的反向旋转质量产生的。由于基础上的水平力在任何时刻都会抵消，基础上的净振动力等于 $2m_e e\omega^2\sin\omega t$。在这种情况下，可将式（2.73）写为：

$$m\ddot{z}+c\dot{z}+kz=p_0\sin\omega t \tag{2.89}$$

$$p_0=2m_e e\omega^2=U\omega^2 \tag{2.90}$$

$$U=2m_e e \tag{2.91}$$

式中，m_e 为每个反向旋转元件的质量；m 为包含 $2m_e$ 的基础质量；e 为偏心距；ω 为角频率。

式（2.89）~式（2.91）可通过第 2.2.4 节中给出的过程进行类似求解。

位移的解可表达为：

$$z=Z\cos(\omega t+\alpha) \tag{2.92}$$

式中

$$Z=\frac{(U/m)(\omega/\omega_n)^2}{\sqrt{(1-\omega^2/\omega_n^2)^2+4D^2(\omega^2/\omega_n^2)}} \tag{2.93}$$

$$\alpha=\tan^{-1}\left[\frac{1-(\omega^2/\omega_n^2)}{2D(\omega/\omega_n)}\right] \tag{2.94}$$

在第 2.2.4 节中，图 2.8 给出了无量纲振幅 $Z(p_0/k)$ 与 ω/ω_n 的关系曲线。对于扭转类型的激励，也可以绘出类似无量纲振幅 $Z/(U/m)$ 与 ω/ω_n 的关系曲线，如图 2.9(b) 所示。同理，扭转激励的角共振频率可表达为：

$$\omega=\frac{\omega_n}{\sqrt{1-2D^2}} \tag{2.95}$$

$$f_m=\frac{f_n}{\sqrt{1-2D^2}} \tag{2.96}$$

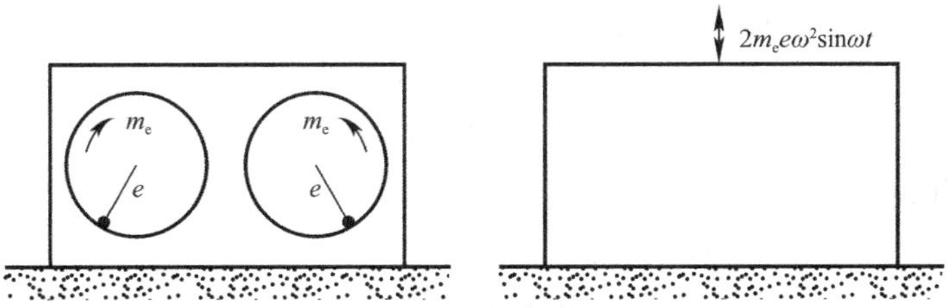

(a) 旋转质量型激励

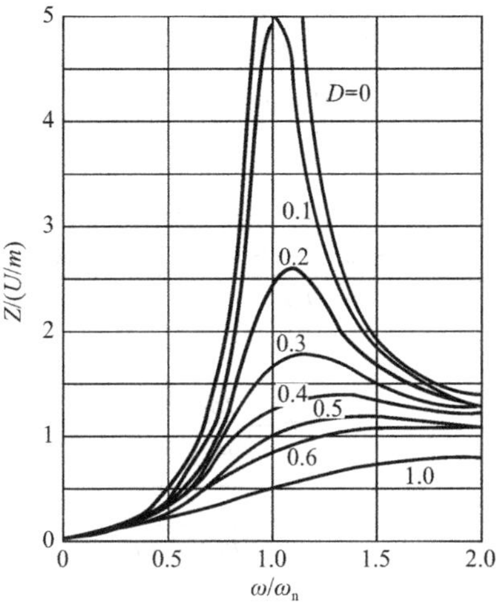

(b) $Z/(U/m)$与ω/ω_n的关系图

图 2.9　扭转振动特性

阻尼共振频率下的振幅可表达为：

$$Z_{res}=\frac{U/m}{2D\sqrt{1-D^2}} \tag{2.97}$$

2.4　多自由度体系的振动

对于两个及两个以上自由度体系的振动，其在某个时刻的位置需要两个或多个物理量描述，系统的振动须由两个或多个运动方程确定。具有两个自由度的刚体弹簧系统如图 2.10(a) 所示。刚体 m_1 上作用有正弦力，由此引起刚体 m_2 的振动。

1. 固有频率的计算

刚体 m_1 和 m_2 的自由振动体系如图 2.10(b) 所示。运动方程可写为：

$$\begin{cases} m_1\ddot{z}_1+k_1z_1+k_2(z_1-z_2)=0 \\ m_2\ddot{z}_2+k_2(z_2-z_1)=0 \end{cases} \tag{2.98}$$

式中，k_1 和 k_2 为弹簧常数；z_1 和 z_2 为刚体 m_1 和 m_2 的位移。

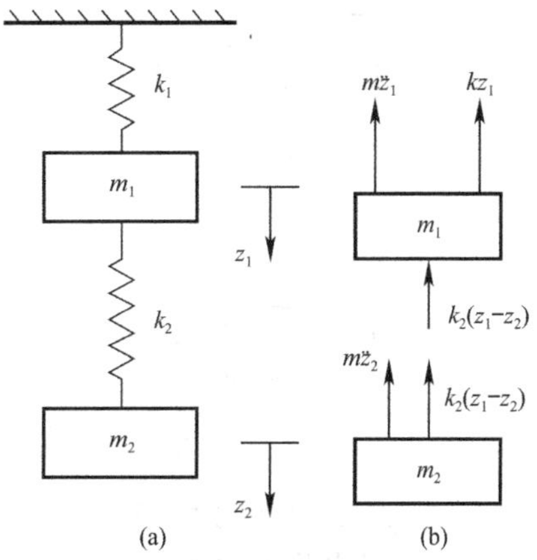

图 2.10　两自由度刚体弹簧系统

刚体 m_1 和 m_2 做简谐运动，即：

$$\begin{cases} z_1 = A\sin\omega_n t \\ z_2 = B\sin\omega_n t \end{cases} \tag{2.99}$$

式中，ω_n 为固有频率。

将式（2.99）代入式（2.98）得：

$$\begin{cases} A(k_1 + k_2 - m_1\omega_n^2) - k_2 B = 0 \\ -k_2 A + (k_2 - m_2\omega_n^2)B = 0 \end{cases} \tag{2.100}$$

根据下式可求出式（2.100）的非平凡解：

$$\begin{vmatrix} k_1 + k_2 - m_1\omega_n^2 & -k_2 \\ -k_2 & k_2 - m_2\omega_n^2 \end{vmatrix} = 0$$

即

$$\omega_n^4 - \left(\frac{k_1 m_2 + k_2 m_2 + k_2 m_1}{m_1 m_2}\right)\omega_n^2 + \frac{k_1 k_2}{m_1 m_2} = 0 \tag{2.101}$$

令

$$\eta = \frac{m_2}{m_1}$$

$$\omega_{nl_1} = \sqrt{\frac{k_1}{m_1 + m_2}}$$

$$\omega_{nl_2} = \sqrt{\frac{k_2}{k_1}}$$

则式（2.101）可写为：

$$\omega_n^4 - (1+\eta)(\omega_{nl_1}^2 + \omega_{nl_2}^2)\omega_n^2 + (1+\eta)(\omega_{nl_1}^2)(\omega_{nl_2}^2) = 0 \tag{2.102}$$

式（2.102）即为频率方程。

2. 刚体 m_1 和 m_2 的振动振幅

（1）由作用在刚体 m_1 上的力引起的振动

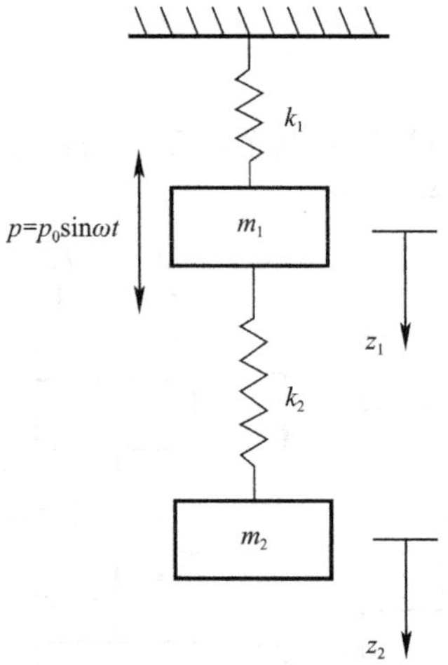

图 2.11　两自由度的刚体弹簧系统上的力引起的振动

图 2.11 表示力 $p = p_0 \sin\omega x$ 作用在刚体 m_1 上的情况。运动方程可表达为：

$$\begin{cases} m_1\ddot{z}_1 + k_1 z_1 + k_2(z_1 - z_2) = p_0\sin\omega t \\ m_2\ddot{z}_2 + k_2(z_2 - z_1) = 0 \end{cases} \tag{2.103}$$

设

$$\begin{cases} z_1 = A_1\sin\omega t \\ z_2 = A_2\sin\omega t \end{cases} \tag{2.104}$$

将式（2.104）代入式（2.103）得：

$$\begin{cases} A_1(-m_1\omega^2 + k_1 + k_2) - A_2 k_2 = p_0 \\ A_2(k_2 - m_2\omega^2) - A_1 k_2 = 0 \end{cases} \tag{2.105}$$

解得

$$A_1 = \frac{p_0(\omega_{nl_2}^2 - \omega^2)}{m_1\Delta\omega^2} \tag{2.106}$$

$$A_2 = \frac{p_0 \omega_{nl_2}^2}{m_1 \Delta\omega^2} \tag{2.107}$$

式中，

$$\Delta\omega^2 = \omega^4 - (1+\eta)(\omega_{nl_1}^2 + \omega_{nl_2}^2) + (1+\eta)(\omega_{nl_1}^2)(\omega_{nl_2}^2) \tag{2.108}$$

由式（2.106）可知，当 $\omega_{nl_2} = \omega$ 时，$A_1 = 0$。

由上述等式可得到减振器的原理：由弹簧 k_1 和刚体 m_1 代表主系统，弹簧 k_2 和刚体 m_2 代表辅助系统。系统的振动可通过将辅助系统连接到振动系统上来减少，甚至完全消除，设计时使其固有频率 ω_{nl_2} 等于频率 ω。

（2）刚体 m_2 引起的振动

假设 m_2 的振动是由初始速度 v_0 引起的，可令：

$$\begin{cases} z_1 = C_1 \sin\omega_{n_1} t + C_2 \sin\omega_{n_2} t \\ z_2 = E_1 \sin\omega_{n_1} t + E_2 \sin\omega_{n_2} t \end{cases} \tag{2.109}$$

由振动的初始条件得，当 $t=0$ 时

$$z_1 = z_2 = 0 \tag{2.110a}$$

$$\dot{z}_1 = 0 \text{ 和 } \dot{z}_2 = v_0 \tag{2.110b}$$

将式（2.110a）和式（2.110b）代入式（2.98），应用式（2.110a）和式（2.110b）中定义的初始条件，化简可得：

$$z_{1=} = \frac{(\omega_{nl_2}^2 - \omega_{n_1}^2)(\omega_{nl_2}^2 - \omega_{n_2}^2)}{\omega_{nl_2}^2(\omega_{n_1}^2 - \omega_{n_2}^2)}\left(\frac{\sin\omega_{n_1} t}{\omega_{n_1}} - \frac{\sin\omega_{n_2} t}{\omega_{n_2}}\right)v_0 \tag{2.111}$$

$$z_2 = \frac{1}{(\omega_{n_1}^2 - \omega_{n_2}^2)}\left[\frac{(\omega_{nl_2}^2 - \omega_{n_1}^2)\sin\omega_{n_1} t}{\omega_{n_1}} - \frac{(\omega_{nl_2}^2 - \omega_{n_2}^2)\sin\omega_{n_2} t}{\omega_{n_2}}\right]v_0 \tag{2.112}$$

进一步简化上述关系可分别确定刚体 m_1 和 m_2 的振幅 Z_1 和 Z_2。

$$Z_1 = \frac{(\omega_{nl_2}^2 - \omega_{n_1}^2)(\omega_{n_2}^2 - \omega_{n_2}^2)}{\omega_{nl_2}^2(\omega_{n_1}^2 - \omega_{n_2}^2)\omega_{n_2}} v_0 \tag{2.113}$$

$$Z_2 = \frac{(\omega_{n_2}^2 - \omega_{n_1}^2)v_0}{(\omega_{n_1}^2 - \omega_{n_2}^2)\omega_{n_2}} \tag{2.114}$$

上述两个自由度体系的振动是在平面内的平动，实际工程中还会有平动和转动的组合，如图 2.12 所示。对于这种情况，读者可以仿照平动的情况自行分析。

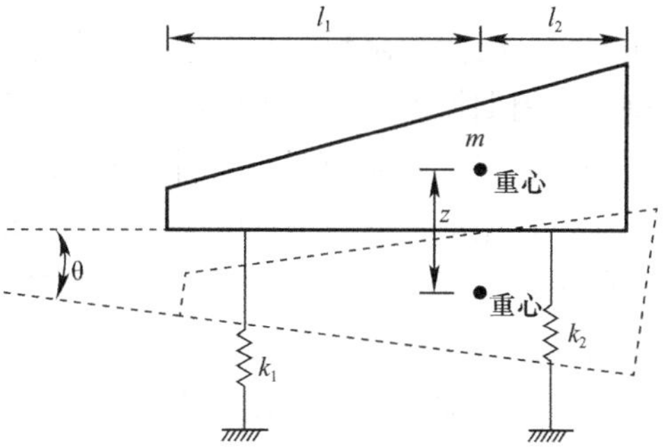

图 2.12　刚体弹簧系统的耦合平移和旋转

提示：振动体系的动力平衡方程可写为：

$$m\ddot{z} + k_z z + (l_2 k_2 - l_1 k_1)\theta = 0 \tag{2.115}$$

$$mr^2\ddot{\theta} + k_\theta \theta + (l_2 k_2 - l_1 k_1) z = 0 \tag{2.116}$$

2.5　振动体系的衰减与阻尼

在实际工程中，振动体系的能量由于材料塑性变形及各种阻力等因素的影响而逐渐耗散，即振动体系的振幅将随时间逐渐衰减，衰减曲线（图 2.13）一般可表达为：

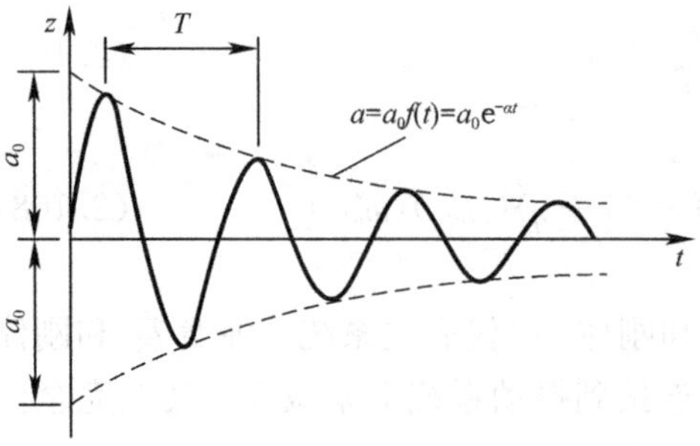

图 2.13 振动的衰减

$$z(t)=a_0f(t)\cos(\omega_0t+\varepsilon) \quad (2.117)$$

式中，a_0 为无衰减情况下的振幅；$f(t)$ 为表示衰减的函数，具体可表达为：

$$f(t)=e^{-\alpha t} \quad (2.118)$$

故衰减振动方程为：

$$z(t)=a_0e^{-\alpha t}\cos(\omega_0t+\varepsilon) \quad (2.119)$$

式中，α 为表示衰减系数；ω_0 为衰减振动时的频率，即：

$$\omega_0=\sqrt{\omega^2-\beta^2}=\sqrt{1-\lambda^2}\omega \quad (2.120)$$

振动体系的衰减受到材料性质及系统阻力等综合作用的影响，这种综合作用称为阻尼作用。常用阻尼系数 c 表示材料性质影响的阻尼作用，它是阻尼力 $R(t)$ 与振动速度 $v(t)$ 之间的比例常数，即单位速度引起的阻尼力。计算中常用阻尼比 D 表示，它是实际阻尼系数 c 与临界阻尼系数 c_c 的比值，即：

$$D=\frac{c}{c_c}=\frac{c}{2\sqrt{km}}=\frac{c}{2m\omega_n} \quad (2.121)$$

此外，表征材料阻尼作用的参数还有能量损失系数 ψ、对数递减率（或称对数减幅系数）δ、非弹性阻力系数 r、应力-应变相位角 φ、复合剪切模量 G^* 及动力放大系数 M 等。

2.6 小结

（1）物体或物体质点在外力作用下在某个位置附近所做的往复运动称为振动，振动可用位移与时间的函数关系描述。如果这种函数关系为周期函数，则称振动为周期振动，否则为非周期振动。理论上任何复杂的振动都可以由若干个或无限多个不同的简谐振动组合得到。振幅、周期和频率是周期振动的三个基本要素。

（2）振动可分为单自由度体系的振动和多自由度体系的振动，还可根据有无阻尼和外力作用，分为有阻尼或无阻尼的自由振动和强迫振动。其振动特性可通过求解振动体系的动力平衡方程获得。无阻尼的自由振动会在弹性力和惯性力的作用下一直振动下去。有阻尼的自由振动，其振幅必将随振动时间的增长而衰减，且阻尼越大，衰减越快。对于无阻尼的强迫振动，如果干扰力也是一个周期作用力，且干扰力圆频率与振动体系的固有频率相同时，运动的振幅将随振次的增大而迅速增大，这就是共振现象。在无阻尼的理想条件下，共振的振幅可以增大到无穷大。但在实际工程中，无阻尼的强迫振动几乎没有，振动多为有阻尼的强迫振动，因为阻尼的存在，共振的振幅被大大削弱。

（3）对于多自由度体系的振动，可由单自由度体系的运动方程联立求得。两个自由度振动体系可求得两个自振频率。一般地，振动体系有 N 个自由度就有 N 个自振频率，由小到大排列，分别称为第 1 频率……第 N 频率。

（4）振动体系的能量由于材料塑性变形及各种阻力等因素的影响而逐渐耗散称为振动衰减。振动衰减可用体系的阻尼来表征。除阻尼系数和阻尼比外，能量损失系数、非弹性阻力系数、应力-应变相位角、动力放大系数也可以表述材料的阻尼特性。

习题

2.1　刚体由弹簧支撑，在重力作用下，弹簧静挠度为 0.381mm。计算固有频率。

2.2　对于机器基础，已知基础的重量为 45kN，弹簧常数为 104kN/m，试确定其固有振动频率和振荡周期。

2.3　机器基础可以理想化为刚体-弹簧系统。某个基础可承受 $p(\text{kN})=35.6\sin\omega t$ 的力。已知 $f=13.33\text{Hz}$，机器和基础的重量为 178kN，弹簧常数为 70000kN/m。计算传递到路基的最大力和最小力。

2.4　某机器基础，已知重量为 60kN，弹簧常数为 11000kN/m 和阻尼系数 $c=200\text{kN/(m/s)}$，确定：

（1）系统是过阻尼、欠阻尼还是严重阻尼；

（2）对数递减率；

（3）两个连续振幅的比值。

2.5　根据习题 2.4，确定阻尼固有频率。

2.6　一台机器及其基础重 140kN。弹簧常数和阻尼比分别取 $12\times10^4\text{kN/m}$ 和 0.2。引起基础的强迫振动的力可表示为：

$$p(\text{kN}) = p_0\sin\omega t$$

$$p_0 = 46\text{kN}, \omega = 157\text{rad/s}$$

试确定：

（1）基础的无阻尼固有频率；

（2）运动振幅；

（3）传递到路基的最大动力。

2.7　根据图 2.10(a) 计算该系统的固有频率。已知重量：$G_1=111.20\text{N}$；$G_2=22.24\text{N}$。弹簧常数：$k_1=17.5\text{kN/m}$；$k_2=8.75\text{kN/m}$。

2.8　参照习题 2.7，若正弦变化力 $p=44.5\sin\omega t$，N 作用于刚体 m_1［图 2.10(a)］，给定 $\omega=78.85\text{rad/s}$，则振幅为多少？

参考文献

[1] 谢定义. 土动力学［M］. 北京：高等教育出版社，2011.

[2] 吴世明. 土动力学［M］. 北京：中国建筑工业出版社，2000.

[3] 刘洋. 土动力学基本原理［M］. 北京：清华大学出版社，2019.

[4] 张克绪，谢君斐. 土动力学［M］. 北京：地震出版社，1989.

[5] 刘晶波，杜修力. 结构动力学［M］. 北京：机械工业出版社，2005.

[6] 周健. 土动力学理论与计算［M］. 北京：中国建筑工业出版社，2001.

[7] 钱家欢，殷宗泽. 土工原理与计算［M］. 2 版. 北京：中国水利水电出版社，1996.

[8]《振动计算与隔振设计》编写组. 振动计算与隔振设计［M］. 北京：中国建筑工业出版社，1976.

[9] 小理查德，等. 土与基础的振动［M］. 徐攸在等，译. 北京：中国建筑工业出版社，1976.

[10] VERRUIJT A. Soil dynamics [M/OL]. (2004) [2019-03-01].

[11] DAS B M, RAMANA G V. Principles of soil dynamics [M]. Stamford: Cengage Learning, 2011.

［12］ RICHART F E，HALL J R，WOODS R D. Vibration of Soils and Foundations ［M］. New Jersey：Prentice Hall，Inc.，1970.

［13］ PRAKASH S. Soil Dynamics ［M］. New York：McGraw-Hill Book Company，1981.

［14］ VERRUIJT A，VAN BAARS S. Soil mechanics ［M］. Delft，the Netherlands：VSSD，2007.

第3章 弹性介质中的波

3.1 概述

由物理学可知，一个质点的振动会引起相邻质点的振动，振动在介质中的传播称为波动。在某一时刻 τ，振动所到达各点的轨迹称为波前，如图 3.1 所示。振动相位相同点的轨迹称为波面；振动传播的方向称为波线；单位时间内振动传播的距离称为波速 v；振动在一个周期 T 内传播的距离，即相位相同两点间的最小距离称为波长 λ。波速、波长和周期三者的关系可表示为：

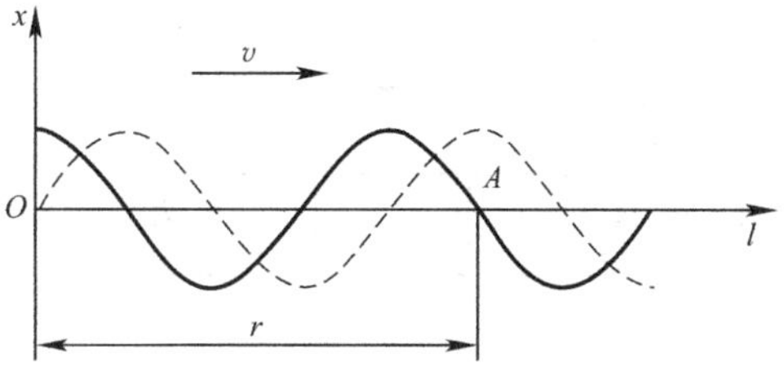

图 3.1 波的传播

$$T=\frac{\lambda}{v},\quad \lambda=vT \tag{3.1}$$

假设振动中心 O 点处的振动规律为 $x=a\cos\omega t$，则当波到达 A 点时，由于 A 点开始振动的时间比 O 点晚 τ，故 A 点处的振动可表示为：

$$x=a\cos\omega(t-\tau) \tag{3.2}$$

或写为：

$$x=a\cos\left[\omega\left(t-\frac{r}{v}\right)\right]=a\cos\left(\omega t-\frac{\omega}{v}r\right)=a\cos\left(\omega t-2\pi\frac{r}{\lambda}\right) \tag{3.3}$$

由此可知，波动是振动状态在介质中的传播，而不是质点的运动，质点不会随着波的传播发生位移，而只在平衡位置附近振动。因此波的传播是波形的传播，且与传播介质的特性密切相关。

在弹性介质中，当某一质点或局部受到外力扰动后，将会最先引起扰动源附近部位的振动，随后这种振动将会通过质点间的相互作用，以波的形式由近及远向外传播。质点振动在弹性介质中的传播过程，称为弹性波。弹性波理论现已广泛应用于地震分析、地质勘探、结构抗震抗爆等领域，对于岩土动力学的研究意义重大。

本章将从一维弹性杆件中的波、无限弹性介质中的波、半无限弹性介质中的波等方面分析弹性波的传播特性，并介绍土体介质中波动问题的特点及研究方法。

3.2 一维弹性杆件中的波

波在一维弹性杆件中的传播虽然是最为简单的一种传播方式，但却可以充分表现波在弹性体中的传播特性。根据土动力学研究的需要，本节将对一维弹性杆件内纵向振动和扭转振动情况下的传播规律进行讨论，介绍一维弹性杆件波动方程的建立和求解方法，以及弹性波在杆端的反射问题。

3.2.1 一维波动方程的建立

假设弹性杆件的横截面面积为 A，弹性模量和质量密度分别为 E 和 ρ，并满足如下假定：(1) 应力在整个横截面上均匀分布；(2) 在运动过程中，每个横截面均保持平面，则主要存在纵向振动和扭转振动两种情况。

1. 纵向振动情况

图 3.2 为弹性杆内纵向振动示意图。用 u 表示纵向位移，基于牛顿第二定律可得单元体的运动方程为：

$$-\sigma_x A+\left(\sigma_x+\frac{\partial\sigma_x}{\partial x}\mathrm{d}x\right)A=A\mathrm{d}x\rho\frac{\partial^2 u}{\partial t^2} \tag{3.4}$$

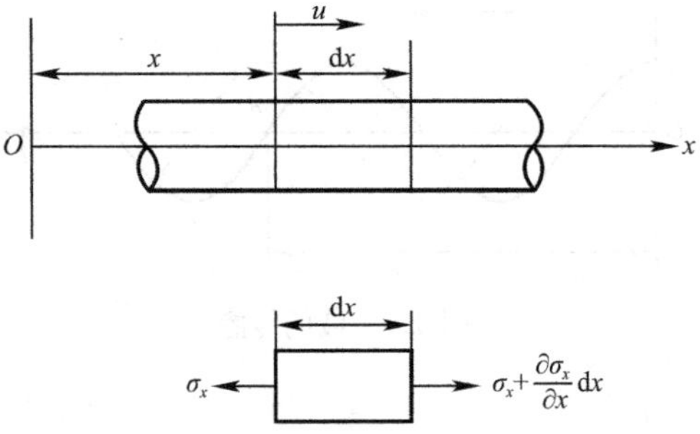

图 3.2 弹性杆内纵向振动示意图

化简可得：

$$\frac{\partial\sigma_x}{\partial x}=\rho\frac{\partial^2 u}{\partial t^2} \tag{3.5}$$

根据胡克定律：

$$\sigma_x=E\frac{\partial u}{\partial x} \tag{3.6}$$

有

$$E\frac{\partial^2 u}{\partial x^2}=\rho\frac{\partial^2 u}{\partial t^2} \tag{3.7}$$

或

$$\frac{\partial^2 u}{\partial t^2}=v_c^2\frac{\partial^2 u}{\partial x^2} \tag{3.8}$$

式中，$v_c=\sqrt{E/\rho}$表示杆内纵波的传播速度，式 (3.8) 即为一维纵波的波动方程。

2. 扭转振动情况

图 3.3 为弹性杆内扭转振动示意图。在弹性杆横截面上作用扭矩 T，用 θ 表示角位移，应用牛顿第二定律，可得运动方程为：

$$-T+\left(T+\frac{\partial T}{\partial x}\mathrm{d}x\right)=\rho J\,\mathrm{d}x\,\frac{\partial^2\theta}{\partial t^2} \tag{3.9}$$

式中，J 为弹性杆横截面的极惯性矩。

化简可得：

$$\frac{\partial T}{\partial x}=\rho J\frac{\partial^2\theta}{\partial t^2} \tag{3.10}$$

由材料力学可知：

$$T=JG\frac{\mathrm{d}\theta}{\mathrm{d}x} \tag{3.11}$$

式中，G 为剪切模量。将式 (3.11) 代入式 (3.10) 得：

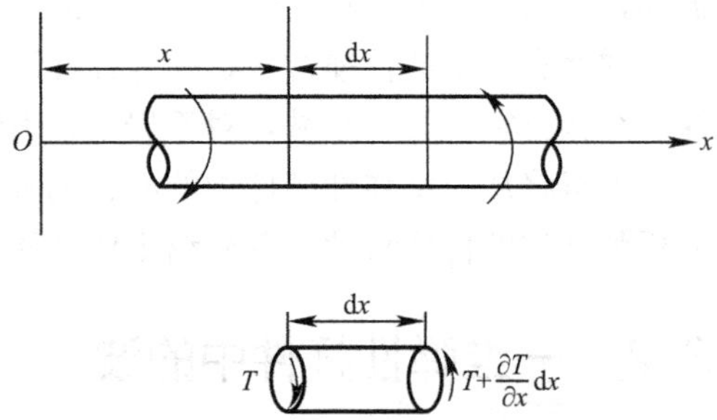

图 3.3 弹性杆内扭转振动示意图

$$JG\frac{\partial^2\theta}{\partial x^2}=\rho J\frac{\partial^2\theta}{\partial t^2} \tag{3.12}$$

或

$$\frac{\partial^2\theta}{\partial t^2}=V_s^2\frac{\partial^2\theta}{\partial x^2} \tag{3.13}$$

式中，$V_s=\sqrt{G/\rho}$ 表示杆内剪切波的传播速度。式（3.13）即为一维剪切波的波动方程。

3.2.2　波动方程的求解方法

由于纵向振动的波动方程式（3.8）和扭转振动的波动方程式（3.13）在数学形式上是相同的，故求解方法也相同。下面仅介绍纵向振动情况下波动方程的求解方法。

式（3.8）的解可写成以下形式：

$$u(x,t)=f_1(x-v_c t)+f_2(x+v_c t) \tag{3.14}$$

式中，$f_1(x-v_c t)$ 表示沿 x 轴正方向传播的波；$f_2(x+v_c t)$ 表示沿 x 轴负方向传播的波。具体求解时应考虑杆端的三种边界条件：两端自由、一端自由一端固定、两端固定(图 3.4)。

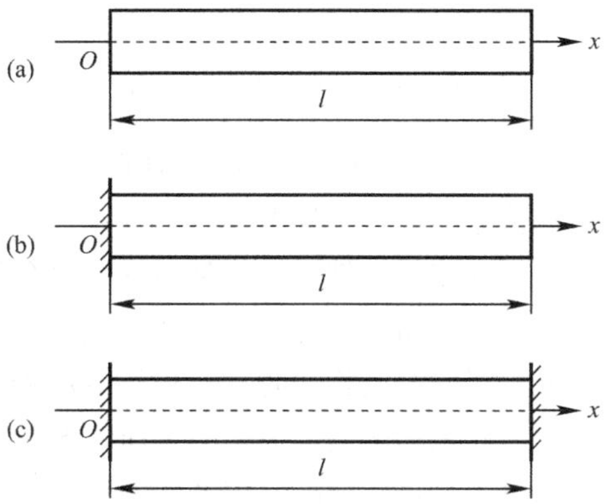

图 3.4　弹性杆端的边界条件

假定一根长度为 l 的弹性杆件发生纵向振动，采用分离变量法，可将波动方程（3.8）的解表示为：

$$u=U(A\cos\omega_n t+B\sin\omega_n t) \tag{3.15}$$

式中，$U(x)$ 是由振型定义的与时间无关的振动幅值，简写为 U；A 和 B 为常数；ω_n 为杆件固有振型 U 的圆频率。将式（3.15）代入式（3.8）中，得：

$$\frac{d^2U}{dx^2}+\frac{\omega_n^2}{v_c^2}U=0 \tag{3.16}$$

该方程的解为：

$$U=C\cos\frac{\omega_n x}{v_c}+D\sin\frac{\omega_n x}{v_c} \tag{3.17}$$

式中，常数 C 和 D 由弹性杆端的边界条件确定。

（1）一端自由、一端固定情况下，其边界条件为：$x=0$，$U=0$；$x=l$，$dU/dx=0$。根据边界条件可得：

$$C=0,D\cos\frac{\omega_n l}{v_c}=0 \tag{3.18}$$

故有

$$\frac{\omega_n l}{v_c}=(2n-1)\frac{\pi}{2}(n=1,2,3,\cdots) \tag{3.19}$$

其振型可表示为：

$$U=D\sin\frac{\omega_n x}{v_c}=D\sin\frac{(2n-1)\pi x}{2l} \tag{3.20}$$

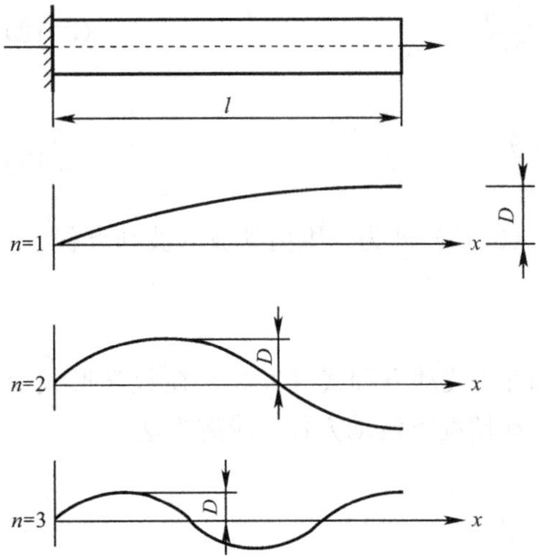

图 3.5　一端自由、一端固定边界条件下弹性杆件的振型

初始三种振型形态如图 3.5 所示。

（2）两端自由情况下，采用上述方法同样可以得出：

$$U = C\cos\frac{\omega_n x}{v_c} = C\cos\frac{n\pi x}{l} \tag{3.21}$$

（3）两端固定情况下，采用上述方法同样可以得出：

$$U = D\sin\frac{\omega_n x}{v_c} = C\sin\frac{n\pi x}{l} \tag{3.22}$$

3.2.3　弹性波在杆端的反射

采用行波法可以求得一维波动方程的通解为：

$$u(x,t) = f_1(x - v_c t) + f_2(x + v_c t) \tag{3.23}$$

式中，$f_1(x-v_c t)$ 表示沿 x 轴正方向传播的波，又称下行波；$f_2(x+v_c t)$ 表示沿 x 轴负方向传播的波，又称上行波。

弹性波从杆件一端传到另一端时会发生反射现象，反射波的特征可以采用上述行波法进行分析。图 3.6 为沿 x 轴正方向移动的压缩波与沿 x 轴负方向移动的拉伸波同时传播的情况。当两个波相遇时（在截面 a-a 处），两者相互抵消，导致应力为零，而质点运动速度变为原来的两倍，这是因为压缩波和拉伸波的初始运动速度相反。同时可以观察到，在杆的自由端，压缩波以拉伸波的形式被反射回来，且具有相同的大小和形状。同样地，拉伸波在杆的自由端以压缩波的形式被反射。

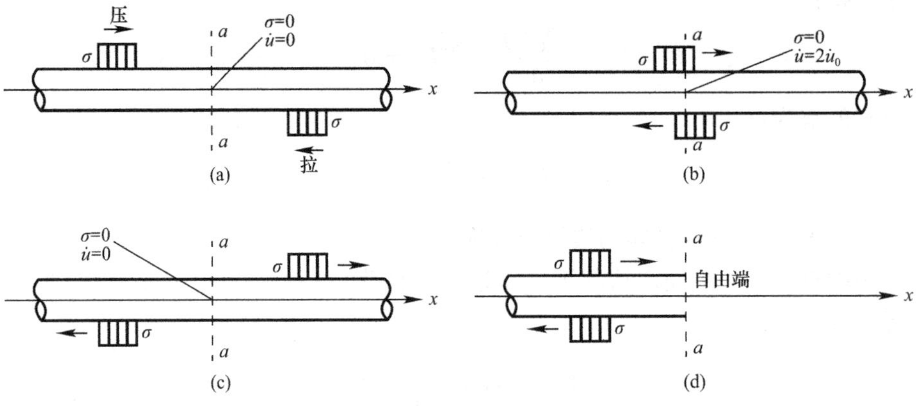

图 3.6　弹性波在自由端的反射

图 3.7 为两个压缩波沿相反方向传播的情况。当两个波在 a-a 截面相互交叉时，截面应力变为原来的两倍，而质点运动速度变为零。当两个波相互通过后，截面 a-a 处的应力和质点速度恢复为零，截面 a-a 保持静止，表现为杆的固定端。通过观察可以看出，在杆的固定端，反射波的性质（压缩或拉伸）与入射波相同。

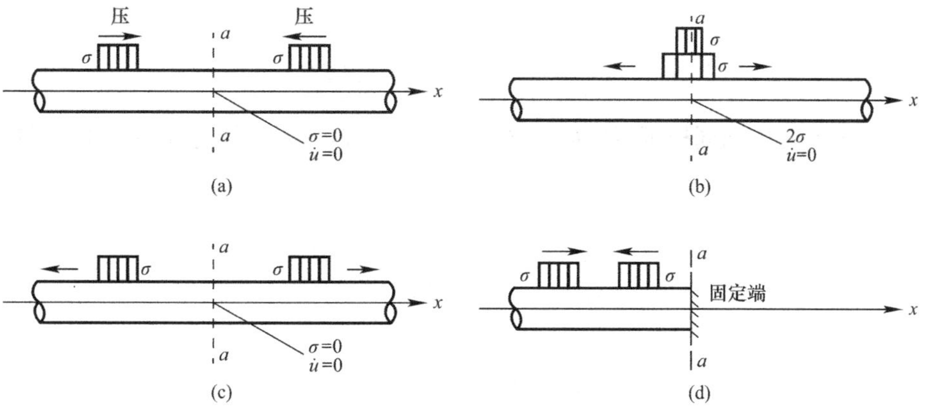

图 3.7　弹性波在固定端的反射

3.3　无限弹性介质中的波

3.3.1　无限弹性体中的三维波动方程

1. 运动方程

假设弹性介质是均质、各向同性的，从中取出边长为 dx、dy、dz 的微元体，作用在微元体上的应力如图 3.8 所示。忽略体积力，设微元体的密度为 ρ，可以得到 x 方向的运动方程为：

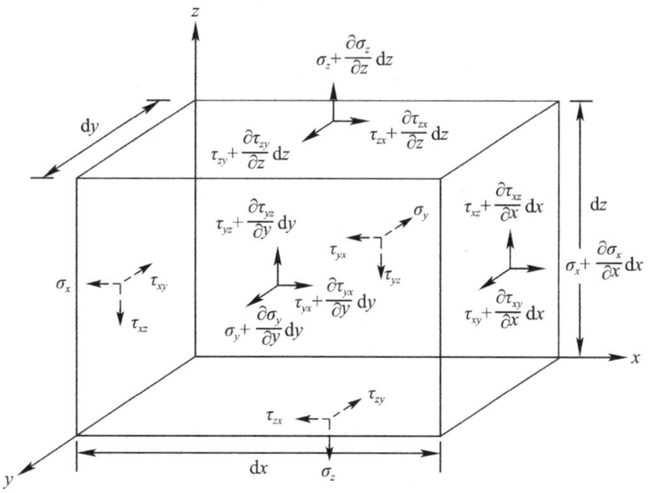

图 3.8　无限弹性介质微元体上的应力

$$\left[\left(\sigma_x+\frac{\partial\sigma_x}{\partial x}\mathrm{d}x\right)-\sigma_x\right]\mathrm{d}y\mathrm{d}z+\left[\left(\tau_{yx}+\frac{\partial\tau_{yx}}{\partial y}\mathrm{d}y\right)-\tau_{yx}\right]\mathrm{d}x\mathrm{d}z+$$
$$\left[\left(\tau_{zx}+\frac{\partial\tau_{zx}}{\partial z}\mathrm{d}z\right)-\tau_{zx}\right]\mathrm{d}x\mathrm{d}y=\rho\mathrm{d}x\mathrm{d}y\mathrm{d}z\frac{\partial^2 u}{\partial t^2}\tag{3.24}$$

或

$$\frac{\partial \sigma_x}{\partial x}+\frac{\partial \tau_{xy}}{\partial y}+\frac{\partial \tau_{xz}}{\partial z}=\rho\frac{\partial^2 u}{\partial t^2} \tag{3.25}$$

在 y 方向和 z 方向同样可得形如式（3.25）的方程，最终无限弹性体中的三维运动方程为：

$$\begin{cases}\dfrac{\partial \sigma_x}{\partial x}+\dfrac{\partial \tau_{xy}}{\partial y}+\dfrac{\partial \tau_{xz}}{\partial z}=\rho\dfrac{\partial^2 u}{\partial t^2}\\ \dfrac{\partial \sigma_y}{\partial y}+\dfrac{\partial \tau_{yx}}{\partial x}+\dfrac{\partial \tau_{yz}}{\partial z}=\rho\dfrac{\partial^2 v}{\partial t^2}\\ \dfrac{\partial \sigma_z}{\partial z}+\dfrac{\partial \tau_{zx}}{\partial x}+\dfrac{\partial \tau_{zy}}{\partial y}=\rho\dfrac{\partial^2 w}{\partial t^2}\end{cases} \tag{3.26}$$

式中，u、v、w 分别为 x、y 和 z 方向的位移分量。

2. 波动方程

根据胡克定律，式（3.26）的左边部分可用位移表示，其应力-应变关系如下：

$$\begin{cases}\sigma_x=\lambda_{\mathrm{S}}\varepsilon+2G_{\mathrm{S}}\varepsilon_x, & \tau_{xy}=\tau_{yx}=G_{\mathrm{S}}\gamma_{xy}\\ \sigma_y=\lambda_{\mathrm{S}}\varepsilon+2G_{\mathrm{S}}\varepsilon_y, & \tau_{yz}=\tau_{zy}=G_{\mathrm{S}}\gamma_{yz}\\ \sigma_z=\lambda_{\mathrm{S}}\varepsilon+2G_{\mathrm{S}}\varepsilon_z, & \tau_{zx}=\tau_{xz}=G_{\mathrm{S}}\gamma_{zx}\end{cases} \tag{3.27}$$

$$G_{\mathrm{S}}=\frac{E}{2(1+\mu)},\quad \lambda_{\mathrm{S}}=\frac{\mu E}{(1+\mu)(1-2\mu)}$$

式中，μ 为泊松比；λ_{S}、G_{S} 为土体骨架拉梅常数；ε 为体应变，$\varepsilon=\varepsilon_x+\varepsilon_y+\varepsilon_z$。

为了将应变和转动用位移表示，还需要利用三维弹性体的几何方程关系：

$$\begin{cases}\varepsilon_x=\dfrac{\partial u}{\partial x}, & \gamma_{xy}=\dfrac{\partial v}{\partial x}+\dfrac{\partial u}{\partial y}, & \omega_x=\dfrac{1}{2}\left(\dfrac{\partial w}{\partial y}-\dfrac{\partial v}{\partial z}\right)\\ \varepsilon_y=\dfrac{\partial v}{\partial y}, & \gamma_{yz}=\dfrac{\partial w}{\partial y}+\dfrac{\partial v}{\partial z}, & \omega_y=\dfrac{1}{2}\left(\dfrac{\partial u}{\partial z}-\dfrac{\partial w}{\partial x}\right)\\ \varepsilon_z=\dfrac{\partial w}{\partial z}, & \gamma_{zx}=\dfrac{\partial u}{\partial z}+\dfrac{\partial w}{\partial x}, & \omega_x=\dfrac{1}{2}\left(\dfrac{\partial v}{\partial x}-\dfrac{\partial u}{\partial y}\right)\end{cases} \tag{3.28}$$

式中，ε 和 γ 分别为正应变和剪应变；ω 为绕各个轴的转动圆频率。

将式（3.27）和式（3.28）代入式（3.26）中，可得无限弹性体中的三维波动方程为：

$$\begin{cases}(\lambda_{\mathrm{S}}+G_{\mathrm{S}})\dfrac{\partial \varepsilon}{\partial x}+G_{\mathrm{S}}\nabla^2 u=\rho\dfrac{\partial^2 u}{\partial t^2}\\ (\lambda_{\mathrm{S}}+G_{\mathrm{S}})\dfrac{\partial \varepsilon}{\partial y}+G_{\mathrm{S}}\nabla^2 v=\rho\dfrac{\partial^2 v}{\partial t^2}\\ (\lambda_{\mathrm{S}}+G_{\mathrm{S}})\dfrac{\partial \varepsilon}{\partial z}+G_{\mathrm{S}}\nabla^2 w=\rho\dfrac{\partial^2 w}{\partial t^2}\end{cases} \tag{3.29}$$

式中，∇^2 为笛卡尔坐标系下的拉普拉斯算子，表示为：

$$\nabla^2=\frac{\partial^2}{\partial x^2}+\frac{\partial^2}{\partial y^2}+\frac{\partial^2}{\partial z^2}$$

3.3.2 无限弹性体中波的分解

在无限弹性介质中存在压缩波（P 波）和剪切波（S 波）两类波。压缩波只能引起胀缩，不能引起旋转，而剪切波只能引起旋转，不能引起胀缩，下面分别对这两类波进行介绍。

1. 压缩波

压缩波又名 P 波或纵波，由于无旋转，其转动分量 $\bar{\omega}_x=\bar{\omega}_y=\bar{\omega}_z=0$，由几何方程（3.28）可得：

$$\frac{\partial w}{\partial y}=\frac{\partial v}{\partial z},\frac{\partial u}{\partial z}=\frac{\partial w}{\partial x},\frac{\partial v}{\partial x}=\frac{\partial u}{\partial y} \tag{3.30}$$

$$\frac{\partial \varepsilon}{\partial x}=\frac{\partial^2 u}{\partial x^2}+\frac{\partial}{\partial x}\left(\frac{\partial v}{\partial y}\right)+\frac{\partial}{\partial x}\left(\frac{\partial w}{\partial z}\right)=\frac{\partial^2 u}{\partial x^2}+\frac{\partial^2 u}{\partial y^2}+\frac{\partial^2 u}{\partial z^2}=\nabla^2 u \tag{3.31}$$

将式（3.31）代入波动方程（3.29）可得：

$$(\lambda_S+2G_S)\nabla^2 u=\rho\frac{\partial^2 u}{\partial t^2} \tag{3.32}$$

在 y 方向和 z 方向同样可得形如式（3.32）的方程，最终有：

$$\begin{cases}\dfrac{\partial^2 u}{\partial t^2}=\dfrac{\lambda_S+2G_S}{\rho}\nabla^2 u=V_P^2\nabla^2 u\\[2ex]\dfrac{\partial^2 v}{\partial t^2}=\dfrac{\lambda_S+2G_S}{\rho}\nabla^2 v=V_P^2\nabla^2 v\\[2ex]\dfrac{\partial^2 w}{\partial t^2}=\dfrac{\lambda_S+2G_S}{\rho}\nabla^2 w=V_P^2\nabla^2 w\end{cases} \tag{3.33}$$

式中，$V_P=\sqrt{(\lambda_S+2G_S)/\rho}$ 为压缩波传播速度。

压缩波的传播方向与质点振动方向一致，且具有无旋转的特点。

2. 剪切波

剪切波又名 S 波、横波或畸形波，由于等体积，体应变 $\varepsilon=0$，代入波动方程（3.29）可得：

$$\begin{cases}\dfrac{\partial^2 u}{\partial t^2}=\dfrac{G_S}{\rho}\nabla^2 u=V_S^2\nabla^2 u\\[2ex]\dfrac{\partial^2 v}{\partial t^2}=\dfrac{G_S}{\rho}\nabla^2 v=V_S^2\nabla^2 v\\[2ex]\dfrac{\partial^2 w}{\partial t^2}=\dfrac{G_S}{\rho}\nabla^2 w=V_S^2\nabla^2 w\end{cases} \tag{3.34}$$

式中，$V_S=\sqrt{G_S/\rho}$ 为剪切波传播速度。

剪切波的传播方向与质点振动方向垂直，且具有等体积的特点。压缩波速 V_P 与剪切波速度 V_S 存在如下关系：

$$\frac{V_P}{V_S}=\sqrt{\frac{\lambda_S+2G_S}{G_S}}=\sqrt{\frac{2(1-\mu)}{1-2\mu}} \tag{3.35}$$

当泊松比 $\mu=0\sim0.5$，式（3.36）恒成立：

$$V_P>\sqrt{2}V_S \tag{3.36}$$

即上述条件下，压缩波速恒大于剪切波速。

3.3.3　无限弹性体中的二维问题

1. 球形空腔问题

在无限弹性空间中，球形空腔在表面力作用下会产生一种球面波，其波阵面为球面。

均匀荷载 $F(t)$ 作用下半径为 a 的球形空腔如图 3.9 所示，取一微元体进行分析，其上应力如图 3.10 所示。忽略体积力，可得运动方程为：

$$\frac{\partial\sigma_r}{\partial r}+\frac{2(\sigma_r-\sigma_\theta)}{r}=\rho\frac{\partial^2 u}{\partial t^2} \tag{3.37}$$

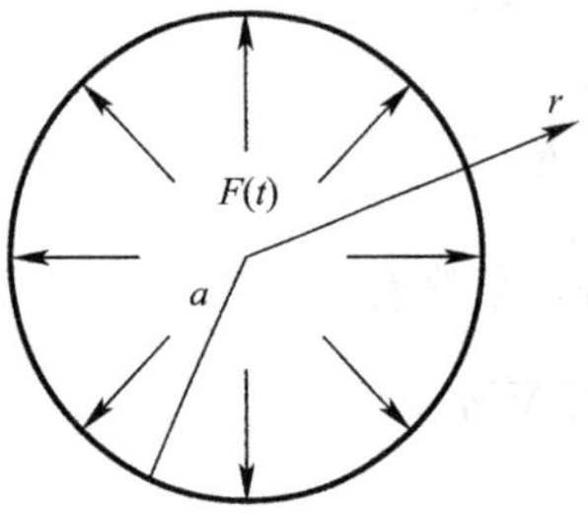

图 3.9　均匀荷载作用下的球形空腔

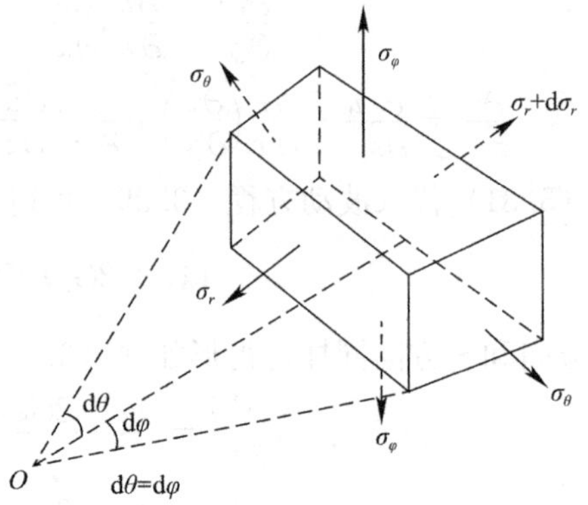

图 3.10　微元体上的应力

根据胡克定律，应力-应变关系为：

$$\begin{cases}\sigma_r=\lambda_S(\varepsilon_r+2\varepsilon_\theta)+2\mu\varepsilon_r\\ \sigma_\theta=\lambda_S(\varepsilon_r+2\varepsilon_\theta)+2\mu\varepsilon_\theta\end{cases} \tag{3.38}$$

径向和切向应变与径向位移分量 u_r 的关系为：

$$\begin{cases}\varepsilon_r=\dfrac{\partial u_r}{\partial r}\\ \varepsilon_\theta=\dfrac{u_r}{r}\end{cases} \tag{3.39}$$

将式（3.38）和式（3.39）代入式（3.37）可将运动方程用位移表示：

$$\frac{\partial^2 u_r}{\partial r^2}+\frac{2}{r}\frac{\partial u_r}{\partial r}-\frac{2u_r}{r^2}=\frac{1}{V_P^2}\frac{\partial^2 u_r}{\partial t^2} \tag{3.40}$$

式中，$V_P=\sqrt{(\lambda_S+2G_S)/\rho}$。

引入势函数 φ，则有：

$$u_r=\frac{\partial\varphi}{\partial r} \tag{3.41}$$

代入式（3.40）有：

$$\frac{\partial^3\varphi}{\partial r^3}+\frac{2}{r}\frac{\partial^2\varphi}{\partial r^2}-\frac{2}{r^2}\frac{\partial\varphi}{\partial r}=\frac{1}{V_P^2}\frac{\partial^3\varphi}{\partial r\partial t^2} \tag{3.42}$$

由于

$$r\frac{\partial^2\varphi}{\partial r^2}+2\frac{\partial\varphi}{\partial r}=r\frac{\partial^2\varphi}{\partial r^2}+\frac{\partial\varphi}{\partial r}+\frac{\partial\varphi}{\partial r}=\frac{\partial}{\partial r}\left(r\frac{\partial\varphi}{\partial r}+\varphi\right)=\frac{\partial^2}{\partial r^2}(r\varphi) \tag{3.43}$$

可得

$$\frac{\partial^2(r\varphi)}{\partial r^2}=\frac{1}{V_P^2}\frac{\partial^2(r\varphi)}{\partial t^2} \tag{3.44}$$

上式即为一维波动方程，可将方程的解用达朗贝尔形式表示为：

$$\varphi = \frac{1}{r} f_1(r - V_P t) + \frac{1}{r} f_2(r + V_P t) \tag{3.45}$$

式中，f_1 和 f_2 为任意函数；$f_1(r-V_Pt)$ 表示以波速 V_P 沿 r 正方向传播的发散波；$f_2(r+V_Pt)$表示以波速 V_P 沿 r 负方向传播的会聚波。若将空间域扩展到无穷远，就可以消去会聚波，则球形空腔内波的位移表达式为：

$$u = \frac{1}{r}\frac{\partial f_1}{\partial r} - \frac{f_1}{r^2} \tag{3.46}$$

在均匀荷载 $F(t)$ 作用下，球面波的大小与时间有关。其边界条件为：

$$r = a \text{ 时}, \sigma_r = (\lambda_S + 2G_S)\frac{\partial^2 \varphi}{\partial r^2} + 2\frac{\lambda_S}{r}\frac{\partial \varphi}{\partial r} = -F \tag{3.47}$$

本问题的解可用傅里叶变换得出，其正、逆变换分别为：

$$\varphi(r,t) = \frac{1}{2\pi}\int_{-\infty}^{+\infty} \bar{\varphi}(r,\omega) e^{-i\omega t} dt \tag{3.48}$$

$$\bar{\varphi}(r,\omega) = \int_{-\infty}^{+\infty} \varphi(r,t) e^{i\omega t} d\omega \tag{3.49}$$

将式（3.48）代入式（3.44）和式（3.47）可得：

$$\bar{\varphi}(r,\omega) = \frac{-a^3 \bar{F}(\omega) e^{ik}(r-a)}{4G_S r(1 - ika - V^2 k^2 a^2)} \tag{3.50}$$

式中，波数 $k=\omega/V_P$；$v=V_P/2V_S$。则本问题的解为：

$$\varphi(r,t) = -\frac{a^3}{8\pi G_S r}\int_{-\infty}^{+\infty} \bar{F}(\omega)\bar{\varphi}(r,\omega) e^{-i\omega t} d\omega \tag{3.51}$$

式中，

$$\bar{\varphi}(r,\omega) = \left(1 - i\frac{\omega a}{V_P} - v^2 \frac{\omega^2 a^2}{V_P^2}\right)^{-1} e^{i\omega\frac{r-a}{V_P}} \tag{3.52}$$

2. 圆柱形空腔问题

在无限弹性空间中，圆柱形空腔在表面力作用下会产生一种柱面波，其波阵面为柱面。柱面波的应力分析如图 3.11 所示。

本问题的几何方程为：

$$\varepsilon_r = \frac{\partial u_r}{\partial r}$$

$$\varepsilon_\theta = \frac{u_r}{r} \tag{3.53}$$

物理方程为：

$$\sigma_r = (\lambda_S + 2\mu)\varepsilon_r + \lambda_S \varepsilon_\theta$$

$$\sigma_\theta = (\lambda_S + 2\mu)\varepsilon_\theta + \lambda_S \varepsilon_r \tag{3.54}$$

运动方程为：

$$\frac{\partial \sigma_r}{\partial r} + \frac{\sigma_r - \sigma_\theta}{r} = \rho\frac{\partial^2 u_r}{\partial t^2} \tag{3.55}$$

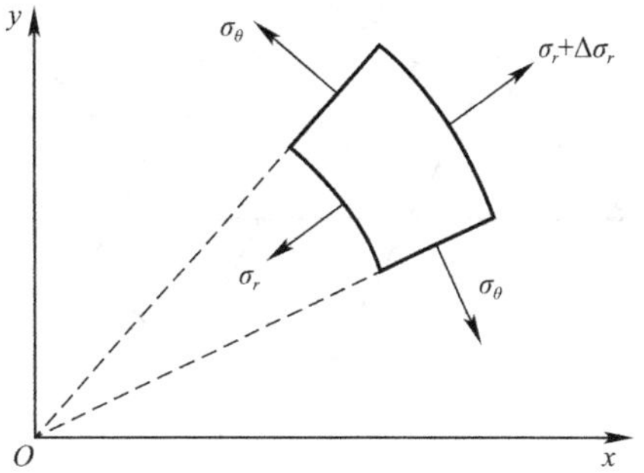

图 3.11　柱面波应力分析示意图

将式（3.53）和式（3.54）代入式（3.55）可将运动方程用位移表示：

$$\frac{\partial^2 u_r}{\partial r^2} + \frac{1}{r}\frac{\partial u_r}{\partial r} - \frac{u_r}{r^2} = \frac{1}{V_P^2}\frac{\partial^2 u_r}{\partial t^2} \tag{3.56}$$

引入势函数 $\varphi(r, t)$，令：

$$u_r = \frac{\partial \varphi}{\partial t} \tag{3.57}$$

将其代入运动方程（3.56）可得：

$$\frac{\partial^2 \varphi}{\partial r^2} + \frac{1}{r}\frac{\partial \varphi}{\partial r} = \frac{1}{V_P^2}\frac{\partial^2 \varphi}{\partial t^2} \tag{3.58}$$

根据 Lamb（1904）的研究，柱面波波动方程的解为：

$$\varphi(r,t) = \int_0^{\infty}\left[f_1\left(t - \frac{r}{V_P}\cosh u_r\right) + f_2\left(t + \frac{r}{V_P}\cosh u_r\right)\right]\mathrm{d}u_r \tag{3.59}$$

式中，f_1 和 f_2 为任意函数；解中第一项代表发散的柱面波，第二项代表会聚的柱面波。则位移解为：

$$u(r,t) = \frac{1}{r}\left[f_1\left(t - \frac{r}{V_P}\cosh u_r\right) + f_2\left(t + \frac{r}{V_P}\cosh u_r\right)\right]\Bigg|_{u_r=0}^{u_r=\infty} - \frac{1}{V_P}\int_0^{\infty}\mathrm{e}^{-u_r}\left[f_1'\left(t - \frac{r}{V_P}\cosh u_r\right) - f_2'\left(t + \frac{r}{V_P}\cosh u_r\right)\right]\mathrm{d}u_r \tag{3.60}$$

3.4 半无限弹性介质中的波

3.4.1 半无限弹性介质中平面波的分解

在半无限弹性介质中存在两种体波：压缩波（P 波）和剪切波（S 波）。选择适当的坐标系，使波的传播方向位于（x，y）平面内，与波的传播方向相垂直的面称为波阵面。由第 3.3.2 节中 P 波和 S 波的传播特点可知，P 波的位移矢量垂直于波阵面，S 波的位移矢量位于波阵面内。S 波的位移矢量可以分解为两个分量：一个分量位于（x，y）平面内，称为 SV 波（竖向偏振的剪切波）；另一个分量则垂直于（x，y）平面，称为 SH 波（水平偏振的剪切波）。P 波和 SV 波为平面内运动（平面应变问题），SH 波则为平面外运动，半无限弹性介质中平面波的分解示意图见图 3.12。

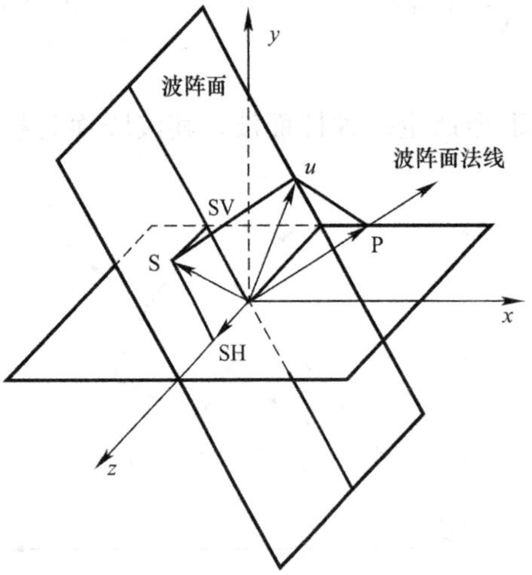

图 3.12 半无限弹性介质中平面波的分解

1. P-SV 波

由于 P-SV 波在半无限弹性介质中的传播属于二维平面问题，即 $w=0$，则其波动方程可表示为：

$$\begin{cases}(\lambda_S + G_S)\left(\dfrac{\partial^2 u}{\partial x^2} + \dfrac{\partial^2 v}{\partial x \partial y}\right) + G_S \nabla^2 u = \rho\dfrac{\partial^2 u}{\partial t^2}\\[2ex](\lambda_S + G_S)\left(\dfrac{\partial^2 u}{\partial x \partial y} + \dfrac{\partial^2 v}{\partial y^2}\right) + G_S \nabla^2 v = \rho\dfrac{\partial^2 v}{\partial t^2}\end{cases} \tag{3.61}$$

引入势函数：

$$u=\frac{\partial\varphi}{\partial x}+\frac{\partial\psi}{\partial y} \tag{3.62}$$

$$v=\frac{\partial\varphi}{\partial y}-\frac{\partial\psi}{\partial x} \tag{3.63}$$

将式（3.62）和式（3.63）代入波动方程（3.61），整理可得：

$$\frac{\partial^2\varphi}{\partial t^2}=V_P^2\nabla^2\varphi \tag{3.64}$$

$$\frac{\partial^2\psi}{\partial t^2}=V_S^2\nabla^2\psi \tag{3.65}$$

式中，V_P 和 V_S 分别为压缩波和剪切波速度。

根据胡克定律，可得由势函数表示的应力公式：

$$\sigma_x=\lambda_S\nabla^2\varphi+2G_S\left(\frac{\partial^2\varphi}{\partial x^2}+\frac{\partial^2\psi}{\partial x\partial y}\right) \tag{3.66}$$

$$\sigma_y=\lambda_S\nabla^2\varphi+2G_S\left(\frac{\partial^2\varphi}{\partial y^2}-\frac{\partial^2\psi}{\partial x\partial y}\right) \tag{3.67}$$

$$\tau_{xy}=2G_S\frac{\partial^2\varphi}{\partial x\partial y}+G_S\left(\frac{\partial^2\psi}{\partial y^2}-\frac{\partial^2\psi}{\partial x^2}\right) \tag{3.68}$$

2. SH 波

由于半无限弹性介质中 SH 波为平面外运动，即 $u=v=0$，则运动方程为：

$$\frac{\partial\tau_{xz}}{\partial x}+\frac{\partial\tau_{yz}}{\partial y}=\rho\frac{\partial^2 w}{\partial t^2} \tag{3.69}$$

将下列关系：

$$\tau_{xz}=G_S\frac{\partial w}{\partial x} \tag{3.70}$$

$$\tau_{yz}=G_S\frac{\partial w}{\partial y} \tag{3.71}$$

代入运动方程（3.69）可得：

$$\frac{\partial^2 w}{\partial t^2}=V_S^2\nabla^2 w \tag{3.72}$$

3.4.2 平面波的反射

1. 半无限空间中平面波反射的基本理论

对于半无限空间 $y\geqslant0$，有边界条件：

$$y=0\text{ 时},\sigma_y=\tau_{yx}=0 \tag{3.73}$$

令

$$\begin{cases}\varphi(x,y,t)=f(y)\cdot e^{[ik(x-ct)]}\\ \psi(x,y,t)=g(y)\cdot e^{[ik(x-ct)]}\end{cases} \tag{3.74}$$

式中，波数 $k=\omega/c$，其中 c 为波沿 x 轴方向的传播波速，ω 为自振频率；$f(y)$ 和 $g(y)$ 为只与 y 相关的任意函数。将式（3.74）代入式（3.64）和式（3.65）可得：

$$\begin{cases} f''(y)+k^2p_1^2f(y)=0 \\ g''(y)+k^2p_2^2g(y)=0 \end{cases} \tag{3.75}$$

式中，$p_1=\sqrt{c^2/V_P^2-1}$；$p_2=\sqrt{c^2/V_S^2-1}$。

一般可将式（3.64）和式（3.65）的解表达为：

$$\begin{cases} \varphi=A_1\varphi_1+A_2\varphi_2 \\ \psi=B_1\psi_1+B_2\psi_2 \end{cases} \tag{3.76}$$

式中：

$$\varphi_1=e^{[ik(x-p_1y-ct)]},\varphi_2=e^{[ik(x+p_1y-ct)]},\psi_1=e^{[ik(x-p_2y-ct)]},\psi_2=e^{[ik(x+p_2y-ct)]}$$

考虑 φ_1 的波阵面方程为：

$$x-p_1y-ct=\text{const} \tag{3.77}$$

上式为一个运动平面的方程，它的传播方向由单位法线矢量 $\boldsymbol{n}$ 确定：

$$\begin{cases} n_x=(1-p_1^2)^{-\frac{1}{2}}=V_P/c \\ n_y=-p_1(1+p_1^2)^{-\frac{1}{2}}=-\sqrt{1-V_P^2/c^2} \end{cases} \tag{3.78}$$

其传播速率为：

$$\bar{v}=cn_x=V_P \tag{3.79}$$

同理可得，φ_2 运动平面有：

$$n'_x=n_x,\quad n'_y=-n_y,\quad \bar{v}=V_P \tag{3.80}$$

由于 φ 和 ψ 应满足边界条件式（3.73），所以式（3.76）中 A_1、A_2、B_1、B_2 不能全部任意取值。由 φ 和 ψ 可建立下列位移及应力关系式：

$$u=ik[A_1\varphi_1+A_2\varphi_2-p_2(B_1\psi_1-B_2\psi_2)] \tag{3.81}$$

$$v=-ik[p_1(A_1\varphi_1-A_2\varphi_2)+B_1\psi_1+B_2\psi_2] \tag{3.82}$$

$$\sigma_x=G_Sk^2[(2p_1^2-p_2^2-1)(A_1\varphi_1+A_2\varphi_2)+2p_2(B_1\varphi_1-B_2\varphi_2)] \tag{3.83}$$

$$\sigma_y=G_Sk^2[(1+p_2^2)(A_1\varphi_1+A_2\varphi_2)-2p_2(B_1\psi_1-B_2\psi_2)] \tag{3.84}$$

$$\tau_{xy}=G_Sk^2[2p_1(A_1\varphi_1-A_2\varphi_2)+(1-p_2^2)(B_1\psi_1-B_2\psi_2)] \tag{3.85}$$

为满足边界条件式（3.73），必有：

$$\begin{cases} (1-p_2^2)(A_1+A_2)-2p_2(B_1-B_2)=0 \\ 2p_1(A_1+A_2)+(1-p_2^2)(B_1+B_2)=0 \end{cases} \tag{3.86}$$

若入射波的振幅为 A_1、B_1，则根据上式可以确定反射波的振幅 A_2、B_2。

2. 入射 P 波的情况

假设有一个振幅为 A_1 的平面压缩波以 α_1 的角度入射到自由边界面上，P 波的波数假定已知，则入射波可表示为：

$$\varphi=A_1e^{[ik(x-p_1y-ct)]}=A_1e^{\left[i\frac{k}{\cos\alpha_1}(n_xx+n_yy-V_Pt)\right]} \tag{3.87}$$

波的频率 ω 和波长 λ 见下式：

$$\begin{cases} \omega=kc \\ \lambda=2\pi\cos\alpha_1/k \end{cases} \tag{3.88}$$

此时波长 λ 比 x 方向上的波长 λ_x 更短，其相应的波数 $k\cos\alpha_1$ 更大。由于 $B_1=0$，由式（3.86）可得：

$$\begin{cases}\dfrac{A_2}{A_1}=\dfrac{4p_1p_2-(1-p_2^2)^2}{4p_1p_2+(1-p_2^2)^2}\\[2ex]\dfrac{B_2}{A_1}=-\dfrac{4p_1(1-p_2^2)}{4p_1p_2+(1-p_2^2)^2}\end{cases}\tag{3.89}$$

由此可知，入射P波将在边界上产生一个反射P波和一个反射SV波，其反射示意图如图3.13所示。其中P波的出射角与入射角α_1相等，SV波的出射角β_2由斯涅耳定律可得：

$$\frac{V_P}{\cos\alpha_1}=\frac{V_S}{\cos\beta_2}\tag{3.90}$$

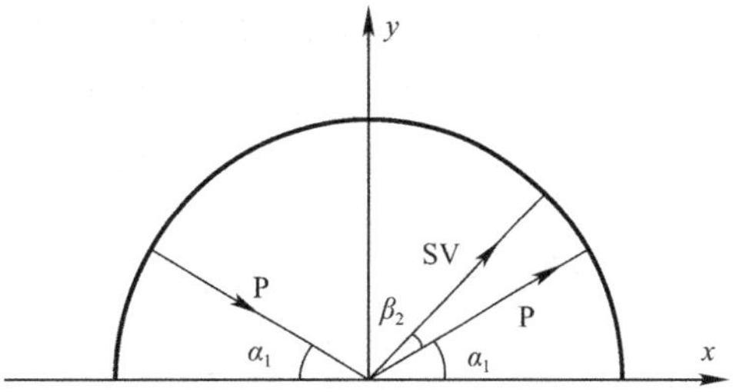

图3.13　P波的反射示意图

反射P波对应的$p_1(=\tan\alpha_1)$仍与入射P波的p_1相等，SV波的p_2由下式给出：

$$p_2=\tan\beta_2=\frac{V_P}{V_S}\left(\tan^2\alpha_1+1-\frac{V_S^2}{V_P^2}\right)^{\frac{1}{2}}\tag{3.91}$$

由于$V_P>\sqrt{2}V_S$，根据式（3.91）可知$p_2<1$，从式（3.89）中可以看出B_2/A_1恒为正值。由式（3.89）和图3.13可知，只有当P波水平入射或垂直入射的情况下才有$B_2=0$，反射波才只包含P波成分，此时$A_2/A_1=-1$。为求出反射波只包含SV波的条件，可令A_2/A_1的分子为零，可得：

$$4p_1\left[\frac{V_P^2}{V_S^2}(1+p_1^2)-1\right]^{\frac{1}{2}}-\left[2-\frac{V_P^2}{V_S^2}(1+p_1^2)\right]^2=0\tag{3.92}$$

此方程的根是V_P/V_S的函数。从图3.13中可以看出，V_P/V_S和p_1并非都是实数，说明并非所有的弹性体均存在P波成分。

3. 入射SV波的情况

可参考入射P波时的分析，研究入射SV波的情况。令$A_1=0$，设入射角为β_1，则入射波可表示为：

$$\varphi=B_1\mathrm{e}^{[ik(x-p_2y-ct)]}=B_1\mathrm{e}^{\left[\mathrm{i}\frac{k}{\cos\beta_1}(n_xx+n_yy-V_St)\right]}\tag{3.93}$$

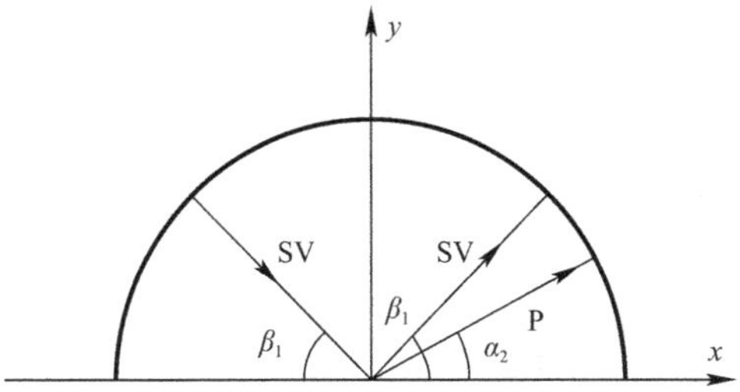

图3.14　SV波的反射示意图

根据边值条件，当入射SV波射在自由边界面上时，一般会出现一个P波和一个SV波，其反射示意图如图3.14所示。

根据式（3.76），它们的振幅为：

$$\begin{cases}\dfrac{A_2}{B_1}=\dfrac{4p_2(1-p_2^2)}{4p_1p_2+(1-p_2^2)^2}\\[2ex]\dfrac{B_2}{B_1}=\dfrac{4p_1p_2-(1-p_2^2)^2}{4p_1p_2+(1-p_2^2)^2}\end{cases}\tag{3.94}$$

由图3.14可知，反射SV波的出射角与入射角β_1相等，反射P波的出射角$\cos\alpha_2=V_P/V_S\cos\beta_1$，则有：

$$p_1=\tan\alpha_2=\frac{V_S}{V_P}\left[\tan^2\beta_1+1-\frac{V_P^2}{V_S^2}\right]^{\frac{1}{2}},\quad p_2=\tan\beta_1\tag{3.95}$$

在SV波掠入射和正入射的情况下，反射P波都将消失。此外，若入射的SV波不存在反射的 SV 波，则 B_2/A_1 的分子为零，故可得形如式（3.92）的方程，此时入射 SV 波的 p_2 应满足以下方程：

$$p_2 = \left[\left(\frac{V_P^2}{V_S^2}\right)(1+p_1^2)-1\right]^{\frac{1}{2}} \tag{3.96}$$

由式（3.96）可知，SH 波与 SV 波不同，SH 波入射到水平界面时，只出现 SH 波的反射，且反射角与入射角相等，反射 SH 波的振幅等于入射 SH 波的振幅；而自由表面处总的水平位移幅值是入射波位移振幅的两倍。

3.4.3 瑞利波

在弹性半空间的界面附近存在一类表面波，这类波最早由瑞利（Rayleigh，1885）研究发现，因此被称为瑞利波（R 波）。

1. 瑞利波方程及波速

式（3.76）给出了一般情况下平面波的解，若令速度 c 小于剪切波速度 V_S，则式（3.76）中 p_1 和 p_2 均为虚数，令 $p_1=ia$，$p_2=ib$ 并代入式（3.76）可得：

$$\varphi_1 = e^{aky+ik(x-ct)} \tag{3.97}$$

$$\varphi_2 = e^{-aky+ik(x-ct)} \tag{3.98}$$

$$\psi_1 = e^{bky+ik(x-ct)} \tag{3.99}$$

$$\psi_2 = e^{-bky+ik(x-ct)} \tag{3.100}$$

式中，$a=\sqrt{1-c^2/V_P^2}$，$b=\sqrt{1-c^2/V_S^2}$，且 $V_S<c<V_P$。由于 $y\rightarrow\infty$ 时波振幅度趋近于零，故式（3.76）中 $A_1=A_2=0$。将 A_2 和 B_2 分别换写为 A 和 B，则式（3.76）可表达为：

$$\begin{cases}\varphi = Ae^{-aky+ik(x-ct)}\\ \psi = Be^{-bky+ik(x-ct)}\end{cases} \tag{3.101}$$

式中，c 为尚未确定的恒量。式（3.101）表示一个以速度 c 沿 x 方向移动的简谐波列，波的振幅在边界面 $y=0$ 处最大，并随深度 y 的增大而迅速衰减。

为确定速度 c，根据式（3.73）$y=0$ 时的边界条件及式（3.86）可得：

$$(1+b^2)A+2ibB=0 \tag{3.102}$$

$$-2iaA+(1+b^2)B=0 \tag{3.103}$$

要使 A 和 B 具有非零解，必须满足下式：

$$(1+b^2)^2-4ab=0 \tag{3.104}$$

或

$$\left(2-\frac{c^2}{V_S^2}\right)^2 = 4\sqrt{1-\frac{c^2}{V_S^2}}\cdot\sqrt{1-\frac{c^2}{V_P^2}} \tag{3.105}$$

整理可得，确定波速 c 的方程为：

$$\left(\frac{c}{V_S}\right)^6-8\left(\frac{c}{V_S}\right)^4+\left(24-16\frac{V_S^2}{V_P^2}\right)\left(\frac{c}{V_S}\right)^2-16\left(1-\frac{V_S^2}{V_P^2}\right)=0 \tag{3.106}$$

上式可利用解析法求解，令 $v=c^2/V_S^2$ 可得：

$$v^3-8v^2+8\frac{2-\mu}{1-\mu}v-\frac{8}{1-\mu}=0 \tag{3.107}$$

式（3.107）表明，瑞利波的波速只与材料的泊松比有关，只要给定介质的泊松比，就可以确定其相应的瑞利波波速。泊松比与对应的 v_r/V_S 和 v_r/V_P 值的关系如表 3.1 所示，其中 v_r 指弹性半空间中瑞利波的波速 c。式（3.107）的解近似为：

$$v_r \approx \frac{0.862+1.14\mu}{1+\mu} V_S \tag{3.108}$$

泊松比与对应的 v_r/V_S 和 v_r/V_P 值　　　**表 3.1**

μ	v_r/V_S	v_r/V_P	μ	v_r/V_S	v_r/V_P	μ	v_r/V_S	v_r/V_P
0.00	0.874	0.618	0.20	0.911	0.588	0.40	0.942	0.385
0.02	0.878	0.614	0.22	0.914	0.548	0.42	0.945	0.351
0.04	0.882	0.610	0.24	0.918	0.537	0.44	0.948	0.310
0.06	0.886	0.606	0.26	0.921	0.525	0.46	0.950	0.259
0.08	0.889	0.601	0.28	0.924	0.511	0.48	0.953	0.187
0.10	0.893	0.595	0.30	0.927	0.496	0.50	0.955	0.000
0.12	0.897	0.589	0.32	0.931	0.479			
0.14	0.900	0.583	0.34	0.934	0.460			
0.16	0.904	0.575	0.36	0.936	0.438			
0.18	0.908	0.567	0.38	0.939	0.413			

注：引自吴世明《土动力学》。

2. 瑞利波的位移

将式（3.101）代入势函数式（3.62）和式（3.63）可得：

$$u=(Aik\cdot e^{-aky}-B\cdot bk\cdot e^{-bky})\cdot e^{ik(x-ct)} \tag{3.109}$$

$$v=(-Aak\cdot e^{-aky}-B\cdot ik\cdot e^{-bky})\cdot e^{ik(x-ct)} \tag{3.110}$$

将 A 和 B 的关系式（3.102）代入上述两方程得：

$$u=A\cdot ik\left[e^{-aky}-\frac{(1+b^2)}{2}e^{-bky}\right]\cdot e^{ik(x-ct)} \tag{3.111}$$

$$v=A\cdot ik\left[ae^{-aky}+\frac{(1+b^2)}{2b}e^{-bky}\right]\cdot e^{ik(x-ct)} \tag{3.112}$$

为进一步分析介质的位移情况，只考虑位移分量的实部，则有：

$$u=f_1(y)\sin[k(x-ct)] \tag{3.113}$$

$$v=f_2(y)\cos[k(x-ct)] \tag{3.114}$$

式中

$$f_1(y)=-Ak\cdot\left[e^{-aky}-\frac{(1+b^2)}{2b}e^{-bky}\right]$$

$$f_2(y)=Ak\cdot\left[-ae^{-aky}-\frac{(1+b^2)}{2b}e^{-bky}\right]$$

可将瑞利波的位移表达式整理为关于 u 和 v 的椭圆标准方程：

$$\frac{u^2}{f_1^2(y)}+\frac{v^2}{f_2^2(y)}=1 \tag{3.115}$$

式中，$f_1(y)$ 和 $f_2(y)$ 分别为椭圆水平和垂直方向的轴长。

对于 $\mu=0.25$ 的泊松材料，瑞利波的位移公式为：

$$u=-A(e^{-0.8475ky}-0.5773e^{-0.3933ky})\cdot\sin[k(x-ct)] \tag{3.116}$$

$$v=A(-0.8475e^{-0.8475ky}+1.4679e^{-0.3933ky})\cdot\cos[k(x-ct)] \tag{3.117}$$

当 $y=0$ 时，

$$u_0=-0.423kA\cdot\sin[k(x-ct)] \tag{3.118}$$

$$v_0=0.620kA\cdot\cos[k(x-ct)] \tag{3.119}$$

由此可知，在瑞利波的传播过程中质点以逆时针椭圆轨迹运动，当式（3.116）和式（3.117）取其他 y 值时，可以分别求出各深度处的位移。图 3.15 为瑞利波位移随深度的变化曲线，图中 λ_R 为瑞利波波长。从图 3.15 中可以看出，位移分量 u 发生了变号，说明当瑞利波传播到一定深度时，质点的运动轨迹将变为顺时针，如图 3.16 所示。

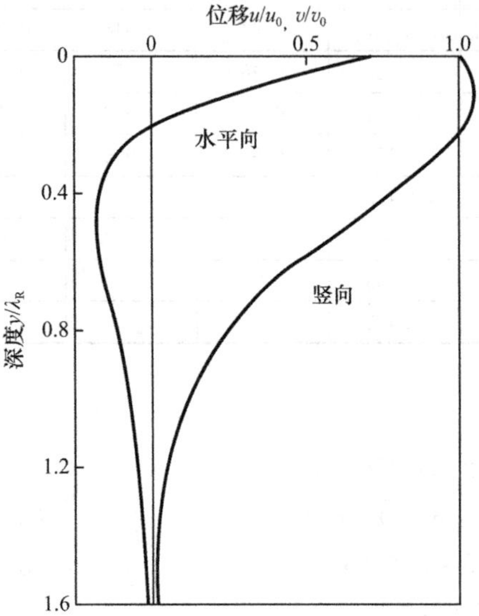

图 3.15　瑞利波位移随深度的变化（$\mu=0.25$）

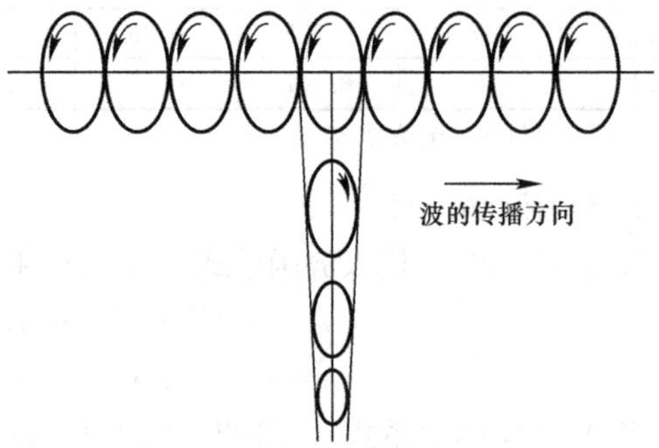

图 3.16　瑞利波传播示意图

3.4.4　勒夫波

在成层弹性半空间中，若表层介质的剪切波速小于下层介质的剪切波速，则会在垂直于波传播方向的水平面内出现另一类表面波，称为勒夫波（L 波）。它是由 SH 波在自由表面和分界面上经过多次全反射的加强干涉而形成的，具有以下几点特征：

（1）勒夫波仅存在于成层半空间中，而均质半空间中则不存在。

（2）勒夫波不存在垂直分量，其传播速度与振动频率有关，即存在波散现象。

（3）当波长较短时，勒夫波的波速接近于表层介质的剪切波速度；当波长较长时，勒夫波的波速接近于下层介质剪切波速度。

（4）勒夫波的求解常采用解析法建立特征方程，但在结构层数较多、波长较短的情况下，采用解析法迭代求解往往较为困难，甚至影响计算精度。因此，可采用有限单元法弥补上述不足。

3.4.5　土体介质中的波

一般来说，土体介质往往是非均质、各向异性、非完全弹性的多孔多相介质。因此，在研究土体介质中的波动问题时，应考虑土体介质的以下特点：

(1) 土体介质一般是成层存在的，但各个土层内部可视为均质、各向同性的材料。因此，研究波在土体介质中的传播问题时必须考虑土层界面处的反射和折射规律。

(2) 土体介质实际上是一种非完全弹性介质，在波的传播过程中，即使产生微小的塑性变形，也将由于介质的内摩擦引起大量的能量耗散，加快波的传播衰减。

(3) 土体介质是一种多孔、多相介质，包括固、液组成的两相介质以及固、液、气组成的三相介质。波在土体介质中的传播往往不同于单相、均匀介质，但对于只由固、液组成的两相介质，由于其中气相的存在对介质特性影响不大，一般可按单相介质的方法处理。

目前，解决土体介质中波动问题的基本方法是弹性波动理论定性、现场波动试验定量，即利用弹性波理论建立波动的基本关系，然后通过现场波动试验确定其中的基本参数。

3.5 小结

(1) 一维弹性杆件中的波动问题主要有纵向振动和扭转振动两种情况。在具体求解一维波动方程时应考虑杆端三种边界条件（两端自由、一端自由一端固定、两端固定）。弹性波从杆件一端传到另一端时会发生反射现象，对于自由端，反射波的性质（压缩或拉伸）与入射波相反；对于固定端，反射波的性质（压缩或拉伸）与入射波相同。

(2) 在无限弹性介质中存在压缩波（P 波）和剪切波（S 波）两类波。压缩波只能引起胀缩，不能引起旋转，传播方向与质点振动方向一致；剪切波只能引起旋转，不能引起胀缩，传播方向与质点振动方向垂直。在无限弹性体中还存在球形空腔、圆柱形空腔等二维波动问题，球形空腔和圆柱形空腔在表面力作用下分别会产生球面波和柱面波。

(3) 在半无限弹性介质中，P 波的位移矢量垂直于波阵面，S 波的位移矢量位于波阵面内，S 波可正交分解为 SV 波和 SH 波两个分量。在弹性半空间表面会产生表面波，包括瑞利波（R 波）和一定条件下的勒夫波（L 波）。瑞利波是由 P 波和 S 波振动叠加而成，它沿着介质表面传播并随深度的增大而迅速衰减，在传播过程中质点以逆时针椭圆轨迹运动，传播到一定深度时，质点的运动轨迹将变为顺时针。勒夫波发生在表层介质剪切波速小于下层介质剪切波速的情况下，且仅存在于成层半空间中。勒夫波不存在垂直分量，其传播速度与振动频率有关，即存在波散现象。当波长较短时，勒夫波的波速接近于表层介质的剪切波速度；当波长较长时，勒夫波的波速接近于下层介质剪切波速度。

(4) 一般来说，土体介质往往是非均质、各向异性、非完全弹性的多孔多相介质。在研究土体介质中的波动问题时，必须考虑土层界面处的反射和折射规律，必须考虑其非完全弹性的特性及塑性变形所引起的能量耗散，且必须考虑土体介质的多孔多相性。目前，解决土体介质中波动问题的基本方法是弹性波动理论定性、现场波动试验定量，即利用弹性波理论建立波动的基本关系，然后通过现场波动试验确定其中的基本参数。

习题

3.1　某混凝土杆件的密度为 2.5×10^3kg/m^3，弹性模量为 2.0×10^4MPa。在杆端受到 $\sigma_x=200$kPa 的激振，作用时间为 1s，试求杆件内压缩波的传播速度及 5s 后压缩波传播到的位置。

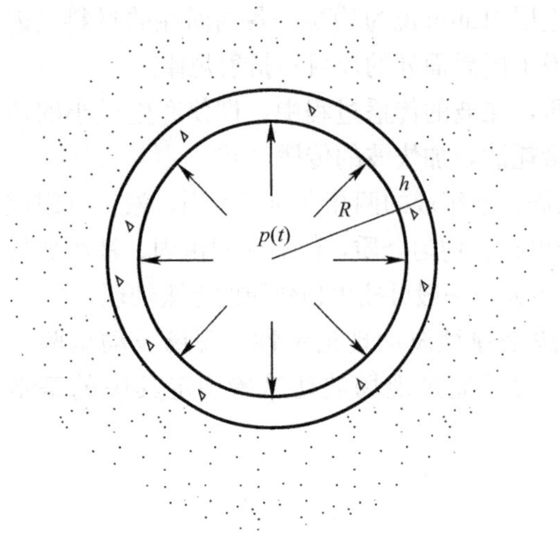

图 3.17　内源均布荷载作用下衬砌结构示意图

3.2　已知某种土的弹性模量 $E=50\text{MPa}$，泊松比为 0.2，对比压缩波和剪切波在由这种土组成的半无限地基及一维土柱中的传播速度。

3.3　已知半无限弹性介质的泊松比 $\mu=0.25$，剪切波速度为 V_S，试根据 V_S 确定瑞利波的波速。

3.4　某衬砌结构内半径为 R，衬砌厚度为 h，受到内源均布荷载 $p(t)$ 的作用，如图 3.17 所示。假定衬砌周围介质是无限、弹性、可压缩的，周围土体弹性模量为 E，密度为 ρ，泊松比为 μ；衬砌的弹性模量为 E_L，密度为 ρ_L，泊松比为 μ_L，求衬砌的振动响应。

参考文献

[1] 谢定义. 土动力学 [M]. 北京：高等教育出版社，2011.

[2] 吴世明. 土动力学 [M]. 北京：中国建筑工业出版社，2000.

[3] 吴世明. 土介质中的波 [M]. 北京：科学出版社，1997.

[4] DAS B M, RAMANA G V. Principles of soil dynamics [M]. Stamford: Cengage Learning, 2011.

[5] LAMB H. On the propagation of tremors over the surface of an elastic solid [J]. Proceedings of the Royal Society of London, 1903, 72: 128-130.

[6] STONELEY R. Elastic waves at the surface of separation of two solids [J]. Proceedings of the Royal Society of London, 1924, 106 (738): 416-428.

[7] RICHART F E, HALL J R, WOODS R D. Vibration of Soils and Foundation [M]. New Jersey: Prentice Hall, Inc., 1970.

[8] 刘洋. 土动力学基本原理 [M]. 北京：清华大学出版社，2019.

[9] 高彦斌. 土动力学基础 [M]. 北京：机械工业出版社，2019.

[10] 陈云敏，吴世明. 成层地基的 Rayleigh 波特征方程的解法 [J]. 浙江大学学报（自然科学版），1991 (1): 45-57.

[11] 夏唐代. 地基中表面波特性及其应用 [D]. 杭州：浙江大学，1992.

[12] 夏唐代，蔡袁强，吴世明，等. 各向异性成层地基中 Rayleigh 波的弥散特性 [J]. 振动工程学报，1996 (2): 191-197.

[13] 夏唐代，吴世明，王立忠，等. 横观各向同性成层地基中 Love 波弥散特性 [J]. 浙江大学学报（自然科学版），1995 (4): 493-500.

[14] 高盟，高广运，王滢，等. 均布突加荷载作用下圆柱形衬砌振动响应的解析解 [J]. 岩土工程学报，2010, 32 (2): 237-242.

第4章 饱和土体中的波

4.1 概述

饱和多孔介质在实际工程中较为常见，如位于地下水位以下的地基土。相较于理想弹性介质，饱和土体中波的传播特性更为复杂。最先开始研究波在饱和土中传播的是 Biot，他先后建立了饱和多孔介质中波的传播理论，成功预言了饱和多孔介质中三种体波的存在，即第一压缩波（P_1 波）、第二压缩波（P_2 波）和一种剪切波（S 波），成为今后研究各项有关饱和多孔介质波动理论的基础。本章将以 Biot 波动理论为基础，结合 Stoll、Ishihara，门福录、陈龙珠、Rice、Cleary、Kowalski 及编者课题组的成果介绍饱和土中波的传播规律及研究方法。

4.2 Biot 波动理论

4.2.1 基本假设

由于饱和土的性质十分复杂，土骨架的变形呈黏弹塑性，且为各向异性介质，土颗粒也可压缩，孔隙水具有可压缩性、黏滞性和不均匀性（从土颗粒表面向外分别是强结合水、弱结合水、自由水），但孔隙水的流动只近似地服从达西定律。在荷载的作用下，土骨架与孔隙水之间将产生相对运动，孔隙水对土骨架的作用包括渗透阻力和惯性耦合效应，固液两相的接触面附近存在电化学作用，因此，研究波动问题时须作出合理的简化假定。Biot 理论的基本假定有：

（1）土颗粒是可压缩的，孔隙水是可压缩的、有黏性的；

（2）土骨架是均质各向同性的弹性多孔介质，变形符合广义胡克定律；

（3）孔隙相互连通，孔隙尺寸远小于波长；

（4）渗流符合达西定律；

（5）应力连续条件符合太沙基有效应力原理；

（6）单元体上的应力为平均应力，即作用于固体和流体上的力总和与单元面积之比；

（7）单元体内的势能为应变分量的二次函数，固体和流体速度交叉积产生质量耦合项；

（8）温度的影响忽略不计。

4.2.2 基本方程

1. 土骨架应力-应变关系

以张量$\boldsymbol{U}$和$\boldsymbol{W}$表示固体、流体部分的位移矢量，其中：

$$\boldsymbol{U}=\begin{pmatrix}U_x\\U_y\\U_z\end{pmatrix},\quad \boldsymbol{W}=\begin{pmatrix}W_x\\W_y\\W_z\end{pmatrix} \tag{4.1}$$

由广义胡克定律可得饱和土体中总应力为：

$$\sigma_{ij}=\lambda_{\mathrm{S}}e\delta_{ij}+2G_{\mathrm{S}}\varepsilon_{ij}-\delta_{ij}p \tag{4.2}$$

式中，

$$e=\mathrm{div}\boldsymbol{U}=\frac{\partial U_x}{\partial x}+\frac{\partial U_y}{\partial y}+\frac{\partial U_z}{\partial z};$$

$$\varepsilon_{ij}=\frac{(U_{i,j}+U_{j,i})}{2};$$

σ_{ij}为土体单元总应力，i，$j=x$，y，z；λ_{S}、G_{S}为土体骨架拉梅常数；e为土骨架的体积应变；ε_{ji}为土骨架应变；δ_{ij}为Kronecker符号，$i=j$时为1，$i\neq j$时为0；p为孔隙水压力。

2. 渗流连续性方程

假设土颗粒不可压缩，因此土颗粒的变形可以忽略不计。在单位时间内，流体在土体中发生流动时，孔隙流体的压缩量等于土骨架的体变量与渗流时的流量差之和。

设$\boldsymbol{w}=n(\boldsymbol{W}-U)$为孔隙水相对于土骨架的位移，其张量形式为：

$$\boldsymbol{w}=(\omega_x\quad\omega_x\quad\omega_y)^{\mathrm{T}} \tag{4.3}$$

则渗流连续方程为：

$$-\frac{n}{K_{\mathrm{f}}}\dot{p}=\dot{U}_{i,i}+\dot{\omega}_{i,i} \tag{4.4}$$

式中，n为饱和土的孔隙率；K_{f}为孔隙流体的体积模量；$\dot{p}$、$\dot{U}_{i,i}$、$\dot{\omega}_{i,i}$分别表示p、$U_{i,i}$、$\omega_{i,i}$对时间t的求导；$U_{i,i}$、$\omega_{i,i}$为U_i和ω_i对i求偏导，$i=x$，y，z。

3. 饱和土中的运动方程

饱和土中的运动方程包含总应力σ_{ij}的动力平衡方程和孔隙水压力p的动力平衡方程。考虑流体和固体间的惯性和黏性耦合，并假定流体的黏滞性包含于渗透系数k_{d}中，则单元体上的总应力应当等于土骨架、同土骨架一起运动的流体以及相对土骨架运动流体的惯性力，于是有：

$$\sigma_{ij,j}=\rho\ddot{U}_i+\rho_{\mathrm{f}}\ddot{\omega}_i \tag{4.5}$$

式中，ρ为饱和土的总密度，$\rho=(1-n)\rho_{\mathrm{s}}+\rho_{\mathrm{f}}$，$\rho_{\mathrm{s}}$为土颗粒的密度；$\rho_{\mathrm{f}}$为孔隙水的密度；$\ddot{U}_i$、$\ddot{\omega}_i$表示$U_i$和$\omega_i$这两个量对时间$t$的二次偏导数，$i=x$，$y$，$z$。

而孔隙水压力等于全部孔隙水的惯性力（包括跟随土骨架运动流体的惯性力及相对土骨架运动流体的惯性力）和渗透力，即：

$$-p_i=\rho_{\mathrm{f}}\ddot{U}_i+\frac{\rho_{\mathrm{f}}}{n}\ddot{\omega}_i+\frac{\rho_{\mathrm{f}}g}{k_{\mathrm{d}}}\dot{\omega}_i \tag{4.6}$$

4. 饱和土的基本控制方程

式（4.2）、式（4.4）～式（4.6）构成饱和土体中的基本控制方程：

$$\sigma_{ij} = \lambda_S e\delta_{ij} + 2G_S\varepsilon_{ij} - \delta_{ij}p \tag{4.7a}$$

$$-\frac{n}{K_f}\dot{P} = \dot{U}_{i,i} + \dot{\omega}_{i,i} \tag{4.7b}$$

$$\sigma_{ij,j} = \rho\ddot{U}_i + \rho_f\ddot{\omega}_i \tag{4.7c}$$

$$-p_{,i} = \rho_f\ddot{U}_i + \frac{\rho_f}{n}\ddot{\omega}_i + \frac{\rho_f g}{k_d}\dot{\omega}_i \tag{4.7d}$$

结合式（4.7a）～式（4.7d）可进一步得到饱和土中的波动方程：

$$\left.\begin{aligned} &G_S\nabla^2\boldsymbol{U} + \left(\lambda_S + G_S + \frac{K_f}{n}\right)\mathrm{grad}e + \frac{K_f}{n}\mathrm{grad}(\mathrm{div}\boldsymbol{W}) = \frac{\partial^2}{\partial t^2}(\rho\boldsymbol{U} + \rho_f\boldsymbol{W}) \\ &\frac{K_f}{n}\mathrm{grad}e + \frac{K_f}{n}\mathrm{grad}(\mathrm{div}\boldsymbol{W}) = \frac{\partial^2}{\partial t^2}\left(\rho_f\boldsymbol{U} + \frac{\rho_f}{n}\boldsymbol{W}\right) + \frac{\rho_f g}{k_d}\frac{\partial\boldsymbol{W}}{\partial t} \end{aligned}\right\} \tag{4.8}$$

用土骨架位移矢量 $\boldsymbol{U}$ 和水相位移 $\boldsymbol{W}$ 表示的控制方程，其结果为：

$$\left.\begin{aligned} &n\mathrm{div}\dot{\boldsymbol{W}} + (1-n)\mathrm{div}\dot{\boldsymbol{U}} + \frac{n}{K_f}\dot{\rho}_f = 0 \\ &G_S\nabla^2 U + (\lambda_S + G_S)\mathrm{grad}(\mathrm{div}\boldsymbol{U}) - \mathrm{grad}\rho_f = \rho_1\ddot{\boldsymbol{U}} + \rho_2\ddot{\boldsymbol{W}} \\ &-\mathrm{grad}\rho_f + b(\dot{\boldsymbol{U}} - \dot{\boldsymbol{W}}) = \rho_2\ddot{\boldsymbol{W}} \end{aligned}\right\} \tag{4.9}$$

式中，$\rho_1 = (1-n)\rho_s$；$\rho_2 = n\rho_f$；$b = n\rho_f g/k_d$。

门福录建立了相似的运动方程和连续方程，其结果为：

$$\left.\begin{aligned} &n\mathrm{div}\dot{\boldsymbol{W}} + (1-n)\mathrm{div}\dot{\boldsymbol{U}} + \frac{1}{K_f}\dot{\sigma}_f = 0 \\ &G_S\nabla^2\boldsymbol{U} + (\lambda_S + G_S)\mathrm{grad}(\mathrm{div}\boldsymbol{U}) - \mathrm{grad}\sigma_f = \rho_1\ddot{\boldsymbol{U}} + \rho_2\ddot{\boldsymbol{W}} \\ &-\mathrm{grad}\sigma_f + b(\dot{\boldsymbol{U}} - \dot{\boldsymbol{W}}) = \rho_2\ddot{\boldsymbol{W}} \end{aligned}\right\} \tag{4.10}$$

式中，σ_f 为流相平均应力，$\sigma_f = -np_f$。但在建立方程时仍采用平均应力 σ_f，而不使用孔压 p_f。

4.2.3　饱和土中的体波

1. 控制方程的通解

引入势函数 φ_1 和 φ_2 与 Ψ_1 和 Ψ_2，其中 φ_1 和 Ψ_1 为土骨架的势函数，φ_2 和 Ψ_2 为流相的势函数。平面问题中土骨架位移矢量 $\boldsymbol{U}$ 和 $\boldsymbol{W}$ 可表示为：

$$\left.\begin{aligned} \boldsymbol{U}_x &= \frac{\partial\varphi_1}{\partial x} + \frac{\partial\psi_1}{\partial z} \\ \boldsymbol{U}_z &= \frac{\partial\varphi_1}{\partial z} - \frac{\partial\psi_1}{\partial x} \\ \boldsymbol{W}_x &= \frac{\partial\varphi_2}{\partial x} + \frac{\partial\psi_2}{\partial z} \\ \boldsymbol{W}_z &= \frac{\partial\varphi_2}{\partial z} - \frac{\partial\psi_2}{\partial x} \end{aligned}\right\} \tag{4.11}$$

应力和水压力同样可以用势函数表示为：

$$\left.\begin{aligned}\sigma_z &= 2G_S\left(\frac{\partial^2\varphi_1}{\partial z^2}-\frac{\partial^2\psi_1}{\partial z\partial x}\right)+\lambda_S\left(\frac{\partial^2\varphi_1}{\partial x^2}-\frac{\partial^2\varphi_1}{\partial z^2}\right)\\ \sigma_x &= 2G_S\left(\frac{\partial^2\varphi_1}{\partial x^2}-\frac{\partial^2\psi_1}{\partial x\partial z}\right)+\lambda_S\left(\frac{\partial^2\varphi_1}{\partial x^2}-\frac{\partial^2\varphi_1}{\partial z^2}\right)\\ \tau_{xz} &= G_S\left(2\frac{\partial^2\varphi_1}{\partial x\partial z}+\frac{\partial^2\psi_1}{\partial z^2}-\frac{\partial^2\psi_1}{\partial x^2}\right)\\ -p_f &= \rho_2\ddot{\varphi}_2+b(\dot{\varphi}_2-\dot{\varphi}_1)\end{aligned}\right\}\tag{4.12}$$

将式（4.11）代入控制方程式（4.9），简化后可得相应的方程组：

$$\left(\nabla^2-\frac{1}{V_{P0}^2}\frac{\partial^2}{\partial t^2}\right)\varphi_1=(p_f+\rho_2\ddot{\varphi}_2)\frac{1}{\lambda_S+2G_S}\tag{4.13a}$$

$$\nabla^2\dot{\varphi}_1=\frac{n}{1-n}\left(-\nabla^2\dot{\varphi}_2+\frac{1}{K_f}\dot{p}_f\right)\tag{4.13b}$$

$$-p_f+b(\dot{\varphi}_1-\dot{\varphi}_2)-\rho_2\ddot{\varphi}_2=0\tag{4.13c}$$

$$\left(\nabla^2-\frac{1}{V_{S0}^2}\frac{\partial^2}{\partial t^2}\right)\psi_1=\frac{\rho_2}{G}\ddot{\psi}_2\tag{4.13d}$$

$$b(\dot{\varphi}_1-\dot{\varphi}_2)-\rho_2\dot{\varphi}_2=0\tag{4.13e}$$

式中，∇^2为Laplace算符；$V_{P0}=\sqrt{\dfrac{\lambda_S+2G_S}{\rho_1}}$；$V_{S0}=\sqrt{\dfrac{G_S}{\rho_1}}$。

为求式（4.13）的平面波动解，令各势函数为：

$$\varphi_1=F_1(z)\exp[-ik(x-ct)]\tag{4.14a}$$

$$\varphi_2=F_2(z)\exp[-ik(x-ct)]\tag{4.14b}$$

$$\psi_1=G_1(z)\exp[-ik(x-ct)]\tag{4.14c}$$

$$\psi_2=G_2(z)\exp[-ik(x-ct)]\tag{4.14d}$$

式中，k 为波数；c 为相速度（$\omega=kc$ 为角频率）。

将式（4.14a）和式（4.14c）代入式（4.13a）和式（4.14b），化简可得：

$$\left.\begin{aligned}&\left(\frac{d^2}{dz^2}+k^2s_1^2\right)\left(\frac{d^2}{dz^2}+k^2s_2^2\right)F_1=0\\ &F_2=-\frac{\lambda_S+2G_S}{ib\omega}\left[F_1''-k^2F_1'+\frac{\omega^2}{V_{P0}^2}F_1\right]+F_1\end{aligned}\right\}\tag{4.15}$$

式中，$s_1^2=\dfrac{c^2}{V_{P_1}^2}-1$，$s_2^2=\dfrac{c^2}{V_{P_2}^2}-1$。

其中，

$$\left.\begin{aligned}&\frac{1}{V_{P_1}^2}\cdot\frac{1}{V_{P_2}^2}=\frac{1}{K_f(\lambda_S+2G_S)}\left(\rho_1\rho_2-i\rho\rho_f\frac{b}{\rho_f\omega}\right)\\ &\frac{1}{V_{P_1}^2}+\frac{1}{V_{P_2}^2}=\frac{1}{n(\lambda_S+2G_S)}\left(-\frac{ib}{\omega}+\rho_1 n\right)-\frac{ib-\rho_2\omega}{\omega K_f}\end{aligned}\right\}\tag{4.16}$$

式中，V_{P_1}、V_{P_2}为饱和土介质中存在的两种压缩波速度。

将式（4.14b）代入式（4.13d）和式（4.13e），求得剪切波速度 V_S^2：

$$\frac{1}{V_S^2}=\frac{1}{V_{S0}^2}+\frac{ib\rho_2}{G_S(ib-\rho_2\omega)}\tag{4.17}$$

由式（4.16）和式（4.17）可知，饱和土介质中存在 P_1 和 P_2（波速用 V_{P_1} 和 V_{P_2} 表

示）两种压缩波以及一种剪切波 S（波速用 V_S 表示）。三种体波都与振动频率 ω 有关，因此都具有弥散性，此外，体波还与孔隙率 n 和拉梅常数及其他因素有关。下面讨论两种极限情况的解。

2. 孔隙流体可以自由流动时

孔隙流体中可自由流动条件下，渗流不受阻力，可自由进行，如饱和砾石、砂石等可近似视为此种情况。此时渗透系数 $k_d \to \infty$，$b \to 0$。

仿照通解的推导，膨胀势函数有：

$$\left.\begin{aligned}\nabla^2\varphi_1-\frac{1}{V_{P_1}^2}\frac{\partial^2\varphi_1}{\partial t^2}&=0\\\nabla^2\varphi_2-\frac{1}{V_{P_2}^2}\frac{\partial^2\varphi_2}{\partial t^2}&=-\frac{1-n}{n}\frac{1}{V_{P_1}^2}\frac{\partial^2\varphi_1}{\partial t^2}\end{aligned}\right\}\tag{4.18}$$

式中，$V_{P_1}=\sqrt{\dfrac{\lambda_S+2G_S}{\rho_1}}$；$V_{P_2}=\sqrt{\dfrac{K_f}{\rho_2}}$。

此外，剪切势函数有：

$$\left.\begin{aligned}\nabla^2\psi_1-\frac{1}{V_S^2}\frac{\partial^2\psi_1}{\partial t^2}&=0\\\psi_2&=0\end{aligned}\right\}\tag{4.19}$$

式中，$V_S=\sqrt{\dfrac{G_S}{\rho_1}}$。

由此可知，此时体波与振动频率 ω 无关，不具有弥散性，但当孔隙流体可以自由流动时，存在固体体波 P_1（波速 V_{P_1}）、流体体波 P_2（波速 V_{P_2}）和剪切波 S（波速 V_S）三种体波，其中 P_2 波受 P_1 的激发和干扰，而 P_1 波不受 P_2 的干扰。

3. 孔隙流体无渗流时

孔隙流体无渗流条件下，即不排水条件下的饱和土体，如饱和黏土等封闭系统，此时渗透系数 $k_d \to 0$，相应地 $b \to \infty$。

仿照上述推导，其波速为：

$$\left.\begin{aligned}V_P&=\sqrt{\frac{\dfrac{K_f}{n}+(\lambda_S+2G_S)}{\rho}}\\V_S&=\sqrt{\frac{G_S}{\rho}}\end{aligned}\right\}\tag{4.20}$$

由式（4.20）可知，此情况下存在一个 P 波和一个 S 波，并且均与振动频率 ω 无关，也不具有弥散性。

4.2.4　饱和土中的瑞利波

Jones 和 Chiang 研究了饱和土中的瑞利波问题，但在建立特征方程时，在压缩波势函数中仅考虑了一种压缩波，因而势函数不是问题的通解，导致特征方程有误。本节将根据饱和土中的波动方程和连续方程来建立瑞利波的特征方程，并对饱和土中的瑞利波特性进行分析。

1. 饱和土中的瑞利波弥散方程

不考虑固一液惯性耦合效应的波动方程组，并以此建立瑞利波的弥散特征方程。由式(4.15)可得半空间饱和土瑞利波的膨胀势函数 φ_1 和 φ_2 为（无上行波）：

$$\left.\begin{aligned}\varphi_1&=[A_1\exp(-va_1z)+A_2\exp(-va_2z)]\exp[-\mathrm{i}v(x-ct)]\\\varphi_2&=[A_1B_1\exp(-va_1z)+A_2B_2\exp(-va_2z)]\exp[-\mathrm{i}v(x-ct)]\end{aligned}\right\}\tag{4.21}$$

式中，A_1、A_2 为任意系数，v 代表波速。

$$B_j=\frac{(\lambda_S+2G_S)\omega}{\mathrm{i}b}\left(\frac{1}{V_{P_j}}-\frac{1}{V_{P0}^2}\right)+1$$

$$a_1^2=1-\frac{c^2}{V_{P_1}^2};\quad a_2^2=1-\frac{c^2}{V_{P_2}^2}。$$

式中，c 代表相速度；$j=1$，2；$V_{P0}^2=\dfrac{\lambda_S+2G_S}{\rho_1}$。

第一和第二压缩波 V_{P_1} 和 V_{P_2} 满足：

$$\left.\begin{aligned}\frac{1}{V_{P_1}^2}\cdot\frac{1}{V_{P_2}^2}&=\frac{1}{K_f(\lambda_S+2G_S)}\left(\rho_1\rho_2-\mathrm{i}\rho\rho_f\frac{b}{\rho_f\omega}\right)\\\frac{1}{V_{P_1}^2}+\frac{1}{V_{P_2}^2}&=\frac{1}{n(\lambda_S+2G_S)}\left(-\frac{\mathrm{i}b}{\omega}+\rho_1n\right)-\frac{\mathrm{i}b-\rho_2\omega}{\omega K_f}\end{aligned}\right\}\tag{4.22}$$

旋转势函数 Ψ_1 和 Ψ_2（无上行波）为：

$$\left.\begin{aligned}\Psi_1&=A_3\exp(-\mathrm{i}vb_1z)\exp[-\mathrm{i}v(x-ct)]\\\Psi_2&=\frac{\mathrm{i}b}{\mathrm{i}b-\rho_2\omega}A_3\exp(-vb_1z)\exp[-\mathrm{i}v(x-ct)]\end{aligned}\right\}\tag{4.23}$$

式中，A_3 为任意系数；$b_1=1-\dfrac{c^2}{V_S^2}$。

而 V_S^2 为：

$$\frac{1}{V_S^2}=\frac{1}{V_{S0}^2}+\frac{\mathrm{i}b\rho_2}{G_S(\mathrm{i}b-\rho_2\omega)}\tag{4.24}$$

饱和土中瑞利波边界条件可分为表面透水情况和表面不透水情况，当表面为透水情况时，在 $z=0$ 处，其边界条件为：

$$\tau_{xz}=0,\sigma_z+p_f=0,p_f=0\tag{4.25a}$$

当表面为不透水情况时，在 $z=0$ 处，其边界条件为：

$$\tau_{xz}=0,\sigma_z+p_f=0,\frac{\partial p_f}{\partial z}=0\tag{4.25b}$$

针对表面透水时的边界条件，将式(4.21)和式(4.23)代入式(4.12)可得饱和土中应力和孔压的表达式，考虑不计时间因子，并将这些表达式代入 $z=0$ 时的边界条件，得：

$$\left.\begin{aligned}\sigma_z&=[(\lambda_S+2G_S)a_1^2-\lambda]v^2A_1+[(\lambda_S+2G_S)a_2^2-\lambda]v^2A_2-2\mathrm{i}b_1G_Sv^2A_3=0\\\tau_{zx}&=2G_S\mathrm{i}a_1v^2A_1+2G_S\mathrm{i}a_2v^2A_2+G_S(b_1^2+1)v^2A_3=0\\p_f&=[-B_1\omega^2\rho_2+\mathrm{i}b\omega(B_1-1)]A_1+[-B_2\omega^2\rho_2+\mathrm{i}b\omega(B_2-1)]A_2=0\end{aligned}\right\}\tag{4.26}$$

由式(4.26)知，三个方程中只有 A_1、A_2 和 A_3 三个待定系数，要使其有非零解，则系数行列式必须为零。由此可得饱和土中瑞利波的特征方程为：

$$\begin{vmatrix} (\lambda_S+2G_S)a_1^2-\lambda_S & (\lambda_S+2G_S)a_2^2-\lambda_S & -2ib_1G_S \\ 2ia_1 & 2ia_2 & 1+b_1^2 \\ -B_1\rho_2\frac{\omega}{ib}+(B_1-1) & -B_2\rho_2\frac{\omega}{ib}+(B_2-1) & 0 \end{vmatrix}=0 \tag{4.27}$$

针对表面不透水时的边界条件，采取推导式（4.26）同样的方法，并带入边界条件 $z=0$，得：

$$\left.\begin{aligned} &\sigma_z+p_f=\{[(\lambda_S+2G_S)a_1^2-\lambda_S^2]v^2+[-B_1\omega^2\rho_2+ib\omega(B_1-1)]\}A_1+ \\ &\{[(\lambda_S+2G_S)a_2^2-\lambda_S^2]v^2+[-B_2\omega^2\rho_2+ib\omega(B_2-1)]\}A_2-2iG_Sb_1v^2A_3=0 \\ &\tau_{zx}=2G_Sia_1v^2A_1+2G_Sia_2v^2A_2+G_S(b_1^2+1)v^2A_3=0 \\ &\frac{\partial p_f}{\partial z}=-va_1[-B_1\omega^2\rho_2+ib\omega(B_1-1)]A_1-va_2[-B_2\omega^2\rho_2+ib\omega(B_2-1)]A_2=0 \end{aligned}\right\} \tag{4.28}$$

由式（4.28）可知，三个方程中同样只有 A_1、A_2 和 A_3 三个未知数，要使其有非零解，则系数行列式必须为零，由此可得饱和土中瑞利波的特征方程为：

$$\begin{vmatrix} k_{11} & k_{12} & k_{13} \\ k_{21} & k_{22} & k_{23} \\ k_{31} & k_{32} & k_{33} \end{vmatrix}=0 \tag{4.29}$$

式中

$$k_{11}=(\lambda_S+2G_S)a_1^2-\lambda+c^2\left[\frac{ib}{\omega}(B_1-1)-B_1\rho_2\right]$$

$$k_{12}=(\lambda_S+2G_S)a_2^2-\lambda_S+c^2\left[\frac{ib}{\omega}(B_2-1)-B_2\rho_2\right]$$

$$k_{13}=-2ib_1G_S$$

$$k_{21}=2ia_1$$

$$k_{22}=2ia_2$$

$$k_{23}=1+b_1^2$$

$$k_{31}=a_1\left[(B_1-1)-B_1\frac{\rho_2\omega}{ib}\right]$$

$$k_{32}=a_2\left[(B_2-1)-B_2\frac{\rho_2\omega}{ib}\right]$$

$$k_{33}=0$$

由剪切波速度 V_S、压缩波波速 V_{P_1}、V_{P_2} 及系数 B_1 和 B_2 的表达式可知，它们受频率和渗透系数的影响可统一由参数 $(\rho f\omega)/b$ 来反映。若引用 Ishihara 理论中的特征频率 $f_c=ng/2\pi d$ 则该参数可写成频率比形式 f/f_c（无量纲化）。由式（4.27）和式（4.29）瑞利波特征方程可知，相速度 c 受频率和渗透系数的影响可由参数 f/f_c 来反映。进一步地分析知，系数 A_1，A_2 和 A_3 的比值 $|A_1|/|A_3|$ 和 $|A_2|/|A_3|$ 也可由 f/f_c 反映，因而三种波所携带能量比例受频率和渗透系数的影响也由 f/f_c 反映。

2. 两种极限情况下瑞利波特性

（1）孔隙流体可以自由流动的情况（相当于 $k_d\to\infty$）

在式（4.18）和式（4.19）基础上，仿照上述一般情况函数的推导，可得 $k_d\to\infty$ 情况下瑞利势函数：

$$\varphi_1 = A_1\exp(-va_1z)\exp[-\mathrm{i}v(x-ct)] \tag{4.30}$$

$$\varphi_2 = \left[\frac{(1-n)V_{P_2}^2}{n(V_{P_1}^2 - V_{P_2}^2)}A_1\exp(-va_1z)\right] + A_2\exp(-va_1z)\exp[-\mathrm{i}v(x-ct)] \tag{4.31}$$

$$\psi_1 = A_3\exp(-vb_1z)\exp[-\mathrm{i}v(x-ct)] \tag{4.32}$$

$$\psi_2 = 0 \tag{4.33}$$

式中，$V_{P_1} = \sqrt{\dfrac{K_f}{\rho_2}}$；$V_{P_2} = \sqrt{\dfrac{\lambda_S + 2G_S}{\rho_1}}$。

将式（4.30）～式（4.33）代入式（4.12）可得饱和土中应力和孔压表达式，当边界条件为表面透水时，则瑞利波的特征方程为：

$$(1+b_1^2)[(\lambda_S + 2G_S)a_1^2 - \lambda_S] = 4a_1b_1G_S \tag{4.34}$$

式中，$a_1 = \sqrt{1 - \dfrac{c^2}{V_{P_2}^2}}$；$b_1 = \sqrt{1 - \dfrac{c^2}{V_{S0}^2}}$，$V_{S0} = \sqrt{\dfrac{G_S}{\rho_1}}$。

式（4.34）中无频率 ω，即瑞利波速度 c 无频散，瑞利波由土骨架压缩波 V_{P_2} 和剪切波 V_{S0} 干涉产生，与流体无关。

（2）孔隙流体无渗流时（相当于 $k_d \to 0$）

$k_d \to 0$（如饱和黏土）时，$b \to \infty$。采取相同的推导方式，可得封闭系统情况下有一个 P 波和一个 S 波：

$$\left.\begin{aligned} V_P &= \sqrt{\frac{\frac{K_f}{n} + (\lambda_S + 2G_S)}{\rho}} \\ V_S &= \sqrt{\frac{G_S}{\rho}} \end{aligned}\right\} \tag{4.35}$$

瑞利波由两种体波干涉产生，其特征方程的形式与式（4.34）相同，波速 v 具有无频散性。

3. 瑞利波中各组成波的能流分布

瑞利波波阵面为一竖直面，其中波沿 x 方向传播，在 $x=0$ 的截面处存在应力 σ_x^j、τ_{xz}^j 和孔压 p_f^j 及速度 U_x^j，U_z^j，W_x^j，（$j=1$，2，3），它们分别为第 j 体波引起的土骨架应力和土骨架速度及孔压和孔隙水速度为深度 z 的函数，并将公因子 $\exp(i\omega t)$ 提出。参考 Lysmer 和夏唐代等的勒夫波和瑞利波各模态波能量计算方法，推导在 $x=0$ 截面上三种体波各自携带能量的分布，第 j 体波的能流为：

$$N_j = -\frac{\omega}{2\pi}\int_0^{+\infty}\int_0^{\frac{2\pi}{\omega}}\{\mathrm{Re}[\sigma_x^j\exp(\mathrm{i}\omega t)]\mathrm{Re}[\dot{U}_x^j\exp(\mathrm{i}\omega t)](1-n) + \mathrm{Re}p_f^j\exp(\mathrm{i}\omega t)$$

$$\mathrm{Re}[W_x^j\exp(\mathrm{i}\omega t)] + \mathrm{Re}[\tau_{xz}^j\exp(\mathrm{i}\omega t)]\mathrm{Re}[\dot{U}_z^j\exp(\mathrm{i}\omega t)](1-n)\}\mathrm{d}t\mathrm{d}z \tag{4.36}$$

上式可进一步表示为：

$$N_j = N_{xj} + N_{Pj} + N_{yj} \tag{4.37}$$

式中，$j=1$，2，3，N_{xj}、N_{Pj} 和 N_{yj} 分别为式（4.36）中的第一项、第二项和第三项。

首先计算 N_{xj}，令：

$$S_j = \mathrm{Re}(ka_j)$$

其中，$j=1$，2，3，a_3 即为式（4.23）中的 b_1，则 U_x^j 和 σ_x^j 为：

$$\left.\begin{aligned} U_x^j &= (\overline{A}_{11}^j + \mathrm{i}\overline{A}_{12}^j)\exp(-S_j z) \\ \sigma_x^j &= (A_{11}^j + \mathrm{i}A_{12}^j)\exp(-S_j z) \end{aligned}\right\} \tag{4.38}$$

式中，$\overline{A}_{11}^j$、$\overline{A}_{12}^j$、A_{11}^j、A_{12}^j 为实数，由系数 A_1、A_2 和 A_3 及波数 k 和 f/f_c 确定；系数 A_1、A_2、和 A_3 则为特征方程式（4.27）和式（4.29）的特征矢量，对于给定的土参数和频率 f/f_c 由式（4.27）和式（4.29）可求得相应的波数 k（相对速度 c）和特征矢量的分量 A_i（i=1，2，3）。因此将式（4.38）代入 N_{xj}，则表达式（4.36）的第一项为：

$$N_{xj} = -\frac{\omega}{2\pi}\int_0^{+\infty}\int_0^{\frac{\omega}{2\pi}}[(\overline{A}_{11}^j\sin\omega t + \overline{A}_{12}^j\cos\omega t)]\omega \times$$

$$[A_{11}^j\cos\omega t - A_{12}^j\sin\omega t]\exp(-2S_j z)(1-n)\mathrm{d}t\mathrm{d}z \tag{4.39}$$

化简得：

$$N_{xj} = -\frac{\omega}{4S_j}(A_{11}^j\overline{A}_{12}^j - A_{12}^j\overline{A}_{11}^j)(1-n) \tag{4.40}$$

其中，j=1，2，3。

对于 τ_{xz}^j 和 p_f 引起的功率也可用上述方法推导，表达式与式（4.39）相同，只是系数不同而已。由各自体波能量 N_j（j=1，2，3）可计算各自的能量比为：

$$E_j = \frac{N_j}{\sum_{i=1}^{3} N_i} \tag{4.41}$$

4.3　饱和土中的轴对称问题

在工程实践中，常常遇到这样一类轴对称问题，如竖向荷载诱发的桩的纵向振动、圆柱形地下衬砌隧道受到内部超压作用等，如图 4.1 所示。这类问题用极坐标或柱面坐标可使问题的求解得到极大简化。下面分别介绍极坐标和柱面坐标下的基本解。

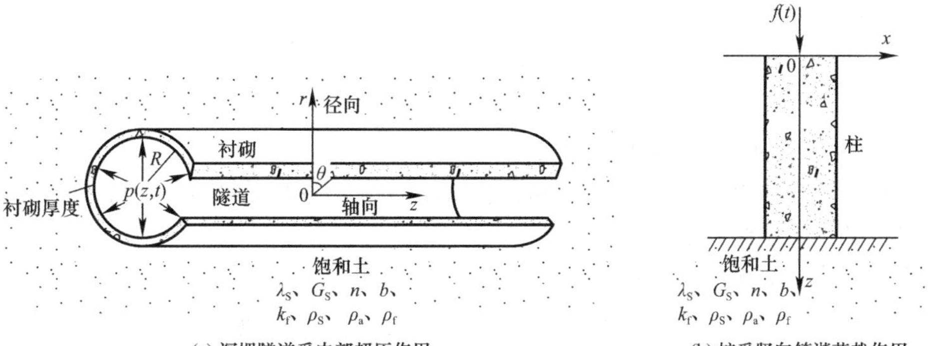

(a) 深埋隧道受内部超压作用　　(b) 桩受竖向简谐荷载作用

图 4.1　饱和土中的轴对称问题

4.3.1　极坐标下饱和土的控制方程

1. 基本控制方程

建立如图 4.2 所示的极坐标系，由 Biot 理论可得极坐标下的动力平衡方程和修正的达西方程为：

$$\frac{\partial \sigma_{rr}}{\sigma_r}+\frac{\sigma_{rr}-\sigma_{\theta\theta}}{r}=b\frac{\partial}{\partial t}(u_r-w_r)+\rho_{11}\frac{\partial^2 u_r}{\partial t^2} \tag{4.42}$$

$$\frac{\partial \sigma_{\mathrm{f}}}{\sigma_r}=\frac{b}{n}\frac{\partial}{\partial t}(u_r-w_r)-\rho_{22}\frac{\partial^2 w_r}{\partial t} \tag{4.43}$$

$$\rho_{11}=(1-n)\rho_{\mathrm{S}}+\rho_{\mathrm{a}} \tag{4.44}$$

$$\rho_{22}=n\rho_{\mathrm{f}}+\rho_{\mathrm{a}} \tag{4.45}$$

$$\rho=(1-n)\rho_{\mathrm{S}}+n\rho_{\mathrm{f}} \tag{4.46}$$

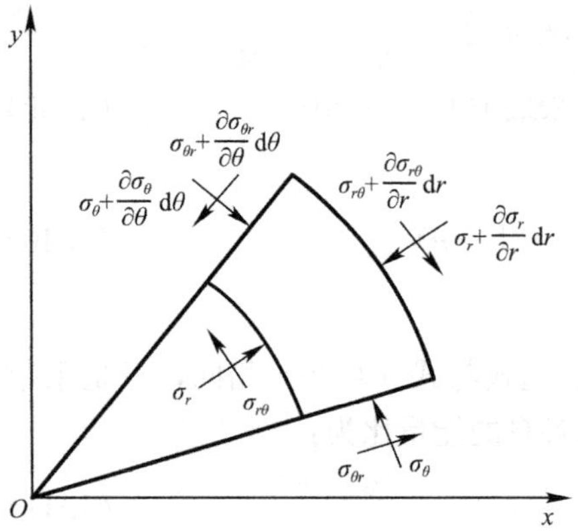

图 4.2　极坐标下微元体受力分析

式中，σ_{rr} 和 $\sigma_{\theta\theta}$ 分别为饱和多孔介质的径向总应力和环向总应力；u_r 和 w_r 分别为固体骨架和孔隙流体的径向位移，两者都是独立的；n 为土壤孔隙率；σ_{f} 为孔隙流体压力；ρ、ρ_{f} 和 ρ_{S} 分别为混合物、孔隙流体和固体骨架的质量密度；ρ_{a} 为流体产生的额外质量密度；黏性耦合系数 b 与达西定律的渗透系数 k_{d} 有关，$b=\eta n^2/k_{\mathrm{d}}$，$\eta$ 为流体黏度系数。

饱和多孔介质的本构方程为：

$$\sigma_{rr}=\lambda_{\mathrm{S}}e+2G_{\mathrm{S}}\varepsilon_{rr}-(1-n)\sigma_{\mathrm{f}} \tag{4.47}$$

$$\sigma_{\theta\theta}=\lambda_{\mathrm{S}}e+2G_{\mathrm{S}}\varepsilon_{\theta\theta}-(1-n)\sigma_{\mathrm{f}} \tag{4.48}$$

$$-n\sigma_{\mathrm{f}}=Qe+R\xi \tag{4.49}$$

式中，λ_{S} 和 G_{S} 为土体骨架拉梅常数；R 和 Q 为 Biot 系数；参数 e 和 ξ 为：

$$e=\frac{\partial u_r}{\partial r}+\frac{u_r}{r} \tag{4.50}$$

$$\xi=\frac{\partial w_r}{\partial r}+\frac{w_r}{r} \tag{4.51}$$

应变-位移关系为：

$$\varepsilon_{rr}=\frac{\partial u_r}{\partial r} \tag{4.52}$$

$$\varepsilon_{\theta\theta}=\frac{u_r}{r} \tag{4.53}$$

式中，ε_{rr} 和 $\varepsilon_{\theta\theta}$ 定义为多孔介质的总应变。

为方便计算，以单位长度 a 和单位时间 $[a(r/G_{\mathrm{S}})]^{1/2}$ 进行无量纲化，可得极坐标系下饱和多孔介质的无量纲控制方程。

饱和多孔介质的无量纲控制方程为：

$$\begin{cases}\left(\nabla^2-\dfrac{1}{r^{*2}}\right)u_r+(\lambda_{\mathrm{S}}^*+1)\dfrac{\partial e}{\partial r^*}=\dfrac{1}{n}b^*\dfrac{\partial}{\partial t^*}(u_r-w_r)+\rho_{11}^*\dfrac{\partial^2 u_r}{\partial t^{*2}}-\dfrac{1-n}{n}\rho_{22}^*\dfrac{\partial^2 w_r}{\partial t^{*2}}\\ \dfrac{\partial e}{\partial r^*}+R^*\dfrac{\partial \xi}{\partial r^*}=G_{\mathrm{S}}^*b^*\dfrac{\partial}{\partial t^*}(w_r-u_r)+\rho_{22}^*\dfrac{\partial^2 w_r}{\partial t^{*2}}\end{cases} \tag{4.54}$$

上述各式中的归一化参数为：

$$\nabla^2=\frac{\partial^2}{\partial r^{*2}}+\frac{1}{r^*}\frac{\partial}{\partial r^*} \tag{4.55a}$$

$$\lambda_{\mathrm{S}}^*=\frac{\lambda_{\mathrm{S}}}{G_{\mathrm{S}}} \tag{4.55b}$$

$$b^{*}=\frac{ba}{\sqrt{(\rho G_{S})}} \tag{4.55c}$$

$$\rho_{11}^{*}=\frac{\rho_{11}}{\rho} \tag{4.55d}$$

$$\rho_{22}^{*}=\frac{\rho_{22}}{\rho} \tag{4.55e}$$

$$R^{*}=\frac{R}{Q} \tag{4.55f}$$

$$G_{S}^{*}=\frac{G_{S}}{Q} \tag{4.55g}$$

$$r^{*}=\frac{r}{a} \tag{4.55h}$$

$$t^{*}=\frac{t}{\sqrt{a(\rho G_{S})}} \tag{4.55i}$$

式中，r^{*} 为归一化极坐标；a 为模型的半径；t^{*} 为归一化时间。

2. 饱和土的 Laplace 变换域解

引入位移势函数 $\Phi_{S}(r^{*},t^{*})$、$\Phi_{f}(r^{*},t^{*})$ 以表示位移 $u_{r}(r^{*},t^{*})$、$w_{r}(r^{*},t^{*})$，将控制方程转换为位移形式，其转换表达式为：

$$u_{r}(r^{*},t^{*})=\frac{\partial\Phi_{S}(r^{*},t^{*})}{\partial r^{*}} \tag{4.56}$$

$$w_{r}(r^{*},t^{*})=\frac{\partial\Phi_{f}(r^{*},t^{*})}{\partial r^{*}} \tag{4.57}$$

饱和土的控制方程转换为：

$$\begin{cases}(\lambda_{S}^{*}+2)\nabla^{2}\Phi_{S}=\dfrac{1}{n}b^{*}\dfrac{\partial}{\partial t^{*}}(\Phi_{S}-\Phi_{f})+\rho_{11}^{*}\dfrac{\partial^{2}\Phi_{S}}{\partial t^{*2}}-\dfrac{1-n}{n}\rho_{22}^{*}\dfrac{\partial^{2}\Phi_{f}}{\partial t^{*2}}\\ \nabla^{2}\Phi_{S}+R^{*}\nabla^{2}\Phi_{f}=G_{S}^{*}b^{*}\dfrac{\partial}{\partial t^{*}}(\Phi_{f}-\Phi_{S})+\rho_{22}^{*}\dfrac{\partial^{2}\Phi_{f}}{\partial t^{*2}}\end{cases} \tag{4.58}$$

对式（4.58）两边进行关于时间变量 t^{*} 的 Laplace 变换，并记：$\overline{\Phi}_{S}(r^{*},s)=L[\Phi_{S}(r^{*},t^{*})]$，$\overline{\Phi}_{f}(r^{*},s)=L[\Phi_{f}(r^{*},t^{*})]$，其中 s 是 Laplace 变换的参数。

$$\begin{cases}\left[(\lambda_{S}^{*}+2)\nabla^{2}-\dfrac{b^{*}}{n}s-\rho_{11}^{*}s^{2}\right]\overline{\Phi}_{S}(r^{*},s)+\left(\dfrac{b^{*}}{n}s+\dfrac{1-n}{n}\rho_{22}^{*}s^{2}\right)\overline{\Phi}_{f}(r^{*},s)=0\\ (\nabla^{2}+G_{S}^{*}b^{*}s)\overline{\Phi}_{S}(r^{*},s)+(R^{*}\nabla^{2}-G_{S}^{*}b^{*}s-\rho_{22}^{*}s^{2})\overline{\Phi}_{f}(r^{*},s)=0\end{cases} \tag{4.59}$$

由式（4.59）可得：

$$(\nabla^{4}-m_{1}\nabla^{2}+m_{2})\overline{\Phi}_{S}=0 \tag{4.60}$$

$$(\nabla^{4}-m_{1}\nabla^{2}+m_{2})\overline{\Phi}_{f}=0 \tag{4.61}$$

$$\nabla^{4}=\left(\frac{\partial^{2}}{\partial r^{*2}}+\frac{1}{r^{*}}\frac{\partial}{\partial r^{*}}\right)^{2} \tag{4.62}$$

$$m_{1}=\frac{(\lambda_{S}^{*}+2)(G_{S}^{*}b^{*}s+\rho_{22}^{*}s^{2})+\left(\dfrac{b^{*}s}{n}+\rho_{11}^{*}s^{2}\right)R^{*}+\left(\dfrac{b^{*}s}{n}+\dfrac{1-n}{n}\rho_{22}^{*}s^{2}\right)}{R^{*}(\lambda_{S}^{*}+2)} \tag{4.63}$$

$$m_{2}=\frac{\rho_{11}^{*}\rho_{22}^{*}s^{4}+b^{*}\left(G_{S}^{*}\rho_{11}^{*}+\dfrac{\rho_{22}^{*}}{n}+\dfrac{1-n}{n}\rho_{22}^{*}G_{S}^{*}\right)s^{3}}{R^{*}(\lambda_{S}^{*}+2)} \tag{4.64}$$

将式（4.60）解耦重写：

$$(\nabla^2-\beta_1^2)(\nabla^2-\beta_2^2)\overline{\Phi}_S=0 \tag{4.65}$$

式中

$$\beta_1^2=\frac{m_1+\sqrt{m_1^2-4m_2}}{2} \tag{4.66a}$$

$$\beta_2^2=\frac{m_1-\sqrt{m_1^2-4m_2}}{2} \tag{4.66b}$$

其中，β_1、β_2 是与饱和多孔介质中 P_1 和 P_2 两种纵波相关的无量纲波数，分别在孔隙水中和土骨架中传播，被 Biot 定义为快波和慢波。式（4.65）可进一步被分解为：

$$\begin{cases}(\nabla^2-\beta_1^2)\overline{\Phi}_{S1}=0\\(\nabla^2-\beta_2^2)\overline{\Phi}_{S2}=0\end{cases} \tag{4.67}$$

$$\overline{\Phi}_S=\overline{\Phi}_{S1}+\overline{\Phi}_{S2} \tag{4.68}$$

$\overline{\Phi}_{S1}(r^*,s)$ 和 $\overline{\Phi}_{S2}(r^*,s)$ 的通解为：

$$\overline{\Phi}_{S1}=A_1(s)I_0(\beta_1r^*)+B_1(s)K_0(\beta_1r^*) \tag{4.69a}$$

$$\overline{\Phi}_{S2}=A_2(s)I_0(\beta_2r^*)+B_2(s)K_0(\beta_2r^*) \tag{4.69b}$$

式中，$A_1(s)$、$A_2(s)$、$B_1(s)$、$B_2(s)$ 是任意未定系数。

根据 Bessel 级数的性质，当 $r^*\to\infty$时，0 阶 Bessel 级数的取值为：

$$I_0(\beta_ir^*)\approx(2\pi\beta_ir^*)^{-1/2}\exp(\beta_ir^*) \tag{4.70}$$

$$K_0(\beta_ir^*)\approx(\pi/2\beta_ir^*)^{1/2}\exp(-\beta_ir^*) \tag{4.71}$$

其中，$i=1$，2。

根据无限介质中波的传播规律可得，饱和土体中沿径向无穷远处，$r^*\to\infty$时的边界条件为：

$$\lim_{r^*\to\infty}\overline{\Phi}_S(r^*,s)=0 \tag{4.72}$$

结合式（4.70）、式（4.71），若使式（4.69a）和式（4.69b）满足式（4.72），则任意未定系数 $A_1(s)$ 和 $A_2(s)$ 必须为 0。由此可得 $\overline{\Phi}_S(r^*,s)$ 的表达式为：

$$\overline{\Phi}_S=B_1(s)K_0(\beta_1r^*)+B_2K_0(\beta_2r^*) \tag{4.73}$$

同理可得式（4.61）中 $\overline{\Phi}_f(r^*,s)$ 表达式：

$$\overline{\Phi}_f=C_1(s)K_0(\beta_1r^*)+C_2(s)K_0(\beta_2r^*) \tag{4.74}$$

式中，$C_1(s)$、$C_2(s)$ 为任意常数；未知系数 $B_1(s)$、$B_2(s)$ 与 $C_1(s)$、$C_2(s)$ 线性相关，即：

$$C_i=\alpha_iB_i \tag{4.75}$$

$$\alpha_i=\frac{\beta_i^2+G_S^*b^*s}{\rho_{22}^*s^2+G_S^*b^*s-R^*\beta_i^2} \tag{4.76}$$

式中，$i=1$，2。

根据位移-势和应力-势的关系及修正 Bessel 函数的递推公式可得饱和土中 Laplace 域上的一般解为：

$$\bar{u}_r(r^*,s)=-B_1(s)\beta_1K_1(\beta_1r^*)-B_2(s)\beta_2K_1(\beta_2r^*) \tag{4.77}$$

$$\bar{w}_r(r^*,s)=-\alpha_1B_1(s)\beta_1K_1(\beta_1r^*)-\alpha_2B_2(s)\beta_2K_1(\beta_2r^*) \tag{4.78}$$

$$\frac{\bar{\sigma}_{rr}(r^*,s)}{G_S^*}=\left[\lambda_S^*+2+\frac{(1-n)(1-n+n^2\alpha_1)R^*}{G_S^*n^2}\right]\beta_1^2K_0(\beta_1 r^*)B_1(s)+$$
$$\left[(\lambda_S^*+2)+\frac{(1-n)(1-n+n^2\alpha_2)R^*}{G_S^*n^2}\right]\beta_2^2K_0(\beta_2 r^*)B_2(s)+$$
$$2B_1(s)\beta_1K_1(\beta_1 r^*)/r^*+2B_2(s)\beta_2K_1(\beta_2 r^*)/r^* \tag{4.79}$$

$$\frac{\bar{\sigma}_{\theta\theta}(r^*,s)}{G_S^*}=\left[\lambda_S^*+\frac{(1-n)(1-n+n^2\alpha_1)R^*}{G_S^*n^2}\right]\beta_1^2K_0(\beta_1 r^*)B_1(s)+$$
$$\left[\lambda_S^*+\frac{(1-n)(1-n+n^2\alpha_2)R^*}{G_S^*n^2}\right]\beta_2^2K_0(\beta_2 r^*)B_2(s)-$$
$$2B_1(s)\beta_1K_1(\beta_1 r^*)/r^*-2B_2(s)\beta_2K_1(\beta_2 r^*)/r^* \tag{4.80}$$

$$\frac{\bar{\sigma}_f(r^*,s)}{G_S^*}=\frac{R^*}{G_S^*n^2}[(1-n+n^2\alpha_1)\beta_1^2B_1(s)K_0(\beta_1 r^*)+$$
$$(1-n+n^2\alpha_2)\beta_2^2B_2(s)K_0(\beta_2 r^*)] \tag{4.81}$$

4.3.2　柱坐标下饱和土的控制方程

1. 基本控制方程

建立如图 4.3 所示的柱面坐标系，根据 Biot 基本理论和达西定律，以流-固单元整体和孔隙流体为研究对象，可得饱和土中坐标为 z 的任意截面处的运动方程：

$$\begin{cases}\dfrac{\partial\sigma_S^r}{\partial r}+\dfrac{\sigma_S^r-\sigma_S^\theta}{r}=(1-n)\rho_S\dfrac{\partial^2u_r(r,w,t)}{\partial t^2}+n\rho_f\dfrac{\partial^2w_r(r,w,t)}{\partial t^2}\\ \dfrac{\partial\sigma_f}{\partial r}=\dfrac{b}{n}\dfrac{\partial}{\partial t}[u_r(r,w,t)-w_r(r,w,t)]\\ -\dfrac{1}{n}\dfrac{\partial^2}{\partial t^2}[\rho_{22}w_r(r,w,t)-\rho_a u_r(r,w,t)]\end{cases} \tag{4.82}$$

式中，ρ_a、ρ_S 和 ρ_f 分别表示混合密度、土骨架密度和流体密度；n 为土体孔隙率；σ_S^r 和 σ_S^θ 分别表示饱和土体的总径向应力和环向应力；$u_r(r, w, t)$ 和 $w_r(r, w, t)$ 分别为土骨架和孔隙流体的绝对径向位移。$b=\eta n^2/k_d$ 表示黏性耦合系数，其中 k_d 和 η 分别为土骨架动力渗透系数和流体动力黏滞系数。

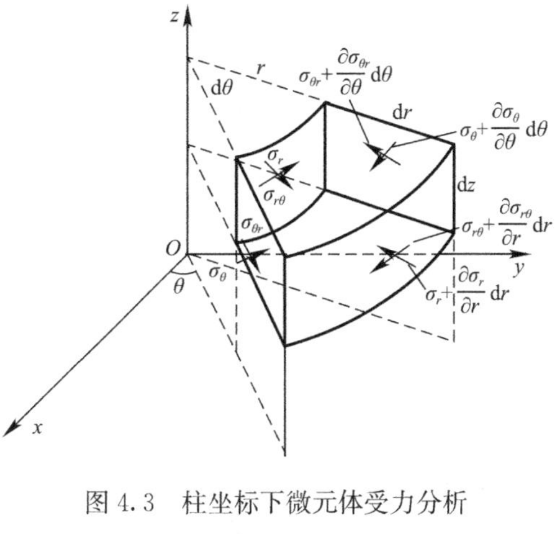

图 4.3　柱坐标下微元体受力分析

饱和土的几何方程为：

$$\begin{cases}\varepsilon_S^r=\dfrac{\partial u_r(r,w,t)}{\partial r}\\ \varepsilon_S^\theta=\dfrac{u_r(r,w,t)}{r}\end{cases} \tag{4.83}$$

饱和土的物理方程为：

$$\begin{cases}\sigma_S^r=[A+n(\alpha-n)M]e+\alpha nM\xi+2G_S\varepsilon_S^r\\ \sigma_S^\theta=[A+n(\alpha-n)M]e+\alpha nM\xi+2G_S\varepsilon_S^\theta\\ -n\sigma_f=n(\alpha-n)Me+n^2M\xi\end{cases} \tag{4.84}$$

式中，下标 S 代表土体；e 和 ξ 分别表示土骨架和孔隙水的体应变；$A=\lambda_S+(\alpha-n)^2M$，

λ_S 是土骨架拉梅常数；ε_S^r 和 ε_S^θ 分别表示土骨架的径向应变和环向应变；σ_f 为超孔隙水压力；n 为土体孔隙率；α 和 M 为表征土颗粒和孔隙水压缩性的 Biot 系数，$0\leqslant\alpha\leqslant1$，$0\leqslant M\leqslant\infty$；$G_S$ 是土体骨架拉梅常数。

将式（4.83）、式（4.84）代入式（4.82），并用单位长度 R 和单位时间 $[R(\rho/G_a)]^{1/2}$ 进行无量纲化，可得柱坐标系下饱和土体的无量纲控制方程。

饱和土体的无量纲控制方程为：

$$\begin{cases}(A^*+2G_S^*)\dfrac{\partial e^*}{\partial r^*}+n(\alpha-n)M^*\dfrac{\partial \xi^*}{\partial r^*}=b^*\dfrac{\partial}{\partial t^*}[u_r^*(r^*,\omega,t^*)-w_r^*(r^*,\omega,t^*)]\\+\dfrac{\partial^2}{\partial t^{*2}}[\rho_{11}^*u_r^*(r^*,\omega,t^*)-\rho_a^*w_r^*(r^*,\omega,t^*)]\\n(\alpha-n)M^*\dfrac{\partial e^*}{\partial r^*}+n^2M^*\dfrac{\partial \xi^*}{\partial r^*}=\dfrac{\partial^2}{\partial t^{*2}}[\rho_{22}^*w_r^*(r^*,\omega,t^*)-\rho_a^*u_r^*(r^*,\omega,t^*)]\\-b^*\dfrac{\partial}{\partial t^*}[u_r^*(r^*,\omega,t^*)-w_r^*(r^*,\omega,t^*)]\end{cases}\tag{4.85}$$

式中，$u_r^*(r^*,\omega,t^*)$、$w_r^*(r^*,\omega,t^*)$ 分别为 z 截面处土骨架和孔隙流体的归一化径向位移。

以上各式与其他归一化参数为：

$$r^*=r/R \tag{4.86a}$$

$$t^*=t/\sqrt{R(\rho/G_a)} \tag{4.86b}$$

$$\nabla^2=(\partial^2/\partial r^{*2})+(\partial/\partial r^*)/r^* \tag{4.86c}$$

$$\lambda^*=\lambda/G_a \tag{4.86d}$$

$$G_S^*=G_S/G_a \tag{4.86e}$$

$$b^*=bR/\sqrt{(\rho G_a)} \tag{4.86f}$$

$$\rho_{11}^*=\rho_{11}/\rho \tag{4.86g}$$

$$\rho_{22}^*=\rho_{22}/\rho \tag{4.86h}$$

$$K_f^*=K_f/G_a \tag{4.86i}$$

$$P_0^*=P_0/G_a \tag{4.86g}$$

$$M^*=M/G_a \tag{4.86k}$$

$$e^*=(\partial u_r^*/\partial_r^*)/u_r^*/r^* \tag{4.86l}$$

$$\xi^*=(\partial w_r^*/\partial_r^*)/w_r^*/r^* \tag{4.86m}$$

$$A^*=\lambda_S^*+(\alpha-n)^2M^* \tag{4.86n}$$

$$h^*=h/R \tag{4.86o}$$

$$\rho_a^*=\rho_a/\rho \tag{4.86p}$$

式中，K_f 表示孔隙流体的体积模量；$G_a=(G+G_S)/2$。

引入位移势函数 $\Phi_S(r^*,\omega,t^*)$、$\Phi_f(r^*,\omega,t^*)$ 代替位移 $u_r(r^*,\omega,t^*)$、$w_r(r^*,\omega,t^*)$，其转换表达式为：

$$u_r^*(r^*,\omega,t^*)=\frac{\partial\Phi_S(r^*,\omega,t^*)}{\partial r^*} \tag{4.87}$$

$$w_r^*(r^*,\omega,t^*)=\frac{\partial\Phi_f(r^*,\omega,t^*)}{\partial r^*} \tag{4.88}$$

柱坐标系下饱和土体的控制方程（4.85）可改写为：

$$\begin{cases}(A^*+2G_S^*)\nabla^2\Phi_S(r^*,\omega,t^*)+n(\alpha-n)M^*\Phi_f(r^*,\omega,t^*)=b^*\dfrac{\partial}{\partial t^*}\\ [\Phi_S(r^*,\omega,t^*)-\Phi_f(r^*,\omega,t^*)]+\dfrac{\partial^2}{\partial t^{*2}}[\rho_{11}^*\Phi_S(r^*,\omega,t^*)-\rho_a^*\Phi_f(r^*,\omega,t^*)]\\ n(\alpha-n)M^*\nabla^2\Phi_S(r^*,\omega,t^*)+n^2M^*\nabla^2\Phi_f(r^*,\omega,t^*)=b^*\dfrac{\partial}{\partial t^*}\\ [\Phi_f(r^*,\omega,t^*)-\Phi_S(r^*,\omega,t^*)]+\dfrac{\partial^2}{\partial t^{*2}}[\rho_{22}^*\Phi_f(r^*,\omega,t^*)-\rho_a^*\Phi_S(r^*,\omega,t^*)]\end{cases} \tag{4.89}$$

2. 饱和土的 Laplace 变换域解

对式（4.89）进行关于 t^* 的 Laplace 变换，并记：$\overline{\Phi}_S(r^*,\omega,p)=L[\Phi_S(r^*,\omega,t^*)]$，$\overline{\Phi}_f(r^*,\omega,p)=L[\Phi_f(r^*,\omega,t^*)]$。则式（4.49）可以改写为：

$$\begin{cases}[(A^*+2G_S^*)\nabla^2-b^*p-p_{11}^*p^2]\overline{\Phi}_S(r^*,\omega,p)\\ +[n(\alpha-n)M^*\nabla^2+b^*p+\rho_a^*p^2]\overline{\Phi}_f(r^*,\omega,p)=0\\ [n(\alpha-n)M^*\nabla^2+b^*p+\rho_a^*p^2]\overline{\Phi}_S(r^*,\omega,p)\\ +(n^2M^*\nabla^2-b^*p-\rho_{22}^*p^2)\overline{\Phi}_f(r^*,\omega,p)=0\end{cases} \tag{4.90}$$

式中，p 为 Laplace 变化参数。

由式（4.90）可得：

$$(\nabla^4-m_1\nabla^2+m_2)\overline{\Phi}_S=0 \tag{4.91}$$

$$(\nabla^4-m_1\nabla^2+m_2)\overline{\Phi}_f=0 \tag{4.92}$$

$$\nabla^4=\left(\frac{\partial^2}{\partial r^{*2}}+\frac{1}{r^*}\frac{\partial}{\partial r^*}\right)^2 \tag{4.93}$$

$$m_1=\frac{[n^2M^*\rho_{11}^*+(A^*+2G_S^*)\rho_{22}^*+2n(\alpha-n)M^*\rho_a^*]p^2+(\lambda_S^*+2G_S^*+\alpha^2M^*)b^*p}{n^2M^*(\lambda_S^*+2G_S^*)} \tag{4.94a}$$

$$m_2=\frac{(\rho_{11}^*+\rho_{22}^*-2\rho_a^*)b^*p^3+(\rho_{11}^*+\rho_{22}^*-\rho_a^{*2})p^4}{n^2M^*(\lambda_S^*+2G_S^*)} \tag{4.94b}$$

式（4.91）可解耦重写为：

$$(\nabla^2-\beta_1^2)(\nabla^2-\beta_2^2)\overline{\Phi}_S=0 \tag{4.95}$$

其中，

$$\beta_1^2=\frac{m_1+\sqrt{m_1^2-4m_2}}{2} \tag{4.96a}$$

$$\beta_2^2=\frac{m_1-\sqrt{m_1^2-4m_2}}{2} \tag{4.96b}$$

式中，β_1、β_2 分别为 Biot 理论中定义的两类压缩波（即快波和慢波）所对应的无量纲波数。

进一步分解式（4.95）可得：

$$\begin{cases}(\nabla^2-\beta_1^2)\overline{\Phi}_{S1}=0\\ (\nabla^2-\beta_2^2)\overline{\Phi}_{S2}=0\end{cases} \tag{4.97}$$

$$\overline{\Phi}_{S} = \overline{\Phi}_{S1} + \overline{\Phi}_{S2} \tag{4.98}$$

$\overline{\Phi}_{S1}(r^*, \omega, p)$ 和 $\overline{\Phi}_{S2}(r^*, \omega, p)$ 的通解为：

$$\overline{\Phi}_{S1} = A_1 I_0(\beta_1 r^*) + B_1 K_0(\beta_1 r^*) \tag{4.99a}$$

$$\overline{\Phi}_{S2} = A_2 I_0(\beta_2 r^*) + B_2 K_0(\beta_2 r^*) \tag{4.99b}$$

式中，A_1、A_2、B_1、B_2 是任意未定系数。

根据 Bessel 级数的性质，当 $r^* \to \infty$ 时，0 阶 Bessel 级数的取值为：

$$I_0(\beta_i r^*) \approx (2\pi\beta_i r^*)^{-1/2}\exp(\beta_i r^*) \tag{4.100}$$

$$K_0(\beta_i r^*) \approx (\pi/2\beta_i r^*)^{1/2}\exp(-\beta_i r^*) \tag{4.101}$$

根据无限介质中波的传播规律可得，饱和土体中沿径向无穷远处，$r^* \to \infty$ 时的边界条件为：

$$\lim_{r^* \to \infty} \overline{\Phi}_{S}(r^*, \omega, p) = 0 \tag{4.102}$$

结合式（4.100）、式（4.101），若使式（4.99a）和式（4.99b）满足式（4.102），可知任意未定系数 A_1 和 A_2 必须为 0。由此可得 $\overline{\Phi}_{S}(r^*, \omega, p)$ 的表达式为：

$$\overline{\Phi}_{S} = B_1 K_0(\beta_1 r^*) + B_2 K_0(\beta_2 r^*) \tag{4.103}$$

同理可得式（4.93）中 $\overline{\Phi}_{f}(r^*, \omega, p)$ 表达式为：

$$\overline{\Phi}_{f} = C_1 K_0(\beta_1 r^*) + C_2 K_0(\beta_2 r^*) \tag{4.104}$$

式中，C_1、C_2 为任意常数；未知系数 B_1、B_2 与 C_1、C_2 线性相关。

根据位移-势和应力-势的关系及修正 Bessel 函数的递推公式，可得饱和土在 Laplace 域上的一般解为：

$$u_r^*(r^*, \omega, p) = -B_1\beta_1 K_1(\beta_1 r^*) - B_2\beta_2 K_1(\beta_2 r^*) \tag{4.105}$$

$$w_r^*(r^*, \omega, p) = -a_1 B_1\beta_1 K_1(\beta_1 r^*) - a_2 B_2\beta_2 K_2(\beta_2 r^*) \tag{4.106}$$

$$\begin{aligned}\sigma_f^*(r^*, \omega, p) = -\frac{1}{n}\{&[n(\alpha-n)M^* + n^2M^*a_1]B_1\beta_1^2 K_0(\beta_1 r^*) + \\ &[n(\alpha-n)M^* + n^2M^*a_2]B_2\beta_2^2 K_0(\beta_2 r^*)\}\end{aligned} \tag{4.107}$$

$$\begin{aligned}\sigma_S^{r*}(r^*, \omega, p) = &[\lambda_S^* + \alpha(\alpha-n)M^* + \alpha nM^* a_1 + 2G_S^*]B_1\beta_1^2 K_0(\beta_1 r^*) + \\ &[\lambda_S^* + \alpha(\alpha-n)M^* + \alpha nM^* a_2 + 2G_S^*]B_2\beta_2^2 K_0(\beta_2 r^*) + \\ &2G_S^* B_1\beta_1^2 K_1(\beta_1 r^*)/r^* + 2G_S^* B_2\beta_2^2 K_1(\beta_2 r^*)/r^*\end{aligned} \tag{4.108}$$

$$\begin{aligned}\sigma_S^{\theta*}(r^*, \omega, p) = &[\lambda_S^* + \alpha(\alpha-n)M^* + \alpha nM^* a_1]B_1\beta_1^2 K_0(\beta_1 r^*) + \\ &[\lambda_S^* + \alpha(\alpha-n)M^* + \alpha nM^* a_2]B_2\beta_2^2 K_0(\beta_2 r^*) - \\ &2G_S^* B_1\beta_1 K_1(\beta_1 r^*)/r^* - 2G_S^* B_2\beta_2 K_1(\beta_2 r^*)/r^*\end{aligned} \tag{4.109}$$

4.4 小结

（1）Biot 提出了饱和土的基本假定，建立了饱和土土体骨架的应力-应变关系、渗流连续性方程和运动方程，导出了饱和土的基本控制方程。对控制方程解耦求解，得出了饱和多孔介质中存在（第一压缩波（P_1 波）、第二压缩波（P_2 波）和一种剪切波（S波））三种体波的结论，这就是 Biot 理论，该理论是研究有关饱和多孔介质土动力学问题的理论基础。

（2）Jones 和 Chiang 根据 Biot 理论建立了瑞利波的弥散特征方程，主要研究了饱和土中面波的弥散特性，以及其他极限情况下（孔隙流体可以自由流动、孔隙流体无渗流）的瑞利波特性，并分析了饱和土中瑞利波中各组成波的能流分布。

（3）在实际工程中，常常会遇到诸如深埋隧道、单桩纵向振动等轴对称问题。这类问题使用极坐标、柱坐标可使求解简化。编者分别给出了极坐标和柱坐标下饱和土的基本控制方程并推导了其通解。

习题

4.1　某深埋无限长隧道（周围为饱和介质），受内部均布突加超压作用，如图 4.4 所示。已知衬砌厚度为 h，衬砌半径为 a，$f(t)$ 为作用于衬砌内部的超压作用。试推求如图 1.3 所示的 4 种超压作用下衬砌及周围饱和介质的动力响应。

4.2　如图 4.1(a) 所示的圆柱形隧道受到内部爆炸荷载作用。已知衬砌内半径 $R=6000$mm，厚度 $h=300$mm，材料密度 $\rho_L=2800\text{kg/m}^3$，剪切模量 $G=2\times10^9$Pa，泊松比 $\mu=0.2$。衬砌周围饱和土土颗粒密度 $\rho_S=2500\text{kg/m}^3$，土骨架剪切模量 $G_S=3.6\times10^7$Pa，泊松比 $\mu=0.4$，孔隙率 $n=0.4$。孔隙水密度 $\rho_f=1000\text{kg/m}^3$，附加质量的密度 $\rho_a=150\text{kg/m}^3$，动力黏滞系数 $\eta=0.001$，动力渗透系数 $k_d=1\times10^{-10}$ m/s。爆炸荷载 $p(t)=p_0e^{-\alpha t}e^{-\beta|z|}$，爆炸超压 $p_0=5\times10^9$Pa，衰减系数 $\alpha=3$，$\beta=0.85$。Biot 系数 $\alpha=0.98$，$M=10$。试计算饱和土体在接触面处的动力响应。

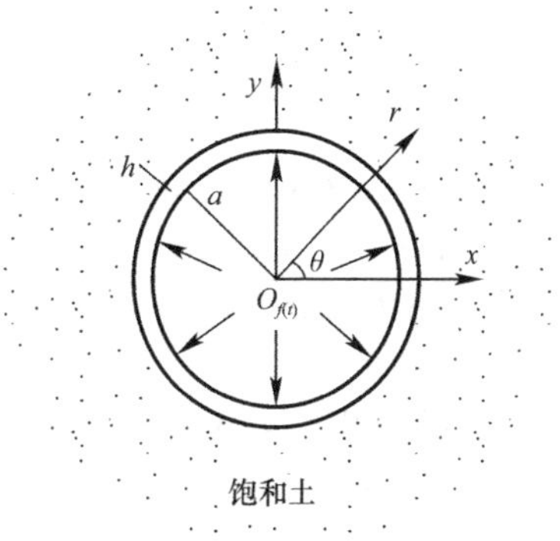

图 4.4　隧道受到内部均布超压作用

参考文献

[1]　吴世明. 土介质中的波 [M]. 北京：科学出版社，1997.

[2]　吴世明. 土动力学 [M]. 北京：中国建筑工业出版社，2000.

[3]　BIOT M A. The theory of propagation of elastic waves in a fluid-saturated porous solid：I. Low-frequency range [J]. J Aooust Soc Am，1956a，28：168-178.

[4]　BIOT M A. The theory of propagation of elastic waves in a fluid-saturated porous solid：II. Higher-frequency range [J]. J Aooust Soc Am，1956b，28：179-191.

[5]　BIOT M A. Generalized theory of acoustic propagation in porous dissipative media [J]. J Aooust Soc Am，1962，34：1254-1264.

[6]　PLONA J. Observation of a second bulk compressional wave in a porous medium at ultrasonic frequency [J]. Appl Phys Lett，1980，36：259-261.

[7]　ISHIHARA K. Approximate forms of wave equations for water-saturated porous materials and dynamic modulus [J]. Soils and Foundations，1970，10 (4)：10-38.

[8]　门福录. 波在饱含流体的孔隙介质中的传播问题 [J]. 地球物理学报，1981，24 (1)：65-76.

[9]　门福录. 地震波在含水地层中的弥散和耗散 [J]. 地球物理学报，1984，27 (1)：61-73.

[10]　STOLL R D，BRYAN G M. Wave attenuation in saturated sediments [J]. J Acoust Soc Am，1970，47：1440-1447.

[11] STOL R D, Experimental studies of attenuation in sediments [J]. J Acoust Soc Am, 1979, 66: 1152-1160.

[12] STOLL R D, KAN T K. Reflection of acoustic waves at a water-sediment interface [J]. J Acoust Soc Am, 1981, 70: 149-156.

[13] RICE J R, CLEARY M P. Some basic stress-dffusion solutions for fluid saturated elastic porous media with compressible constituents [J]. Rev Geophys Space Phys, 1976, 14: 227-241.

[14] KOWALSKI S J. Identification of the coefficients in the equations of motion for a fluid-saturated porous medium [J]. Acta Mechanica, 1983, 47: 263-276.

[15] VARDOULAKIS I. Dynamic behavior of nearly saturated porous media [J]. Mechanics of Materials, 1986, 5: 87-108.

[16] ZIENKIEWICZ O C, CHANG CT, BETTESS P. Drained, undrained, consolidating and dynamic behavior as-sumptions in soils [J]. Geotechnique, 1980, 30: 385-395.

[17] 朱百里，沈珠江. 计算土力学 [M]. 上海：上海科学技术出版社，1990.

[18] JONES J P. Rayleigh wave in a porous elastic saturated solid [J]. J Acoust Soc Am, 1961, 33: 959-962.

[19] CHIANG C M, MOSTAFA A F. Wave-induced response in a fluid-filled poro-elastic solid with a free surface boundary layer theory [J]. Geophys J R Astr Soc, 1981, 66: 597-631.

[20] TAJUDDIN M. Rayleigh wave in a poro-elastic half-space [J]. J Acoust Soc Am, 1984, 75 (3): 682-684.

[21] LYSMER J, WAAS G. Shear wave in plane infinite structures [J]. J Engrg Mech Div, ASCE, 1972, 98 (1): 85-105.

[22] 夏唐代，王立忠，吴世明. 饱和土 Love 波弥散特性 [J]. 振动工程学报，1994，7 (4)：357-362.

[23] LAMB H. On the propagation of an elastic solid [J]. Proc R Soc London, 1904, 203: 1-42.

[24] 王立忠，陈云敏，吴世明，等. 饱和弹性半空间在低频谐和集中力下的积分形式解 [J]. 水利学报，1996，(2)：84-89.

[25] PHILIPPACOPOULOS A J. Waves in a partially saturated layered half-space: analytical formulation [J]. Bull Seism Soc Am, 1987, 77: 1838-1853.

[26] PHILIPPACOPOULOS A J. Lamb's problem for fluid-saturated porous media [J]. Bull Seism Soc Am, 1988, 78 (2): 908-923.

[27] 张继严. 土与衬砌结构相互作用的隧道三维内源瞬态动力响应分析 [D]. 青岛：山东科技大学，2017.

[28] 高盟，高广运，王滢，等. 饱和土与衬砌动力相互作用的圆柱形孔洞内源问题解答 [J]. 固体力学学报，2009 (5)：481-488.

[29] 高盟，张继严，王滢，等. 内源爆炸荷载作用下饱和土中圆形衬砌隧道的瞬态响应解答 [J]. 岩土工程学报，2017，39 (12)：2304-2311.

[30] 高盟，高广运，王滢. 半空间饱和土中圆柱形衬砌内荷载引起的动力响应解答 [J]. 固体力学学报，2012 (2)：219-226.

[31] GAO M, WANG Y, GAO G Y, et al. An analytical solution for the transient response of a cylindrical lined cavity in a poroelastic medium [J]. Soil Dynamics and Earthquake Engineering, 2013, 46: 30-40.

[32] GAO M, ZHANG J Y, CHEN Q S, et al. An exact solution for three-dimensional (3D) dynamic response of a cylindrical lined tunnel in saturated soil to an internal blast load [J]. Soil Dynamics and Earthquake Engineering, 2016, 90: 32-37.

第5章 非饱和土体中的波

5.1 概述

在自然界中，由于受到气候环境的影响，地表浅层土体往往处于非饱和状态，即土体由固体颗粒、液体和气体三部分组成。非饱和土体结构复杂，与理想弹性介质、饱和土相比研究难度更大。Vardoulakis 最先开始研究非饱和土中波的传播，提出了非饱和土的动力控制方程，成为今后研究非饱和土中波传播的基础。徐长节在此基础上，从理论上推证出非饱和土中存在 4 种体波，即一种 S 波和三种 P 波（P_1 波、P_2 波和 P_3 波），并导出了 4 种体波的波速及衰减解析表达式。本章以非饱和介质波动理论为基础，结合 White、张引科、Berryman、陈炜昀、柳鸿博、章根德及编者课题组的成果介绍非饱和土中波的传播规律及研究方法。

5.2 非饱和介质波动理论

5.2.1 基本假设

对于非饱和介质来说，不存在类似于饱和土有效应力的单一应力状态变量。当土颗粒和土孔隙液体均不可压缩时，非饱和土的应力状态须用总应力与孔隙气体压力之差和吸力这两个应力状态变量描述。非饱和土孔隙流体的流动服从达西定律，土的透气性系数和透水性系数与孔隙率和饱和度有关。非饱和多孔介质混合物理论假设有：

（1）非饱和介质是一种三相多孔介质材料，是由固体组分（土颗粒组成的固体骨架）s、液体组分（孔隙中的液体）l 及气体组分（孔隙中的气体）g 形成的混合物。

（2）非饱和介质混合物三种组分之间不能相互转化，即 $c_r=0(r=s,\ l,\ g)$。即在处理非饱和介质混合物时，忽略液体和气体在固体骨架上的入渗和附着；忽略土骨架物质在流体中的溶解；忽略液体的蒸发、气体在液体中的溶解以及气体的凝结。

（3）非饱和介质混合物各组分具有相同的温度，且三者温度变化也是一致的。

（4）固体组分和液体组分均不可压缩，它们的真密度 $\gamma_b(b=s,\ l)$ 为常量。气体组分物质可压缩，其真密度 γ_g 可以变化。

（5）在外界作用施加之前，非饱和介质的混合物处于初始的平衡状态。

5.2.2 基本方程

1. 运动方程

考虑非饱和土是由固-液-气组成的三相复杂孔隙结构，分别由上标“s”“l”“g”表示各相组分，在本章中用符号 r 分别定义各相组分，即 $r=s, l, g$。根据动量守恒定律，土体的运动方程为：

$$\sigma_{ij,j}=\bar{\rho}_s\ddot{u}_i+\bar{\rho}_l\ddot{u}_i^l+\bar{\rho}_g\ddot{u}_i^g \tag{5.1}$$

式中，σ_{ij} 为总应力（压应力取负值）；$\boldsymbol{u}$、$\boldsymbol{u}^l$、$\boldsymbol{u}^g$ 分别为固、液、气相的位移矢量；下标 i 表示在 i 方向上的分量，下同；ρ_s、ρ_l、ρ_g 分别为固、液、气相的密度。

$\bar{\rho}_r$ 为 r 相介质的相对密度，有：

$$\bar{\rho}_s=(1-n)\rho_s$$

$$\bar{\rho}_l=nS_r\rho_l$$

$$\bar{\rho}_g=n(1-S_r)\rho_g$$

式中，n 为孔隙率；S_r 为饱和度。

根据广义达西定律，忽略各向同性介质的体积力，孔隙水和孔隙气体的渗流运动方程为：

$$nS_r(\dot{u}_i^l-\dot{u}_i)=\frac{k_l}{\rho_l g}(-p_{,i}^l-\rho_l\ddot{u}_i^l) \tag{5.2a}$$

$$n(1-S_r)(\dot{u}_i^g-\dot{u}_i)=\frac{k_g}{\rho_g g}(-p_{,i}^g-\rho_g\ddot{u}_i^g) \tag{5.2b}$$

式中，p^l、p^g 分别为水和空气承受的压力增量；k_l、k_g 分别为水与空气的渗透系数，渗透系数可由土水特征曲线导出；g 表示重力加速度。

V-G 模型不仅能表征整个压力水头范围内的水分特征数据，还能估计水力传导率，而且该模型几乎适用于所有的土壤类型，不存在数值计算的稳定性问题，在土壤水研究中颇为流行，V-G 模型可表示为：

$$S_e=[1+(\alpha p_c)^k]^{-m} \tag{5.3}$$

式中，α、m、k 为 V-G 模型的材料参数，$m=1-1/k$；$S_e=(S_r-S_{rl})/(1-S_{rl})$ 为有效含水饱和度；S_{rl}为残余含水量对应的饱和度；$p_c=p_g-p_l$ 为基质吸力。

根据 Mualem 模型，由式（5.3）可推导出计算渗透系数的表达式如下：

$$k_g=\frac{\rho_g g\kappa}{\eta_g}\sqrt{1-S_e}[1-(S_e)^{\frac{1}{m}}]^{2m} \tag{5.4a}$$

$$k_l=\frac{\rho_l g\kappa}{\eta_l}\sqrt{S_e}\{1-[1-(S_e)^{\frac{1}{m}}]^m\}^2 \tag{5.4b}$$

式中，η_l、η_g 分别为孔隙水与孔隙气体的黏性系数；κ 为土的固有渗透率。

2. 本构方程

根据 Bishop 非饱和土有效应力原理，总应力表示为：

$$\sigma'_{ij}=\sigma_{ij}+\delta_{ij}p \tag{5.5a}$$

$$p=\gamma p^l+(1-\gamma)p^g \tag{5.5b}$$

式中，σ'_{ij} 为有效应力；p 为等效孔隙压力；γ 为有效应力参数，与含水量等因素有关。

在小变形条件下，根据弹性理论，非饱和土的应力-应变关系可表达为：

$$\sigma_{ij}=\lambda_S e\delta_{ij}+2G_S\varepsilon_{ij}-\delta_{ij}ap \tag{5.6}$$

式中，λ_S、G_S 为土骨架拉梅常数，与泊松比关系为 $v=\lambda_S/[2(\lambda_S+G_S)]$；$\varepsilon$ 为土骨架应变；$e=\Delta\cdot\boldsymbol{u}$ 为土骨架的体积应变；$a=1-K_b/K_s$，其中，$K_b=\lambda_S+2G_S/3$ 为土骨架的体

积压缩模量，K_s 为土颗粒的压缩模量；δ_{ij} 为克罗内克尔记号。

根据空间均化理论，总应力又可表示为：

$$\sigma_{ij}=(1-n)\sigma_{ij}^{s}-nS_{r}p^{l}\delta_{ij}-n(1-S_{r})p^{g}\delta_{ij} \tag{5.7}$$

式中，σ_{ij}^{s} 为固相上的应力分量。

土颗粒、水和空气压缩变形的本构方程为：

$$\frac{d\rho_{s}}{\rho_{s}}=-\frac{d\sigma_{ii}^{s}}{3K_{s}} \tag{5.8a}$$

$$\frac{d\rho_{l}}{\rho_{l}}=\frac{dp^{l}}{K_{l}} \tag{5.8b}$$

$$\frac{d\rho_{g}}{\rho_{g}}=\frac{dp^{g}}{P^{a}} \tag{5.8c}$$

式中，K_l、P^a 分别为水和空气的压缩模量。

饱和度的本构方程可由式（5.3）得到：

$$dS_{r}=-\alpha mk(1-S_{rl})(S_{e})^{\frac{m+1}{m}}[(S_{e})^{-\frac{1}{m}}-1]^{\frac{k-1}{k}}dp_{c} \tag{5.9}$$

3. 连续性方程

非饱和多孔介质固体骨架的孔隙中由气体和液体填充，而气体又分为干空气和水蒸气，且部分气体会溶解于液体中。忽略各组分间的质量交换，质量平衡方程可写为：

$$-\frac{\partial n}{\partial t}+(1-n)\frac{1}{\rho^{s}}\frac{\partial\rho^{s}}{\partial t}+(1-n)\nabla\cdot\dot{\boldsymbol{u}}^{s}=0 \tag{5.10a}$$

$$\begin{aligned}n(\rho_{w}^{l}-\rho_{w}^{g})\frac{\partial S^{l}}{\partial t}+n(1-S^{l})\frac{\partial\rho_{w}^{g}}{\partial t}+[S^{l}\rho_{w}^{l}+(1-S^{l})\rho_{w}^{g}]\frac{\partial n}{\partial t}\\+nS^{l}\rho_{w}^{l}\nabla\cdot\dot{\boldsymbol{u}}^{l}+nS^{g}\rho_{w}^{g}\nabla\cdot\dot{\boldsymbol{u}}^{g}=0\end{aligned} \tag{5.10b}$$

$$(1-S^{l})\rho_{a}^{g}\frac{\partial n}{\partial t}-n\rho_{a}^{g}\frac{\partial S^{l}}{\partial t}+n(1-S^{l})\rho_{a}^{g}\nabla\cdot\dot{\boldsymbol{u}}^{g}=0 \tag{5.10c}$$

式中，ρ_{w}^{l}、ρ_{w}^{g}、ρ_{a}^{g} 分别表示液态水、水蒸气、干气的密度。

根据式（5.10a）孔隙比随时间的变化率可表示为：

$$\frac{\partial n}{\partial t}=\xi\left(S^{l}\frac{\partial p_{l}}{\partial t}+S^{g}\frac{\partial p_{g}}{\partial t}\right)+\xi K_{s}\nabla\cdot\dot{\boldsymbol{u}}^{s} \tag{5.11}$$

式中，$\xi=(\alpha-n)/K_s$，$\alpha=1-K/K_s$，$K=\lambda_S+2G_S/3$ 为土骨架的体积模量，λ_S 和 G_S 为土体骨架拉梅常数；p_l 和 p_g 分别为孔隙水压力和孔隙气压力。

气相中的水蒸气密度为：

$$\rho_{w}^{g}=\mathrm{RH}\rho_{w0}^{g} \tag{5.12}$$

式中，ρ_{w0}^{g} 为饱和水蒸气密度。

相对湿度 RH 为：

$$\mathrm{RH}=\exp\left(-\frac{M^{w}\Psi}{T\rho_{w}^{l}}\right)$$

式中，$\Psi=p_g-p_l$ 为基质吸力；M=0.018016kg/mol 为水蒸气摩尔质量；R=8.2144J/(mol·K) 为摩尔气体常数；T 为绝对温度。

结合式（5.12）可以得到水蒸气密度随时间的变化率为：

$$\frac{\partial \rho_{\mathrm{w}}^{\mathrm{g}}}{\partial t}=-\frac{\rho_{\mathrm{w}}^{\mathrm{g}} M_{\mathrm{w}}}{\rho_{\mathrm{w}}^{l} R T}\left(\frac{\partial p_{\mathrm{g}}}{\partial t}-\frac{\partial p_{l}}{\partial t}\right) \tag{5.13}$$

基于 V-G 模型，饱和度随时间的变化率为：

$$\frac{\partial S^{l}}{\partial t}=-\chi m d\left(1-S_{\mathrm{w0}}\right)\left(S_{\mathrm{e}}\right)^{\frac{m+1}{m}} \cdot\left[\left(S_{\mathrm{e}}\right)^{-\frac{1}{m}}-1\right]^{\frac{d-1}{d}}\left(\frac{\partial p_{\mathrm{g}}}{\partial t}-\frac{\partial p_{l}}{\partial t}\right) \tag{5.14}$$

式中，χ、d 均为 V-G 模型的材料参数。

有效含水饱和度 S_{e} 为：

$$S_{\mathrm{e}}=\frac{S^{l}-S_{\mathrm{r}l}}{S_{\mathrm{sat}}-S_{\mathrm{r}l}}$$

式中，$S_{\mathrm{r}l}$为残余饱和度；S_{sat}为饱和饱和度，考虑 $S_{\mathrm{sat}}=1$。

将式（5.11）、式（5.13）、式（5.14）代入式（5.10b）和式（5.10c）可得非饱和土的渗流连续性方程为：

$$A_{11} \dot{p}^{l}+A_{12} \dot{p}^{\mathrm{g}}+A_{13} \nabla \cdot \dot{\boldsymbol{u}}+A_{14} \nabla \cdot \dot{\boldsymbol{u}}^{l}+A_{15} \nabla \cdot \dot{\boldsymbol{u}}^{\mathrm{g}}=0 \tag{5.15a}$$

$$A_{21} \dot{p}^{l}+A_{22} \dot{p}^{\mathrm{g}}+A_{24} \nabla \cdot \dot{\boldsymbol{u}}^{l}+A_{25} \nabla \cdot \dot{\boldsymbol{u}}^{\mathrm{g}}=0 \tag{5.15b}$$

式中，

$$A_{11}=\frac{a \gamma-n S_{\mathrm{r}}}{K_{\mathrm{s}}}+\frac{n S_{\mathrm{r}}}{K_{l}}, A_{12}=\frac{a(1-\gamma)-n\left(1-S_{\mathrm{r}}\right)}{K_{\mathrm{s}}}+\frac{n\left(1-S_{\mathrm{r}}\right)}{p^{\mathrm{a}}}, A_{13}=1-n-\frac{K_{\mathrm{b}}}{K_{\mathrm{s}}}$$

$$A_{14}=n S_{\mathrm{r}}, A_{15}=n\left(1-S_{\mathrm{r}}\right), A_{21}=A_{\mathrm{s}}-\frac{S_{\mathrm{r}}\left(1-S_{\mathrm{r}}\right)}{K_{l}} A_{22}=\frac{S_{\mathrm{r}}\left(1-S_{\mathrm{r}}\right)}{p^{\mathrm{a}}}-A_{\mathrm{s}},$$

$$A_{24}=-A_{25}=-S_{\mathrm{r}}\left(1-S_{\mathrm{r}}\right), A_{\mathrm{s}}=-\alpha m n\left(1-S_{\mathrm{r}l}\right)\left(S_{\mathrm{e}}\right)^{\frac{m+1}{m}}\left[\left(S_{\mathrm{e}}\right)^{-\frac{1}{m}}-1\right]^{\frac{n-1}{n}}$$

4. 基本方程

式（5.1）、式（5.2）、式（5.6）和式（5.15）便构成了非饱和土的动力控制方程：

$$\sigma_{ij,j}=\bar{\rho}_{\mathrm{s}} \ddot{u}_{i}+\bar{\rho}_{1} \ddot{u}_{i}^{l}+\bar{\rho}_{\mathrm{g}} \ddot{u}_{i}^{\mathrm{g}} \tag{5.16a}$$

$$n S_{\mathrm{r}}\left(\dot{u}_{i}^{l}-\dot{u}_{i}\right)=\frac{k_{l}}{\rho_{l} g}\left(-p_{,i}^{l}-\rho_{l} \ddot{u}_{i}^{l}\right) \tag{5.16b}$$

$$n\left(1-S_{\mathrm{r}}\right)\left(\dot{u}_{i}^{\mathrm{g}}-\dot{u}_{i}\right)=\frac{k_{\mathrm{g}}}{\rho_{\mathrm{g}} g}\left(-p_{,i}^{\mathrm{g}}-\rho_{\mathrm{g}} \ddot{u}_{i}^{\mathrm{g}}\right) \tag{5.16c}$$

$$\sigma_{ij}=\lambda_{\mathrm{S}} e \delta_{ij}+2 G_{\mathrm{S}} \varepsilon_{ij}-\delta_{ij} a p \tag{5.16d}$$

$$A_{11} \dot{p}^{l}+A_{12} \dot{p}^{\mathrm{g}}+A_{13} \nabla \cdot \dot{\boldsymbol{u}}+A_{14} \nabla \cdot \dot{\boldsymbol{u}}^{l}+A_{15} \nabla \cdot \dot{\boldsymbol{u}}^{\mathrm{g}}=0 \tag{5.16e}$$

$$A_{21} \dot{p}^{l}+A_{22} \dot{p}^{\mathrm{g}}+A_{24} \nabla \cdot \dot{\boldsymbol{u}}^{l}+A_{25} \nabla \cdot \dot{\boldsymbol{u}}^{\mathrm{g}}=0 \tag{5.16f}$$

当取 $S_{\mathrm{r}}=1$（此时 $\gamma=1$），同时取 $\rho_{\mathrm{g}}=0$，则上述方程组可以完全退化到饱和土的经典 Biot 波动方程。

5.2.3 非饱和土中的体波

1. 非饱和土介质的波动方程

用 n^{r} 表示 r 相介质的体积分数，三相组分的体积分数可以由孔隙率 n 和饱和度 S_{r} 表示，即 $n^{\mathrm{s}}=1-n$，$n^{l}=nS_{\mathrm{r}}$，$n^{\mathrm{g}}=n(1-S_{\mathrm{r}})$。

基于多孔介质混合物理论，提出了非饱和孔隙介质的波动方程为：

$$n^{\mathrm{s}} \rho^{\mathrm{s}} \ddot{\boldsymbol{u}}^{\mathrm{s}}=\left(\gamma_{\mathrm{ss}}+n^{\mathrm{s}} \lambda_{\mathrm{S}}+n^{\mathrm{s}} G_{\mathrm{S}}\right) \nabla\left(\nabla \cdot \boldsymbol{u}^{\mathrm{s}}\right)+n^{\mathrm{s}} G_{\mathrm{S}} \nabla^{2} \boldsymbol{u}^{\mathrm{s}}+\gamma_{\mathrm{s}l} \nabla\left(\nabla \cdot \boldsymbol{u}^{l}\right)$$

$$+\gamma_{sg}\nabla(\nabla\cdot\boldsymbol{u}^{g})+\xi_{l}(\dot{u}^{l}-\dot{u}^{s})+\xi_{g}(\dot{u}^{g}-\dot{u}^{s}) \tag{5.17a}$$

$$n^{l}\rho^{l}\ddot{u}^{l}=\gamma_{sl}\nabla(\nabla\cdot\boldsymbol{u}^{s})+\gamma_{ll}\nabla(\nabla\cdot\boldsymbol{u}^{l})+\gamma_{lg}\nabla(\nabla\cdot\boldsymbol{u}^{g})-\xi_{l}(\dot{u}^{l}-\dot{u}^{s}) \tag{5.17b}$$

$$n^{g}\rho^{g}\ddot{u}^{g}=\gamma_{sg}\nabla(\nabla\cdot\boldsymbol{u}^{s})+\gamma_{lg}\nabla(\nabla\cdot\boldsymbol{u}^{l})+\gamma_{gg}\nabla(\nabla\cdot\boldsymbol{u}^{g})-\xi_{g}(\dot{u}^{g}-\dot{u}^{s}) \tag{5.17c}$$

式中，$\boldsymbol{u}^{r}$（r=s，l，g）表示 r 相介质的位移矢量；$\dot{u}^{r}$ 和 $\ddot{u}^{r}$ 分别表示 r 相介质的速度与加速度；ρ^{r} 表示 r 相介质的密度；ξ_{l} 和 ξ_{g} 分别表示固体骨架和流体（液体和气体）之间的黏滞力参数；λ_{S} 和 G_{S} 是土体骨架拉梅常数；∇^{2}是 Cartesian 坐标系中的 Laplace 算子。

系数 γ_{ss}，γ_{ll}，γ_{gg}，γ_{sl}，γ_{sg}，γ_{lg}为孔隙介质参数，依次表示为：

$$\gamma_{ss}=\frac{(n_{0}^{s})^{2}K_{s}(\theta_{l}+K_{l})(K_{g}+\theta_{g})}{M} \tag{5.18a}$$

$$\gamma_{ll}=\frac{n_{0}^{s}n_{0}^{l}K_{l}\theta_{l}(K_{g}+\theta_{g})+(n_{0}^{l})^{2}K_{s}K_{l}(K_{g}+\theta_{g})+n_{0}^{l}n_{0}^{g}K_{s}K_{l}\theta_{l}}{M} \tag{5.18b}$$

$$\gamma_{gg}=\frac{n_{0}^{s}n_{0}^{g}K_{g}\theta_{g}(K_{l}+\theta_{l})+n_{0}^{l}n_{0}^{g}K_{s}K_{g}\theta_{g}+(n_{0}^{g})^{2}K_{s}K_{g}(K_{l}+\theta_{l})}{M} \tag{5.18c}$$

$$\gamma_{sl}=\frac{n_{0}^{s}n_{0}^{l}K_{s}K_{l}(K_{g}+\theta_{g})}{M} \tag{5.18d}$$

$$\gamma_{sg}=\frac{n_{0}^{s}n_{0}^{g}K_{s}K_{g}(K_{l}+\theta_{l})}{M} \tag{5.18e}$$

$$\gamma_{lg}=\frac{n_{0}^{l}n_{0}^{g}K_{s}K_{l}K_{g}}{M} \tag{5.18f}$$

式中，$M=n_{0}^{s}(K_{l}+\theta_{l})(K_{g}+\theta_{g})+n_{0}^{l}K_{s}(K_{g}+\theta_{g})+n_{0}^{g}K_{s}(K_{l}+\theta_{l})$

分别对各相介质的位移矢量引入势函数，进行 Helmholtz 矢量分解，矢量位移表达为如下形式：

$$\begin{cases}\boldsymbol{u}^{s}=\nabla\Psi^{s}+\nabla\times H^{s}\\ \boldsymbol{u}^{l}=\nabla\Psi^{l}+\nabla\times H^{l}\\ \boldsymbol{u}^{g}=\nabla\Psi^{g}+\nabla\times H^{g}\end{cases} \tag{5.19}$$

式中，Ψ^{r}和H^{r}(r=s，l，g）分别为固、液、气三相介质的标量势函数和矢量势函数。

将式（5.19）代入式（5.17）中，则波动方程（5.17）可改写为：

$$n^{s}\rho^{s}\ddot{\Psi}^{s}=(\gamma_{ss}+n^{s}\lambda_{s}+2n^{s}\mu_{s})\nabla^{2}\Psi^{s}+\gamma_{sl}\nabla^{2}\Psi^{l}+\gamma_{sg}\nabla^{2}\Psi^{g}$$

$$+\xi_{l}(\dot{\Psi}^{l}-\dot{\Psi}^{s})+\xi_{g}(\dot{\Psi}^{g}-\dot{\Psi}^{s}) \tag{5.20a}$$

$$n^{l}\rho^{l}\ddot{\Psi}^{l}=\gamma_{sl}\nabla^{2}\Psi^{s}+\gamma_{ll}\nabla^{2}\Psi^{l}+\gamma_{lg}\nabla^{2}\Psi^{g}-\xi_{l}(\dot{\Psi}^{l}-\dot{\Psi}^{s}) \tag{5.20b}$$

$$n^{g}\rho^{g}\ddot{\Psi}^{g}=\gamma_{sg}\nabla^{2}\Psi^{s}+\gamma_{lg}\nabla^{2}\Psi^{l}+\gamma_{gg}\nabla^{2}\Psi^{g}-\xi_{g}(\dot{\Psi}^{g}-\dot{\Psi}^{s}) \tag{5.20c}$$

$$n^{s}\rho^{s}\ddot{H}^{s}=n^{s}\mu_{s}\nabla^{2}H^{s}+\xi_{l}(\ddot{H}^{l}-\ddot{H}^{s})+\xi_{g}(\ddot{H}^{g}-\ddot{H}^{s}) \tag{5.20d}$$

$$n^{l}\rho^{l}\ddot{H}^{l}=-\xi_{l}(\ddot{H}^{l}-\ddot{H}^{s})+\xi_{g}(\ddot{H}^{g}-\ddot{H}^{s}) \tag{5.20e}$$

$$n^{g}\rho^{g}\ddot{H}^{g}=-\xi_{g}(\ddot{H}^{g}-\ddot{H}^{s}) \tag{5.20f}$$

2. 体波的传播特性

设式（5.20）具有如下形式的一般解：

$$\Psi^{\alpha}=A^{\alpha}\exp[\mathrm{i}k_{p}(lx+nz-V_{P}t)] \tag{5.21a}$$

$$H^{\alpha}=B^{\alpha}\exp[\mathrm{i}k_{s}(lx+nz-V_{S}t)] \tag{5.21b}$$

式中，i=i $\sqrt{-1}$；k_{p} 和 k_{s} 分别为 P 波（压缩波）和 S 波（剪切波）的波数；V_{P} 和 V_{S} 分

别为压缩波和剪切波的传播速度；l 和 n 分别为对应波的方向矢量；A^{α} 和 B^{α} 分别表示 P 波和 S 波在 r 相介质中的振幅。

将式（5.21）代入式（5.20）中，经过计算可以得到：

$$\begin{bmatrix} a_{11} & a_{12} & a_{13} \\ a_{21} & a_{22} & a_{23} \\ a_{31} & a_{32} & a_{33} \end{bmatrix} \begin{bmatrix} \Psi^{s} \\ \Psi^{l} \\ \Psi^{g} \end{bmatrix} = 0 \tag{5.22a}$$

$$\begin{bmatrix} b_{11} & b_{12} & b_{13} \\ b_{21} & b_{22} & b_{23} \\ b_{31} & b_{32} & b_{33} \end{bmatrix} \begin{bmatrix} H^{s} \\ H^{l} \\ H^{g} \end{bmatrix} = 0 \tag{5.22b}$$

式中，3×3 的对称矩阵 **A** 和 **B** 中的元素分别为：

$$a_{11} = \mathrm{i}\omega(\xi_l + \xi_g) + \omega^2\rho^s n^s - k_p^2(\gamma_{ss} + n^s\lambda_s + 2n^s G_s), a_{22} = \mathrm{i}\omega\xi_l + \omega^2\rho^l n^l - k_p^2\gamma_{ll}$$

$$a_{33} = \mathrm{i}\omega\xi_g + \omega^2\rho^g n^g - k_p^2\gamma_{gg}, a_{12} = a_{21} = -\mathrm{i}\omega\xi_l - k_p^2\gamma_{sl}, a_{13} = a_{31} = -\mathrm{i}\omega\xi_g - k_p^2\gamma_{sg}$$

$$a_{23} = a_{32} = -k_p^2\gamma_{lg}, b_{11} = \mathrm{i}\omega(\xi_l + \xi_g) + \omega^2\rho^s n^s - n^s G_s k_s^2, b_{22} = \mathrm{i}\omega\xi_l + \omega^2\rho^l n^l$$

$$b_{33} = \mathrm{i}\omega\xi_g + \omega^2\rho^g n^g, b_{12} = b_{21} = -\mathrm{i}\omega\xi_l, b_{13} = b_{31} = -\mathrm{i}\omega\xi_g, b_{23} = b_{32} = 0$$

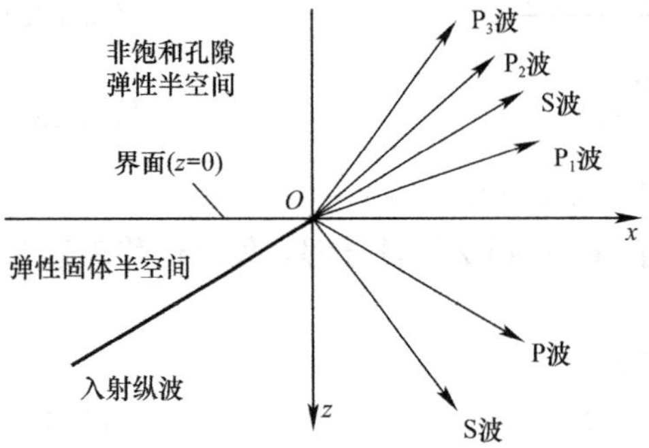

图 5.1　入射纵波时的传播示意图

根据式（5.22）有非零解，可以得到 P 波和 S 波的特征方程：

$$\det\boldsymbol{A} = 0 \tag{5.23a}$$

$$\det\boldsymbol{B} = 0 \tag{5.23b}$$

将上述公式展开后可以得到：

$$J_1 k_p^6 + J_2 k_p^4 + J_3 k_p^2 + J_4 = 0 \tag{5.24a}$$

$$J_5 k_s^2 + J_6 = 0 \tag{5.24b}$$

可以发现，在非饱和弹性多孔介质中有三种压缩波（P_1 波、P_2 波、P_3 波）和一种剪切波 S 波。图 5.1 为入射纵波时的传播示意图，其中传播速度：P_1 波>P_2 波>P_3 波。

根据式（5.24）可以计算得到 4 种体波的传播速度和衰减系数：

$$c_{pi} = \omega/\mathrm{Re}(k_{pi}), c_s = \omega/\mathrm{Re}(k_s) \tag{5.25}$$

$$\delta_{pi} = \mathrm{Im}(k_{pi}), \delta_s = \mathrm{Im}(k_s) \tag{5.26}$$

5.3　非饱和土中的轴对称问题

轴对称问题作为一类特殊的空间问题，其基本特点是结构具有空间的对称轴，荷载作用也具有相同的轴对称性。轴对称结构在工程中有着很广泛的应用，如圆形深井问题、固结问题、深埋隧道以及桩的振动问题等。本节将分别介绍极坐标和柱坐标系下非饱和土的基本控制方程和求解方法，为解决相关土动力学的轴对称问题提供思路。

5.3.1　极坐标系下控制方程的推导与求解

建立如图 4.2 所示的极坐标系，基于混合物理论，将非饱和土体看作由土骨架、孔隙水和孔隙气体形成的混合物。

对于土体骨架，考虑动荷载引起的附加质量项的影响，根据牛顿第二定律得：

$$\frac{\partial\sigma_r'}{\partial r}r\mathrm{d}r\mathrm{d}\theta+(\sigma_r'-\sigma_\theta')\mathrm{d}r\mathrm{d}\theta-\frac{1-n}{n}\frac{\partial(n_{el}p_l)}{\partial r}r\mathrm{d}r\mathrm{d}\theta$$

$$-\frac{1-n}{n}\frac{\partial(n_{eg}p_g)}{\partial r}r\mathrm{d}r\mathrm{d}\theta-f_{sl}r\mathrm{d}r\mathrm{d}\theta-f_{sg}r\mathrm{d}r\mathrm{d}\theta=r\mathrm{d}r\mathrm{d}\theta\rho_{11}a_s \tag{5.27}$$

式中，σ_r'、σ_θ' 分别为土骨架的径向应力、切向应力；n、n_{el}、n_{eg}分别为考虑将残余含水量作为土骨架组成部分时土体、孔隙水、孔隙气所对应的孔隙率；p_l、p_g 分别为孔隙水压力、孔隙气压力；f_{sl}、f_{sg}分别为土体骨架对孔隙水、孔隙气体的阻力；ρ_{11}为考虑附加质量的土骨架密度；a_s 为土体骨架加速度。

$$\rho_{11}=(1-n)\rho_s+\rho_f \tag{5.28a}$$

$$a_s=\frac{\partial^2u_r}{\partial t^2} \tag{5.28b}$$

$$f_{sl}=b_{l0}S_e(\dot{u}_r-\dot{u}_r^l) \tag{5.28c}$$

$$f_{sg}=b_{g0}(1-S_e)(\dot{u}_r-\dot{u}_r^g) \tag{5.28d}$$

$$b_{l0}=\frac{\eta_l n^2S_r}{\kappa k_{rl}} \tag{5.28e}$$

$$b_{g0}=\frac{\eta_g n^2(1-S_r)}{\kappa k_{rg}} \tag{5.28f}$$

式中，b_{l0}、b_{g0}分别为孔隙水、孔隙气体的与黏性系数和相对渗透系数相关的系数；η_l 为孔隙水的黏性系数，η_g 为孔隙气的黏性系数；k_{rl}、k_{rg}分别为孔隙水、孔隙气体的相对渗透系数；κ 为土的固有渗透性；S_r 为非饱和土的饱和度；S_e 为非饱和土的有效饱和度；ρ_s、ρ_f 分别为土骨架密度和附加质量密度；u_r、u_r^l、u_r^g 分别为土体骨架、孔隙水、孔隙气的径向位移。

根据 V-G 模型提出的土-水特征曲线，并由 Mualem 理论可得：

$$p_c=\frac{1}{\chi}[(S_e)^{\frac{1}{m}}-1]^{\frac{1}{d}} \tag{5.29}$$

式中，χ、m、d 均为 V-G 模型的土参数；p_c 为基质吸力。

将式（5.28）、式（5.4）和式（5.29）代入式（5.27）并化简得：

$$\frac{\partial\sigma_r'}{\partial r}+\frac{(\sigma_r'+\sigma_\theta')}{r}-\frac{1-n}{n}[(n_{el}p_l)_{,r}+(n_{eg}p_g)_{,r}]-b_{l0}S_e(\dot{u}_r-\dot{u}_r^l)$$

$$-b_{g0}(1-S_e)(\dot{u}_r-\dot{u}_r^g)=\rho_{11}\ddot{u}_r \tag{5.30}$$

同理，对于孔隙水和孔隙气可得：

$$-(n_{el}p_l)_{,r}+b_{l0}S_e(\dot{u}_r-\dot{u}_r^l)=\rho_{22}\ddot{u}_r^l \tag{5.31a}$$

$$-(n_{eg}p_g)_{,r}+b_{g0}(1-S_e)(\dot{u}_r-\dot{u}_r^g)=\rho_{33}\ddot{u}_r^g \tag{5.31b}$$

式中，ρ_{22}为考虑附加质量的孔隙水密度；ρ_{33}为考虑附加质量的孔隙气密度。

$$\rho_{22}=nS_r\rho_l+\rho_f \tag{5.32a}$$

$$\rho_{33}=n(1-S_r)\rho_g+\rho_f \tag{5.32b}$$

则由式（5.30）和式（5.31）可得：

$$\frac{\partial\sigma_r'}{\partial r}+\frac{(\sigma_r'+\sigma_\theta')}{r}-\frac{\partial(S_ep_l)}{\partial r}-\frac{\partial[(1-S_e)p_g]}{\partial r}=\rho_{11}\ddot{u}_r+\rho_{22}\ddot{u}_r^l+\rho_{33}\ddot{u}_r^g \tag{5.33}$$

对于非饱和土的有效应力公式，得：

$$\begin{cases}\sigma_r = \sigma_r' - p_g - \sigma^s \\ \sigma_\theta = \sigma_\theta' - p_g - \sigma^s\end{cases} \tag{5.34a}$$

$$\sigma^s = \begin{cases} p_g - p_l & p_g - p_l \leqslant 0 \\ -S_e(p_g - p_l) & p_g - p_l \geqslant 0\end{cases} \tag{5.34b}$$

式中，σ_r、σ_θ 为土体总应力；σ^s 为土体粒间吸应力。

由于土骨架为各向同性材料，本构模型为：

$$\begin{cases}\sigma_r' = \lambda_S e + 2G_S\varepsilon_r + pK/K_s \\ \sigma_\theta' = \lambda_S e + 2G_S\varepsilon_\theta + pK/K_s\end{cases} \tag{5.35}$$

式中，K 为土骨架的体积模量，$K=\lambda_S+2G_S/3$；K_s 为土颗粒的体变模量；p 为平均孔隙压力。

基质吸力 p_c：

$$p_c = p_g - p_l \tag{5.36}$$

平均孔隙压力 p：

$$p = S_e p_l + (1-S_e)p_g \tag{5.37}$$

有效饱和度 S_e：

$$S_e = \frac{S_r - S_{rl}}{S_{rg} - S_{rl}} \tag{5.38}$$

式中，S_{rl} 为残余含水量对应的饱和度；S_{rg} 为进气饱和度。

对式（5.38）求 t 的偏导并根据式（5.29），得：

$$\begin{aligned}\frac{\partial S_e}{\partial t} = \frac{\partial S_r}{\partial t} &= \frac{\partial S_r}{\partial p_c}\frac{\partial p_c}{\partial t} \\ &= \frac{\partial S_r}{\partial p_c}\left(\frac{\partial p_g}{\partial t} - \frac{\partial p_l}{\partial t}\right)\end{aligned} \tag{5.39}$$

土颗粒密度是流体压力 p 和体积变形的相关函数，则：

$$\frac{\partial t\rho_s}{\rho_s} = \frac{1}{1-n}\left[(\alpha - n)\frac{\partial t p}{K_s} - (1-\alpha)\partial t\left(\frac{\partial u_r}{\partial r} + \frac{u_r}{r}\right)\right] \tag{5.40}$$

式中，$\alpha=1-K/K_s$。

孔隙水与孔隙气的本构方程为：

$$\frac{\partial t\rho_l}{\rho_l} = \frac{1}{K_l}\partial t p_l \tag{5.41a}$$

$$\frac{\partial t\rho_g}{\rho_g} = \frac{1}{K_g}\partial t p_g \tag{5.41b}$$

式中，K_l 为水的体积压缩模量；K_g 为空气的体积压缩模量。

非饱和土各相的连续性方程分别为：

$$\begin{cases}\dfrac{\partial[(1-n)\rho_s]}{\partial t} + \nabla[(1-n)\rho_s\dot{u}] = 0 \\ \dfrac{\partial[nS_r\rho_l]}{\partial t} + \nabla[nS_r\rho_l\dot{u}^l] = 0 \\ \dfrac{\partial[n(1-S_r)\rho_g]}{\partial t} + \nabla[n(1-S_r)\rho_g\dot{u}^g] = 0\end{cases} \tag{5.42}$$

展开上式并化简得到：

$$-\dot{n}+(1-n)\frac{\dot{\rho}_s}{\rho_s}+(1-n)\nabla\cdot\dot{u}=0 \tag{5.43a}$$

$$n\dot{S}_r+S_r\dot{n}+nS_r\frac{\dot{\rho}_l}{\rho_l}+nS_r\nabla\cdot\dot{u}^l=0 \tag{5.43b}$$

$$-n\dot{S}_r+(1-S_r)\dot{n}+n(1-S_r)\frac{\dot{\rho}_g}{\rho_g}+n(1-S_r)\nabla\cdot\dot{u}^g=0 \tag{5.43c}$$

由式（5.40）及式（5.43a）可得孔隙率 n 的本构关系为：

$$\dot{n}=\frac{\alpha-n}{K_s}(K_s\nabla\cdot\dot{u}+p\,\cdot) \tag{5.44}$$

由式（5.38）及式（5.29）得：

$$S_r=S_{rl}+(S_{rg}-S_{rl})[1+(\chi p_c)^d]^{-m} \tag{5.45}$$

则

$$\frac{\partial S_r}{\partial p_c}=-\chi md(S_{rg}-S_{rl})(S_e)^{\frac{m+1}{m}}[(S_e)^{-\frac{1}{m}}-1]^{\frac{d-1}{d}} \tag{5.46a}$$

$$p_c\frac{\partial S_r}{\partial p_c}=-md(S_{rg}-S_{rl})(S_e)^{\frac{m+1}{m}}[(S_e)^{-\frac{1}{m}}-1]^{\frac{d-1}{d^2}} \tag{5.46b}$$

由式（5.37）得：

$$\dot{p}=(p_l-p_g)\dot{S}_e+S_e\dot{p}_l+(1-S_e)\dot{p}_g \tag{5.47}$$

则式（5.44）变为：

$$\dot{n}=\xi S_{ll}\dot{p}_l+\xi S_{gg}\dot{p}_g+\xi K_s\nabla\cdot\dot{u} \tag{5.48}$$

式中

$$\xi=(\alpha-n)/K_s,S_{ll}=S_e+p_c\frac{\partial S_r}{\partial p_c},S_{gg}=(1-S_e)-p_c\frac{\partial S_r}{\partial p_c}$$

将式（5.35）代入式（5.33）中可得：

$$(\lambda_S+2G_S)\frac{\partial e}{\partial r}-\left(1-\frac{K}{K_s}\right)[S_e\nabla p_l+(1-S_e)\nabla p_g]\nabla e=\rho_{11}\ddot{u}_r+\rho_{22}\ddot{u}_r^l+\rho_{33}\ddot{u}_r^g \tag{5.49}$$

将式（5.39）、式（5.41）、式（5.48）代入式（5.43b）和式（5.43c）可得：

$$\begin{cases}A_{11}\dot{p}_l+A_{12}\dot{p}_g+A_{13}\nabla\cdot\dot{u}+A_{14}\nabla\cdot\dot{u}^l=0\\A_{21}\dot{p}_l+A_{22}\dot{p}_g+A_{23}\nabla\cdot\dot{u}+A_{24}\nabla\cdot\dot{u}^g=0\end{cases} \tag{5.50}$$

式中，

$$A_{11}=-n\frac{\partial S_r}{\partial p_c}+\xi S_rS_{ll}+\frac{nS_r}{K_l},A_{12}=n\frac{\partial S_r}{\partial p_c}+\xi S_rS_{gg},A_{13}=\xi S_rK_s,A_{14}=nS_r,$$

$$A_{21}=n\frac{\partial S_r}{\partial p_c}+\xi(1-S_r)S_{ll},A_{22}=-n\frac{\partial S_r}{\partial p_c}+\xi(1-S_r)S_{gg}+\frac{n(1-S_r)}{K_g},$$

$$A_{23}=\xi(1-S_r)K_s,A_{24}=n(1-S_r)。$$

由式（5.50）得：

$$\begin{cases}-\dot{p}_l=a_{11}\nabla\cdot\dot{u}+a_{12}\nabla\cdot\dot{u}^l+a_{13}\nabla\cdot\dot{u}^g\\-\dot{p}_g=a_{21}\nabla\cdot\dot{u}+a_{22}\nabla\cdot\dot{u}^l+a_{23}\nabla\cdot\dot{u}^g\end{cases} \tag{5.51}$$

式中，

$$a_{11}=\frac{A_{12}A_{23}-A_{13}A_{22}}{A_{12}A_{21}-A_{11}A_{22}},a_{12}=\frac{A_{14}A_{22}}{A_{12}A_{21}-A_{11}A_{22}},a_{13}=\frac{A_{12}A_{24}}{A_{12}A_{21}-A_{11}A_{22}},$$

$$a_{21}=\frac{A_{13}A_{21}-A_{11}A_{23}}{A_{12}A_{21}-A_{11}A_{22}},a_{22}=\frac{A_{14}A_{21}}{A_{12}A_{21}-A_{11}A_{22}},a_{23}=\frac{A_{11}A_{24}}{A_{12}A_{21}-A_{11}A_{22}}。$$

由式（5.31）可得：

$$\begin{cases}-\nabla p_1=b_1\dot{u}_r^l+m_1\ddot{u}_r^1-b_l\dot{u}_r\\-\nabla p_g=b_g\dot{u}_r^g+m_g\ddot{u}_r^g-b_g\dot{u}_r\end{cases}\tag{5.52}$$

式中，$b_1=b_{10}/n$；$b_g=b_{g0}/n$；$m_1=\rho_{22}/nS_e$；$m_g=\rho_{33}/n$（$1-S_e$）。

式（5.49）、式（5.51）、式（5.52）便构成了非饱和土介质的控制方程，三式经简化得到：

$$\begin{cases}L\dfrac{\partial e}{\partial r}+R\dfrac{\partial e^l}{\partial r}+T\dfrac{\partial e^g}{\partial r}=\rho_{11}\ddot{u}_r+\rho_{22}\ddot{u}_r^l+\rho_{33}\ddot{u}_r^g\\a_{11}\dfrac{\partial e}{\partial r}+a_{12}\dfrac{\partial e^l}{\partial r}+a_{13}\dfrac{\partial e^g}{\partial r}=b_l\dot{u}_r^l+m_l\ddot{u}_r^l-b_l\dot{u}_r\\a_{21}\dfrac{\partial e}{\partial r}+a_{22}\dfrac{\partial e^l}{\partial r}+a_{23}\dfrac{\partial e^g}{\partial r}=b_g\dot{u}_r^g+m_g\ddot{u}_r^g-b_g\dot{u}_r\end{cases}\tag{5.53}$$

式中，

$$L=\lambda_S+G_S+(1-K/K_S)[a_{11}S_e+a_{21}(1-S_e)]$$
$$R=(1-K/K_s)[a_{12}S_e+a_{22}(1-S_e)]$$
$$T=(1-K/K_s)[a_{13}S_e+a_{23}(1-S_e)]$$

引入势函数 $\Phi(r,t)$、$\Psi(r,t)$、$\zeta(r,t)$，令：

$$\begin{cases}u_r(r,t)=\dfrac{\partial\Phi(r,t)}{\partial r},e=\nabla^2\Phi\\u_r^l(r,t)=\dfrac{\partial\Psi(r,t)}{\partial r},e^l=\nabla^2\Psi\\u_r^g(r,t)=\dfrac{\partial\zeta(r,t)}{\partial r},e^g=\nabla^2\zeta\end{cases}\tag{5.54}$$

将势函数式（5.54）代入式（5.53）中并对方程进行 Laplace 变换，然后进行无量纲化，最终得到其矩阵形式为：

$$\begin{bmatrix}L^* & R^* & T^*\\a_{11}^* & a_{12}^* & a_{13}^*\\a_{21}^* & a_{22}^* & a_{23}^*\end{bmatrix}\begin{Bmatrix}\nabla^2\overline{\Phi}\\\nabla^2\overline{\Psi}\\\nabla^2\overline{\zeta}\end{Bmatrix}=\begin{bmatrix}\rho_{11}^*s^{*2} & \rho_{22}^*s^{*2} & \rho_{33}^*s^{*2}\\-\lambda_{l1}^*s^{*2} & \lambda_{l2}^*s^{*2} & 0\\-\lambda_{g1}^*s^{*2} & 0 & \lambda_{g2}^*s^{*2}\end{bmatrix}\begin{Bmatrix}\overline{\Phi}\\\overline{\Psi}\\\overline{\zeta}\end{Bmatrix}\tag{5.55}$$

式中，s 为 Laplace 变换参数；“—”上标表示频域内的变量。

上述方程中符号 * 代表各变形的无量纲形式，各符号无量纲表达式为：

$$t^*=t/[R(\rho/\mu_M)^{0.5}],s^*=sR(\rho/\mu_M)^{0.5},\mu_M=(\mu_L+\mu_s)/2,L^*=L/\mu_M,$$
$$R^*=R/\mu_M,T^*=T/\mu_M,a_{ij}^*=a_{ij}/\mu_M(i=1,2,j=1,2,3),\rho_{ii}^*=\rho_{ii}/\mu_M(i=1,2,3)$$
$$\rho=(1-n)\rho_s+nS_r\rho_l+n(1-S_r)\rho_g,b_l^*=b_lR/(\rho/\mu_M)^{(0.5)},b_g^*=b_gR/(\rho/\mu_M)^{0.5},$$
$$\lambda_{g1}^*=b_g^*/s^*,\lambda_{g2}^*=b_g^*/s^*=m_g/\rho,\lambda_{l1}^*=b_l^*/s^*,\lambda_{l2}^*=b_l^*/s^*+m_l/\rho。$$

式（5.55）可变为：

$$\begin{bmatrix} L^*\nabla^2-\rho_{11}^*s^{*2} & R^*\nabla^2-\rho_{22}^*s^{*2} & T^*\nabla^2-\rho_{33}^*s^{*2} \\ a_{11}^*\nabla^2-\lambda_{l1}^*s^{*2} & a_{12}^*\nabla^2-\lambda_{l2}^*s^{*2} & a_{13}^*\nabla^2 \\ a_{21}^*\nabla^2-\lambda_{g1}^*s^{*2} & a_{22}^*\nabla^2 & a_{23}^*\nabla^2-\lambda_{g2}^*s^{*2} \end{bmatrix} \begin{Bmatrix} \overline{\Phi} \\ \overline{\Psi} \\ \overline{\zeta} \end{Bmatrix} = 0 \tag{5.56}$$

由于微分方程组（5.56）有通解的条件为其系数行列式矩阵为 0，因此：

$$(m_1\nabla^6+s^{*2}m_2\nabla^4+s^{*4}m_3\nabla^2+s^{*6}m_4)\overline{\Phi}=0 \tag{5.57a}$$

$$(m_1\nabla^6+s^{*2}m_2\nabla^4+s^{*4}m_3\nabla^2+s^{*6}m_4)\overline{\Psi}=0 \tag{5.57b}$$

$$(m_1\nabla^6+s^{*2}m_2\nabla^4+s^{*4}m_3\nabla^2+s^{*6}m_4)\overline{\zeta}=0 \tag{5.57c}$$

方程（5.57）中各系数分别为：

$$m_1=(a_{12}^*a_{23}^*-a_{13}^*a_{22}^*)L^*+(a_{13}^*a_{21}^*-a_{11}^*a_{23}^*)R^*+(a_{11}^*a_{22}^*-a_{12}^*a_{21}^*)T^*$$

$$\begin{aligned} m_2=&(-a_{12}^*\lambda_{g2}^*-a_{23}^*\lambda_{l2}^*)L^*+(a_{11}^*\lambda_{g2}^*+a_{13}^*\lambda_{g1}^*-a_{23}^*\lambda_{l1}^*)R^*+(-a_{12}^*\lambda_{g1}^*+a_{21}^*\lambda_{l2}^*+a_{22}^*\lambda_{l1}^*)T^* \\ &+\rho_{11}^*(a_{13}^*a_{22}^*-a_{12}^*a_{23}^*)+\rho_{22}^*(a_{11}^*a_{23}^*-a_{13}^*a_{21}^*)+\rho_{33}^*(a_{12}^*a_{21}^*-a_{11}^*a_{22}^*) \end{aligned}$$

$$\begin{aligned} m_3=&\rho_{11}^*(a_{12}^*\lambda_{g2}^*+a_{23}^*\lambda_{l2}^*)+\rho_{22}^*(-a_{11}^*\lambda_{g2}^*-a_{13}^*\lambda_{g1}^*+a_{23}^*\lambda_{l1}^*)+\rho_{33}^*(a_{12}^*\lambda_{g1}^*-a_{21}^*\lambda_{l2}^*-a_{22}^*\lambda_{l1}^*) \\ &+L^*\lambda_{g2}^*\lambda_{l2}^*+R^*\lambda_{g2}^*\lambda_{l1}^*+T^*\lambda_{g1}^*\lambda_{l2}^* \end{aligned}$$

$$m_4=-\rho_{11}^*\lambda_{g2}^*\lambda_{l2}^*-\rho_{22}^*\lambda_{g2}^*\lambda_{l1}^*-\rho_{33}^*\lambda_{g1}^*\lambda_{l2}^*$$

对于方程（5.57a），先将方程分解为：

$$(\nabla^2-\beta_1^2)(\nabla^2-\beta_2^2)(\nabla^2-\beta_3^2)\overline{\Phi}=0 \tag{5.58}$$

式中，$\beta_i^2(i=1，2，3)$ 为系数矩阵为零的三个根。

令

$$\overline{\Phi}=\overline{\Phi}_1+\overline{\Phi}_2+\overline{\Phi}_3$$

则式（5.58）变为：

$$(\nabla^2-\beta_1^2)\overline{\Phi}_1=0 \tag{5.59a}$$

$$(\nabla^2-\beta_2^2)\overline{\Phi}_2=0 \tag{5.59b}$$

$$(\nabla^2-\beta_3^2)\overline{\Phi}_3=0 \tag{5.59c}$$

首先求解方程（5.59a），其通解为：

$$\overline{\Phi}_1=A_1I_0(\beta_1r^*)+B_1K_0(\beta_1r^*) \tag{5.60}$$

式中，A_1、B_1 为任意常数；I_0、K_0 分别为第 1 类和第 2 类 0 阶修正的贝塞尔（Bessel）虚宗量。

同理可得：

$$\overline{\Phi}_2=A_2I_0(\beta_2r^*)+B_2K_0(\beta_2r^*)$$

$$\overline{\Phi}_3=A_3I_0(\beta_3r^*)+B_3K_0(\beta_3r^*) \tag{5.61}$$

所以，势函数 $\overline{\Phi}$ 的通解为：

$$\overline{\Phi}=A_iI_0(\beta_ir^*)+B_iK_0(\beta_ir^*)(i=1,2,3) \tag{5.62a}$$

同理

$$\Psi=C_iI_0(\beta_ir^*)+D_iK_0(\beta_ir^*)(i=1,2,3) \tag{5.62b}$$

$$\overline{\zeta}=E_iI_0(\beta_ir^*)+F_iK_0(\beta_ir^*)(i=1,2,3) \tag{5.62c}$$

考虑到动态响应随径向距离衰减，势函数的解中不应出现随自变量单调增加的第一类修正贝塞尔函数，因此，式（5.62）简化为：

$$\left.\begin{aligned}\overline{\Phi}&=B_iK_0(\beta_ir^*)\\\overline{\Psi}&=D_iK_0(\beta_ir^*)\\\overline{\zeta}&=F_iK_0(\beta_ir^*)\end{aligned}\right\}(i=1,2,3)\tag{5.63}$$

将式（5.62）代入方程组（5.56）可得到关系式：

$$\left.\begin{aligned}D_i&=\upsilon_iB_i\\F_i&=\tau_iB_i\end{aligned}\right\}(i=1,2,3)\tag{5.64}$$

式中，

$$\upsilon_i=\frac{(a_{11}^*a_{23}^*-a_{13}^*a_{21}^*)\beta_i^4+(-a_{11}^*\lambda_{g2}^*-a_{13}^*\lambda_{g1}^*+a_{23}^*\lambda_{l1}^*)s^{*2}\beta_i^2-\lambda_{g2}^*\lambda_{l2}^*s^{*4}}{(a_{13}^*a_{22}^*-a_{12}^*a_{23}^*)\beta_i^4+(a_{12}^*\lambda_{g2}^*+a_{23}^*\lambda_{l2}^*)s^{*2}\beta_i^2-\lambda_{g2}^*\lambda_{l2}^*s^{*4}}$$

$$\tau_i=\frac{(a_{12}^*a_{21}^*-a_{11}^*a_{22}^*)\beta_i^4+(a_{12}^*\lambda_{g1}^*-a_{21}^*\lambda_{l2}^*-a_{22}^*\lambda_{l1}^*)s^{*2}\beta_i^2-\lambda_{g1}^*\lambda_{l2}^*s^{*4}}{(a_{13}^*a_{22}^*-a_{12}^*a_{23}^*)\beta_i^4+(a_{12}^*\lambda_{g2}^*+a_{23}^*\lambda_{l2}^*)s^{*2}\beta_i^2-\lambda_{g2}^*\lambda_{l2}^*s^{*4}}$$

综上，得到轴对称荷载作用下非饱和土体动力响应的通解为：

$$\bar{u}_r^*=-\beta_iB_iK_1(\beta_ir^*)\tag{5.65a}$$

$$\bar{u}_r^{l*}=-\upsilon_i\beta_iB_iK_1(\beta_ir^*)\tag{5.65b}$$

$$\bar{u}_r^{g*}=-\tau_i\beta_iB_iK_1(\beta_ir^*)\tag{5.65c}$$

$$\bar{p}_l^*=-\beta_i^2B_i(a_{11}^*+a_{12}^*\upsilon_i+a_{13}^*\tau_i)K_0(\beta_ir^*)\tag{5.65d}$$

$$\bar{p}_g^*=-\beta_i^2B_i(a_{21}^*+a_{22}^*\upsilon_i+a_{23}^*\tau_i)K_0(\beta_ir^*)\tag{5.65e}$$

$$\begin{aligned}\bar{\sigma}_r^*=&[\lambda_s^*+2\mu_s^*+\alpha(1-S_e)(a_{21}^*+a_{22}^*\upsilon_i+a_{23}^*\tau_i)+\alpha S_e(a_{11}^*+a_{12}^*\upsilon_i+a_{13}^*\tau_i)]\\&\beta_i^2B_iK_0(\beta_ir^*)+2\mu_s^*\beta_iB_iK_1(\beta_ir^*)/r^*\end{aligned}\tag{5.65f}$$

$$\begin{aligned}\bar{\sigma}_\theta^*=&[\lambda_s^*+\alpha(1-S_e)(a_{21}^*+a_{22}^*\upsilon_i+a_{23}^*\tau_i)+\alpha S_e(a_{11}^*+a_{12}^*\upsilon_i+a_{13}^*\tau_i)]\\&\beta_i^2B_iK_0(\beta_ir^*)-2\mu_s^*\beta_iB_iK_1(\beta_ir^*)/r^*\end{aligned}\tag{5.65g}$$

式中，$i=1$，2，3。

5.3.2 柱坐标系下控制方程的推导与求解

考虑各向同性非饱和土的轴对称问题，建立形如图 4.3 所示的柱坐标系，对时间 t 做 Laplace 变换，可得频域内土骨架、孔隙水及孔隙气的位移，非饱和土体的运动方程为：

$$G_s\nabla^2\boldsymbol{u}+(\lambda_S+G_S)\nabla e-\alpha[S_e\nabla p_l+(1-S_e)\nabla p_g]=\rho_{11}\ddot{\boldsymbol{u}}+\rho_{22}\ddot{\boldsymbol{u}}^l+\rho_{33}\ddot{\boldsymbol{u}}^g\tag{5.66a}$$

$$-\nabla p_l=b_l\dot{\boldsymbol{u}}^l+m_l\ddot{\boldsymbol{u}}^l-b_l\dot{\boldsymbol{u}}\tag{5.66b}$$

$$-\nabla p_g=b_g\dot{\boldsymbol{u}}^g+m_g\ddot{\boldsymbol{u}}^g-b_g\dot{\boldsymbol{u}}\tag{5.66c}$$

本构方程为（r 为径向，z 为轴向）：

$$\begin{cases}\sigma_r=(\lambda_S+2G_S)\dfrac{\partial u_r}{\partial r}+\lambda_S\dfrac{u_r}{r}+\lambda_S\dfrac{\partial u_z}{\partial z}-\alpha S_ep_l-\alpha(1-S_e)p_g\\\sigma_\theta=\lambda_S\dfrac{\partial u_r}{\partial r}+(\lambda_S+2G_S)\dfrac{u_r}{r}+\lambda_S\dfrac{\partial u_z}{\partial z}-\alpha S_ep_l-\alpha(1-S_e)p_g\\\sigma_z=\lambda_S\dfrac{\partial u_r}{\partial r}+\lambda_S\dfrac{u_r}{r}+(\lambda_S+2G_S)\dfrac{\partial u_z}{\partial z}-\alpha S_ep_l-\alpha(1-S_e)p_g\end{cases}\tag{5.67}$$

$$\frac{\partial t\rho_s}{\rho_s}=\frac{1}{1-n}\left[(\alpha-n)\frac{\partial tp}{K_s}-(1-\alpha)\nabla\cdot\dot{\boldsymbol{u}}\right]\tag{5.68a}$$

$$\frac{\partial t\rho_l}{\rho_l}=\frac{1}{K_l}\partial tp_l\tag{5.68b}$$

$$\frac{\partial t\rho_g}{\rho_g}=\frac{1}{K_g}\partial t p_g \tag{5.68c}$$

连续性方程为：

$$\begin{cases}-\dot{p}_l=a_{11}\nabla\cdot\dot{\boldsymbol{u}}+a_{12}\nabla\cdot\dot{\boldsymbol{u}}^l+a_{13}\nabla\cdot\dot{\boldsymbol{u}}^g\\-\dot{p}_g=a_{21}\nabla\cdot\dot{\boldsymbol{u}}+a_{22}\nabla\cdot\dot{\boldsymbol{u}}^l+a_{23}\nabla\cdot\dot{\boldsymbol{u}}^g\end{cases} \tag{5.69}$$

将式（5.69）代入式（5.66b）、式（5.66c）并结合式（5.66a）得：

$$\begin{cases}L\dfrac{\partial e}{\partial r}+R\dfrac{\partial e^l}{\partial r}+T\dfrac{\partial e^g}{\partial r}=\rho_{11}\ddot{\boldsymbol{u}}+\rho_{22}\ddot{\boldsymbol{u}}^l+\rho_{33}\ddot{\boldsymbol{u}}^g\\a_{11}\dfrac{\partial e}{\partial r}+a_{12}\dfrac{\partial e^l}{\partial r}+a_{13}\dfrac{\partial e^g}{\partial r}=b_l\dot{\boldsymbol{u}}^l+m_l\ddot{\boldsymbol{u}}^l-b_l\dot{\boldsymbol{u}}\\a_{21}\dfrac{\partial e}{\partial r}+a_{22}\dfrac{\partial e^l}{\partial r}+a_{23}\dfrac{\partial e^g}{\partial r}=b_g\dot{\boldsymbol{u}}^g+m_g\ddot{\boldsymbol{u}}^g-b_g\dot{\boldsymbol{u}}\end{cases} \tag{5.70}$$

式中，

$$L=\lambda_S+G_S+(1-K/K_s)[a_{11}S_e+a_{21}(1-S_e)]$$
$$R=(1-K/K_s)[a_{12}S_e+a_{22}(1-S_e)]$$
$$T=(1-K/K_s)[a_{13}S_e+a_{23}(1-S_e)]$$

根据 Helmholtz 分解定理，将土骨架位移 $\boldsymbol{u}$、孔隙水位移 $\boldsymbol{u}^w$、孔隙气位移 $\boldsymbol{u}^a$ 分别用标量势和矢量势表示为：

$$\begin{cases}\boldsymbol{u}=\nabla\phi+\nabla\times\boldsymbol{\Phi}\\\boldsymbol{u}^w=\nabla\varphi+\nabla\times\boldsymbol{\Psi}\\\boldsymbol{u}^a=\nabla\chi+\nabla\times\boldsymbol{\Theta}\end{cases} \tag{5.71}$$

式中，ϕ、$\boldsymbol{\Phi}$ 分别为土骨架位移的标量势函数和矢量势函数；φ、$\boldsymbol{\Psi}$ 分别为孔隙水位移的标量势函数和矢量势函数；χ、$\boldsymbol{\Theta}$ 分别为孔隙气位移的标量势函数和矢量势函数。

将式（5.71）代入式（5.70）中，并对时间 t 做 Laplace 变换，可得：

$$\begin{bmatrix}L\nabla^2-\rho_{11}s^2 & R\nabla^2-\rho_{22}s^2 & T\nabla^2-\rho_{33}s^2\\a_{11}\nabla^2+\lambda_{l1}s^2 & a_{12}\nabla^2-\lambda_{l2}s^2 & a_{13}\nabla^2\\a_{21}\nabla^2+\lambda_{g1}s^2 & a_{22}\nabla^2 & a_{23}\nabla^2-\lambda_{g2}s^2\end{bmatrix}\begin{Bmatrix}\bar{\phi}\\\bar{\varphi}\\\bar{\chi}\end{Bmatrix}=0 \tag{5.72a}$$

$$\begin{bmatrix}\mu_s\nabla^2-\rho_{11}s^2 & -\rho_{22}s^2 & -\rho_{33}s^2\\\lambda_{l1}s^2 & -\lambda_{l2}s^2 & 0\\\lambda_{g1}s^2 & 0 & -\lambda_{g2}s^2\end{bmatrix}\begin{Bmatrix}\bar{\boldsymbol{\Phi}}\\\bar{\boldsymbol{\Psi}}\\\bar{\boldsymbol{\Theta}}\end{Bmatrix}=0 \tag{5.72b}$$

式中，∇^2是 Laplace 算子，上标“—”表示变量为频域中的量。

$$\lambda_{l1}=b_l/s,\lambda_{l2}=b_l/s+m_l$$
$$\lambda_{g1}=b_g/s,\lambda_{g1}=b_g/s+m_g$$

由式（5.72a）、式（5.72b）可得 Helmholtz 方程：

$$(\nabla^2-q_{pi}^2)\bar{\phi}_i=0(i=1,2,3) \tag{5.73a}$$

$$(\nabla^2-q_s^2)\bar{\boldsymbol{\Phi}}=0 \tag{5.73b}$$

$$q_s^2=\frac{1}{G_S}\left(\rho_{11}s^2+\frac{\lambda_{l1}}{\lambda_{l2}}\rho_{22}s^2+\frac{\lambda_{g1}}{\lambda_{g2}}\rho_{33}s^2\right) \tag{5.73c}$$

以上两式中，q_{p1}、q_{p2}、q_{p3}、q_s 分别表示非饱和土中三种纵波和横波的复波数，q_{p1}^2、

q_{p2}^2、q_{p3}^2是方程 $m_1x^3+m_2x^2+m_3x+m_4=0$ 的根，式中：

$m_1=(a_{12}a_{23}-a_{13}a_{22})L+(a_{13}a_{21}-a_{11}a_{23})R+(a_{11}a_{22}-a_{12}a_{21})T$

$m_2=s^2[(-a_{12}\lambda_{g2}-a_{23}\lambda_{l2})L+(a_{11}\lambda_{g2}+a_{13}\lambda_{g1}-a_{23}\lambda_{l1})R+(-a_{12}\lambda_{g1}+a_{21}\lambda_{l2}+a_{22}\lambda_{l1})T]$

$m_3=s^4[L\lambda_{g2}\lambda_{l2}+R\lambda_{g2}\lambda_{l1}+T\lambda_{g1}\lambda_{l2}+\rho_{11}(a_{12}\lambda_{g2}+a_{23}\lambda_{l2})+\rho_{22}(-a_{11}\lambda_{g2}-a_{13}\lambda_{g1}+a_{23}\lambda_{l1})$
$+\rho_{33}(-a_{12}\lambda_{g1}+a_{21}\lambda_{l2}+a_{22}\lambda_{l1})]$

$m_4=s^6(-\rho_{11}\lambda_{g2}\lambda_{l2}-\rho_{22}\lambda_{g2}\lambda_{l1}-\rho_{33}\lambda_{g1}\lambda_{l2})$

利用式（5.72）和式（5.73）整理后，各势函数在频域内的表达式为：

$$\bar{\phi}=\bar{\phi}_i,\bar{\varphi}=\upsilon_i\bar{\phi}_i,\bar{\chi}=\tau_i\bar{\phi}_i(i=1,2,3) \tag{5.74a}$$

$$\overline{\boldsymbol{\Psi}}=\upsilon_4\overline{\boldsymbol{\Phi}},\overline{\boldsymbol{\Theta}}=\tau_4\overline{\boldsymbol{\Phi}} \tag{5.74b}$$

式中

$$\upsilon_i=\frac{a_{13}q_{pi}^2(a_{21}q_{pi}^2+\lambda_{g1}s^2)-(a_{23}q_{pi}^2-\lambda_{g2}s^2)(a_{11}q_{pi}^2+\lambda_{l1}s^2)}{(a_{12}q_{pi}^2-\lambda_{l2}s^2)(a_{23}q_{pi}^2-\lambda_{l2}s^2)-a_{13}a_{22}q_{pi}^4}(i=1,2,3)$$

$$\tau_i=\frac{a_{22}q_{pi}^2(a_{11}q_{pi}^2+\lambda_{l1}s^2)-(a_{12}q_{pi}^2-\lambda_{l2}s^2)(a_{21}q_{pi}^2+\lambda_{g1}s^2)}{(a_{12}q_{pi}^2-\lambda_{l2}s^2)(a_{23}q_{pi}^2-\lambda_{g2}s^2)-a_{13}a_{22}q_{pi}^4}(i=1,2,3)$$

$$\upsilon_4=\frac{\lambda_{l1}}{\lambda_{l2}},\tau_4=\frac{\lambda_{g1}}{\lambda_{g2}}$$

同理，由于荷载为轴对称荷载，则：

$$(\nabla^2-q_s^2)\overline{\Phi}=0$$

$$\bar{\psi}=\upsilon_4\overline{\Phi},\overline{\Theta}=\tau_4\overline{\Phi}$$

此时，柱坐标下频域内土骨架、孔隙水及孔隙气的位移可表示为：

$$\bar{u}_r=\frac{\partial\bar{\phi}_1}{\partial r}+\frac{\partial\bar{\phi}_2}{\partial r}+\frac{\partial\bar{\phi}_3}{\partial r}+\frac{\partial^2\overline{\Phi}}{\partial r\partial z},\bar{u}_z=\frac{\partial\bar{\phi}_1}{\partial z}+\frac{\partial\bar{\phi}_2}{\partial z}+\frac{\partial\bar{\phi}_3}{\partial z}-\frac{1}{r}\frac{\partial(r\overline{\Phi})}{\partial r}$$

$$\bar{u}_r^1=\frac{\partial\bar{\varphi}}{\partial r}+\frac{\partial^2\bar{\psi}}{\partial r\partial z},\bar{u}_z^1=\frac{\partial\bar{\varphi}}{\partial z}-\frac{1}{r}\frac{\partial(r\bar{\psi})}{\partial r}$$

$$\bar{u}_r^g=\frac{\partial\bar{\chi}}{\partial r}+\frac{\partial^2\overline{\Theta}}{\partial r\partial z},\bar{u}_z^g=\frac{\partial\bar{\chi}}{\partial z}-\frac{1}{r}\frac{\partial(r\overline{\Theta})}{\partial r} \tag{5.75}$$

将式（5.73a）及式（5.75）进行关于坐标 z 的 Fourier 变换，可得：

$$r^2\tilde{\bar{\phi}}_i''+r\tilde{\bar{\phi}}_i'-(\xi^2+q_{pi}^2)r^2\tilde{\bar{\phi}}_i=0(i=1,2,3) \tag{5.76a}$$

$$r^2\tilde{\overline{\Phi}}''+r\tilde{\overline{\Phi}}'-(\xi^2+q_s^2)r^2\tilde{\overline{\Phi}}=0 \tag{5.76b}$$

式中，“$'$”为对 r 求一阶偏导，“$''$”为对 r 求二阶偏导。

以上 Bessel 方程的解为：

$$\tilde{\bar{\phi}}_i=E_iI_0(\vartheta_ir)+F_iK_0(\vartheta_ir)(i=1,2,3) \tag{5.77a}$$

$$\tilde{\overline{\Phi}}=E_4I_0(\delta r)+F_4K_0(\delta r) \tag{5.77b}$$

式中，I_0、K_0 分别是第一、二类 0 阶修正贝塞尔函数；E_1、E_2、E_3、E_4、F_1、F_2、F_3、F_4 为待定系数，由模型边界条件决定。

式中，

$$\vartheta_1^2=\xi^2+q_{p1}^2,\vartheta_2^2=\xi^2+q_{p2}^2,\vartheta_3^2=\xi^2+q_{p3}^2,\delta^2=\xi^2+q_s^2$$

考虑到动态响应随径向距离衰减，势函数的解中不应出现随自变量单调增加的第一类修正贝塞尔函数，因此式（5.77）简化为：

$$\tilde{\tilde{\phi}}_i = F_i K_0(\vartheta_i r)(i=1,2,3) \tag{5.78a}$$

$$\delta^2 = \xi^2 + q_s^2 \tag{5.78b}$$

综上，瞬态轴对称荷载作用下非饱和土体瞬态响应的通解为：

$$\tilde{\tilde{\boldsymbol{u}}} = \begin{Bmatrix} \tilde{\tilde{u}}_r \\ \tilde{\tilde{u}}_z \\ \tilde{\tilde{u}}_r^1 \\ \tilde{\tilde{u}}_z^1 \\ \tilde{\tilde{u}}_r^g \\ \tilde{\tilde{u}}_z^g \end{Bmatrix} = \boldsymbol{U} \cdot \boldsymbol{F} \tag{5.79a}$$

$$\tilde{\tilde{\boldsymbol{\sigma}}} = \begin{Bmatrix} \tilde{\tilde{\boldsymbol{\sigma}}}_r \\ \tilde{\tilde{\boldsymbol{\sigma}}}_\theta \\ \tilde{\tilde{\boldsymbol{\sigma}}}_z \\ \tilde{\tilde{\tau}}_z \\ \tilde{\tilde{p}}_1 \\ \tilde{\tilde{p}}_g \end{Bmatrix} = \boldsymbol{T} \cdot \boldsymbol{F} \tag{5.79b}$$

式中，$\boldsymbol{F} = \{F_1 \quad F_2 \quad F_3 \quad F_4\}^T$，$\boldsymbol{U}$ 和 $\boldsymbol{T}$ 均为 6×4 的矩阵，矩阵 $\boldsymbol{U}$ 和 $\boldsymbol{T}$ 中各元素表达式如下。

$\boldsymbol{U}_{6\times4}$ 中各元素：

$$u_{11} = -\vartheta_1 K_1(\vartheta_1 r), u_{12} = -\vartheta_2 K_1(\vartheta_2 r), u_{13} = -\vartheta_3 K_1(\vartheta_3 r), u_{14} = -i\xi\delta K_1(\delta r)$$

$$u_{21} = i\xi K_0(\vartheta_1 r), u_{22} = i\xi K_0(\vartheta_2 r), u_{23} = i\xi K_0(\vartheta_3 r), u_{24} = \delta K_1(\delta r) - K_0(\delta r)/r$$

$$u_{31} = -\upsilon_1\vartheta_1 K_1(\vartheta_1 r), u_{32} = -\upsilon_2\vartheta_2 K_1(\vartheta_2 r), u_{33} = -\upsilon_3\vartheta_3 K_1(\vartheta_3 r), u_{34} = -\upsilon_4 i\xi\delta K_1(\delta r)$$

$$u_{41} = \upsilon_1 i\xi K_0(\vartheta_1 r), u_{42} = \upsilon_2 i\xi K_0(\vartheta_2 r)$$

$$u_{43} = \upsilon_3 i\xi K_0(\vartheta_3 r), u_{44} = \upsilon_4\delta K_1(\delta r) - \upsilon_4 K_0(\delta r)/r$$

$$u_{51} = -\tau_1\vartheta_1 K_1(\vartheta_1 r), u_{52} = -\tau_2\vartheta_2 K_1(\vartheta_2 r), u_{53} = -\tau_3\vartheta_3 K_1(\vartheta_3 r), u_{54} = -\tau_4 i\xi\delta K_1(\delta r)$$

$$u_{61} = \upsilon_1 i\xi K_0(\vartheta_1 r), u_{62} = \upsilon_2 i\xi K_0(\vartheta_2 r), u_{63} = \upsilon_3 i\xi K_0(\vartheta_3 r)$$

$$u_{64} = \upsilon_4\delta K_1(\delta r) - \upsilon_4 K_0(\delta r)/r$$

$\boldsymbol{T}_{6\times4}$ 中各元素：

$$t_{11} = [q_{p1}^2(c_1 + c_2\upsilon_1 + c_3\tau_1) + 2G_S\vartheta_1^2]K_0(\vartheta_1 r) + 2G_S\vartheta_1 K_1(\vartheta_1 r)/r$$

$$t_{12} = [q_{p2}^2(c_1 + c_2\upsilon_2 + c_3\tau_2) + 2G_S\vartheta_2^2]K_0(\vartheta_2 r) + 2G_S\vartheta_2 K_1(\vartheta_2 r)/r$$

$$t_{13} = [q_{p3}^2(c_1 + c_2\upsilon_3 + c_3\tau_3) + 2G_S\vartheta_3^2]K_0(\vartheta_3 r) + 2G_S\vartheta_3 K_1(\vartheta_3 r)/r$$

$$t_{14} = -[(c_1 + c_2\upsilon_4 + c_3\tau_4) + 2G_S]i\xi\delta^2 K_0(\delta r) - (c_1 + c_2\upsilon_4 + c_3\tau_4)i\xi K_0(\delta r)/r$$
$$+ (c_1 + c_2\upsilon_4 + c_3\tau_4)i\xi\delta K_1(\delta r) + 2G_S i\xi\delta K_1(\delta r)/r$$

$$t_{21} = [q_{p1}^2(c_1 + c_2\upsilon_1 + c_3\tau_1) + 2G_S\vartheta_1^2]K_0(\vartheta_1 r) - 2G_S\vartheta_1 K_1(\vartheta_1 r)/r$$

$$t_{22}=[q_{p2}^2(c_1+c_2\upsilon_2+c_3\tau_2)+2G_S\vartheta_2^2]K_0(\vartheta_2 r)-2G_S\vartheta_2K_1(\vartheta_2 r)/r$$

$$t_{23}=[q_{p3}^2(c_1+c_2\upsilon_3+c_3\tau_3)+2G_S\vartheta_3^2]K_0(\vartheta_3 r)-2G_S\vartheta_3K_1(\vartheta_3 r)/r$$

$$t_{24}=-(c_1+c_2\upsilon_i+c_3\tau_i)i\xi\delta^2K_0(\delta r)-(c_1+c_2\upsilon_i+c_3\tau_i)i\xi K_0(\delta r)/r$$
$$+(c_1+c_2\upsilon_i+c_3\tau_i)i\xi\delta K_1(\delta r)-2G_Si\xi\delta K_1(\delta r)/r$$

$$t_{31}=[q_{p1}^2(c_1+c_2\upsilon_1+c_3\tau_1)-2G_S\xi^2]K_0(\vartheta_1 r)$$

$$t_{32}=[q_{p2}^2(c_1+c_2\upsilon_2+c_3\tau_2)-2G_S\xi^2]K_0(\vartheta_2 r)$$

$$t_{33}=[q_{p3}^2(c_1+c_2\upsilon_3+c_3\tau_3)-2G_S\xi^2]K_0(\vartheta_3 r)$$

$$t_{34}=-(c_1+c_2\upsilon_i+c_3\tau_i)i\xi\delta^2K_0(\delta r)-[(c_1+c_2\upsilon_i+c_3\tau_i)+2G_S]i\xi K_0(\delta r)/r$$
$$+[(c_1+c_2\upsilon_i+c_3\tau_i)+2G_S]i\xi\delta K_1(\delta r)$$

$$t_{41}=q_{p1}^2[\alpha S_e(a_{11}+a_{12}\upsilon_1+a_{13}\tau_1)+\alpha(1-S_e)(a_{21}+a_{22}\upsilon_1+a_{23}\tau_1)]K_0(\vartheta_1 r)$$

$$t_{42}=q_{p2}^2[\alpha S_e(a_{11}+a_{12}\upsilon_2+a_{13}\tau_2)+\alpha(1-S_e)(a_{21}+a_{22}\upsilon_2+a_{23}\tau_2)]K_0(\vartheta_2 r)$$

$$t_{43}=q_{p3}^2[\alpha S_e(a_{11}+a_{12}\upsilon_3+a_{13}\tau_3)+\alpha(1-S_e)(a_{21}+a_{22}\upsilon_3+a_{23}\tau_3)]K_0(\vartheta_3 r)$$

$$t_{44}=-[G_S+\alpha S_e(a_{11}+a_{12}\upsilon_4+a_{13}\tau_4)i\xi+\alpha(1-S_e)(a_{21}+a_{22}\upsilon_4+a_{23}\tau_4)i\xi]\delta^2K_0(\vartheta_0 r)$$
$$+[G_S\xi+\alpha S_e(a_{11}+a_{12}\upsilon_4+a_{13}\tau_4)i+\alpha(1-S_e)(a_{21}+a_{22}\upsilon_4+a_{23}\tau_4)i]\xi\delta K_1(\delta r)$$
$$-[\alpha S_e(a_{11}+a_{12}\upsilon_4+a_{13}\tau_4)+\alpha(1-S_e)(a_{21}+a_{22}\upsilon_4+a_{23}\tau_4)]i\xi K_0(\delta r)/r$$

$$t_{51}=-K_0(\vartheta_1 r)q_{p1}^2(a_{11}+a_{12}\upsilon_1+a_{13}\tau_1)$$

$$t_{52}=-K_0(\vartheta_2 r)q_{p2}^2(a_{11}+a_{12}\upsilon_2+a_{13}\tau_2)$$

$$t_{53}=-K_0(\vartheta_3 r)q_{p3}^2(a_{11}+a_{12}\upsilon_3+a_{13}\tau_3)$$

$$t_{54}=-(a_{11}+a_{12}\upsilon_4+a_{13}\tau_4)[i\xi\delta K_1(\delta r)-i\xi\delta^2K_0(\delta r)-i\xi K_0(\delta r)/r]$$

$$t_{61}=-K_0(\vartheta_1 r)q_{p1}^2(a_{21}+a_{22}\upsilon_1+a_{23}\tau_1)$$

$$t_{62}=-K_0(\vartheta_2 r)q_{p2}^2(a_{21}+a_{22}\upsilon_2+a_{23}\tau_2)$$

$$t_{63}=-K_0(\vartheta_3 r)q_{p3}^2(a_{21}+a_{22}\upsilon_3+a_{23}\tau_3)$$

$$t_{64}=-(a_{21}+a_{22}\upsilon_4+a_{23}\tau_4)[i\xi\delta K_1(\delta r)-i\xi\delta^2K_0(\delta r)-i\xi K_0(\delta r)/r]$$

式中，$c_1=\lambda_s+\alpha S_e a_{11}+\alpha(1-S_e)a_{21}$；$c_2=\alpha S_e a_{12}+\alpha(1-S_e)a_{22}$；$c_3=\alpha S_e a_{13}+\alpha(1-S_e)a_{23}$。

5.4 小结

（1）非饱和土是由固相、液相和气相三相耦合所组成的土，与弹性介质和饱和土不同的是，气相的存在使非饱和土的性质更加复杂。考虑土颗粒、孔隙流体的压缩性以及各相物质间的黏性，采用 Bishop 有效应力公式和毛管压力函数的 V-G 模型，Vardoulakis 建立了非饱和土波动理论。

（2）对非饱和孔隙介质的波动方程解耦求解，得出了非饱和弹性多孔介质中体波的传播特性，以及四种体波的传播速度和衰减系数。可以发现，在非饱和弹性多孔介质中存在三种压缩波（P_1 波、P_2 波、P_3 波）和一种剪切波 S 波。其中传播速度 P_1 波$>P_2$ 波$>P_3$ 波。

（3）根据多孔介质混合物理论和连续介质力学理论，分别给出极坐标和柱坐标系下非饱和土的控制方程及求解过程，可为解决轴对称土动力学问题提供研究思路和方法。

习题

5.1　若将习题 4.1 隧道周围介质视为非饱和土，试推求如图 1.3 所示的 4 种超压作用下衬砌及周围非饱和介质的动力响应。

5.2　同习题 4.2，假设隧道周围介质为非饱和土，饱和度为 70%，试计算非饱和土体在接触面处的动力响应。

参考文献

[1] WHITE J E. Computed Seismic speeds and attenuation in rocks with partially gas saturation [J]. Geophysics，1975，40：224-232.

[2] BERRYMAN J G. Bulk elastic wave propagation in partially saturated porous solids [J]. Journal of Acoustics of Society of American，1988，84：360-373.

[3] VARDOULAKIS I，BESKOS D E. Dynamic behavior of nearly saturated porous media [J]. Mechanics of Materials，1986，5：87-108.

[4] 刘艳，赵成刚，蔡国庆，等. 非饱和土力学理论的研究进展 [J]. 力学与实践，2015，37 (4)，457-465.

[5] 张引科. 非饱和土混合物理论及其应用 [D]. 西安：西安建筑科技大学，2002.

[6] 陈炜昀. 非饱和弹性多孔介质中体波与表面波的传播特性研究 [D]. 杭州：浙江大学，2014.

[7] 舒进辉，马强，周凤玺，等. 非饱和土地基中 P_1 波通过波阻板的传播特性研究 [J]. 岩土力学，2022，43 (4)：12.

[8] 陈炜昀，夏唐代，陈伟，等. 平面 P 波在弹性介质和非饱和多孔弹性介质分界面上的传播 [J]. 应用数学和力学，2012，33 (7)：781-795.

[9] 陈炜昀，夏唐代，刘志军，等. 平面 S 波在非饱和土自由边界上的反射问题研究 [J]. 振动与冲击，2013，32 (1)：99-103.

[10] 陈炜昀，夏唐代，王宁，等. 不同饱和度土层分界面上剪切波的反射与透射 [J]. 岩土力学，2013，34 (3)：894-900.

[11] 柳鸿博，周凤玺. 非饱和土中剪切 S 波的传播特性分析 [J]. 地震工程学报，2022，42 (4)：960-966.

[12] MURALEETHARAN K K，WEI C. Dynamic behaviour of unsaturated porous media：governing equations using the theory of mixtures with interfaces (TMI) [J]. International Journal for Numerical and Analytical Methods in Geomechanics，1999，23 (13)：1579-1608.

[13] LU J F，HANYGA A. Linear dynamic model for porous media saturated by two immiscible fluids [J]. International Journal of Solids and Structures，2005，42 (9/10)：2689-2709.

[14] CHEN W Y，XIA T D，HU W T. A mixture theory analysis for the surface-wave propagation in an unsaturated porous medium [J]. International Journal of Solids and Structures，2011，48 (16 / 17)：2402-2412.

[15] LU J F，HANYGA A. Linear dynamic model for porous media saturated by two immiscible fluids [J]. International Journal of Solids and Structures，2005，42 (9)：2689-2709.

[16] BROOKS R H，COREY A T. Hydraulic property of porous media [R]. Hydraulic Paper No. 3，Fort Collins：Colorado State University，1964：3-27.

[17] LO W C，SPOSITO G，MAJER E. Wave propagation through elastic porous media containing two immiscible fluids [J]. Water Resources Research，2005，41 (2)：1-20.

[18] 蔡袁强，李保忠，徐长节. 两种不混溶流体饱和岩石中弹性波的传播 [J]. 岩石力学与工程学报，2006，25 (10)：2009-2016.

[19] 徐长节，史焱永. 非饱和土中波的传播特性 [J]. 岩土力学，2004 (3)：354-358.

[20] 王海萍. 内源爆炸荷载作用下非饱和土中圆形衬砌隧道上的动力反应研究 [D]. 青岛：山东科技大学，2022.

[21] WEN M，XU J，XIONG H. Thermo-hydro-mechanical dynamic response of a cylindrical lined tunnel in a poroelastic medium with fractional thermoelastic theory [J]. Soil Dynamics and Earthquake Engineering，2020，130：105960.

[22] 吴传侠，张敏，杨骁. 轴对称爆炸载荷作用下深埋圆形隧洞的准饱和土动力响应 [J]. 上海大学学报（自然科学版），2015，21 (5)：617-630.

[23] 章根德. 固体-流体混合物连续介质理论及其在工程上的应用 [J]. 力学进展，1993，23 (1)：58-68.

[24] GENUCHTEN V，TH M. A closed-form equation for predicting the hydraulic conductivity of unsaturated soils [J]. Soil Science Society of America Journal，1980，44 (5)：892-898.

[25] MUALEM Y. A new model for predicting the hydraulic conductivity of unsaturated porous media [J]. Water Resources Research，1976，12 (3)：513-522.

[26] LU N，LIKOS W J. Suction stress characteristic curve for unsaturated soil [J]. Journal of Geotechnical and Geoenvironmental Engineering，2006，132 (2)：131-142.

[27] LU N，GODT J W，WU D T. A closed-form equation for effective stress in unsaturated soil [J]. Water Resources Research，2010，46 (5)：567-573.

[28] DURBIN F. Numerical inversion of Laplace transforms：an efficient improvement to Dubner and Abate's method [J]. The Computer Journal，1974，17 (4)：371-376.

[29] 徐明江，魏德敏，何春保. 层状非饱和土地基的轴对称稳态动力响应 [J]. 岩土力学，2011，32 (4)：7.

[30] SENJUNTICHAI T，RAJAPAKSE R. Transient response of a circular cavity in a poroelastic medium [J]. International Journal for Numerical and Analytical Methods in Geomechanics，1993，17 (6)：357-383.

第6章 土的动力特性试验

6.1 概述

为获得土在动荷载作用下变形、强度发展的规律以及表征这些特性的基本指标，往往需要通过室内或现场的动力测试来获取。土的动力特性试验首先要制定合理的试验方案，根据试验要求制备试样，然后施加一定形式和不同强度的动荷载，测出不同动荷载作用下试样的动应力、动应变和动孔压时程曲线。最后根据这三类基本的时程曲线及其对应的关系来探究土的动力特性以及有关指标的变化规律，从而做出定性和定量的判断。因此，土的动力特性试验一般包括方案制定、试样制备、荷载施加、量测以及成果整理等环节。

本章主要介绍典型的土的动力特性测试方法，包括动三轴试验、动单剪试验、扭剪试验、共振柱试验、振动台试验、离心机模型试验及波速试验等。

6.2 动三轴试验

动三轴试验是利用与静三轴试验相似的轴向应力条件，对试样施加模拟的动主应力，测得试样在动荷载作用下的动态反应，主要是动应力与相应的动应变以及孔隙水压力之间的关系，根据这些关系推求动弹性参数、黏弹性参数以及模拟砂土的振动液化等。编者以DDS-70 动三轴试验系统为例，详细描述动三轴试验操作过程及原理，并对非饱和砂土的动三轴试验进行相关介绍。

6.2.1 试验类型

1. 按照加载方式分类

按照动荷载的加载方式，可分为电-气式、气压式、液压式和机电式四大类。

(1) 电-气式

该仪器一般只用于进行应力控制式动力试验，其固结静应力和激振动应力分别由两套相互独立的系统控制。固结静应力依靠传统静三轴仪的空气压缩机、调压阀和压力表实施，而激振动应力由串联在加压活塞上的电磁激振器实施，数据监测系统独立于动力系统。

(2) 气压式

该仪器可做应力控制动力试验，但不能做变形控制试验，可采用各种周期谐波激振，也可用用户自定义的激振，能够实现静压动荷和数据采集的统一，即利用数字控制的气动伺服阀来提供轴向静动荷载、围压和反压。

（3）液压式

该仪器可做静、动应力路径的三轴试验，高压和低压的三轴试验，主要由主体部分（液压源、电液伺服阀和液压缸）和三轴压力室组成。根据设计上的试验程序和实时采集的试验数据可对其进行闭环自动控制。

（4）机电式

该仪器能完成各种静、动应力路径的应力控制和变形控制的三轴试验，也可实现用户自定义路径的静三轴和自定义波形的动力试验。与液压式三轴仪相同，它也是闭环自控的，具有较高的体积测试精度。

2. 按照试验方法分类

尽管激振方式不同，但动三轴仪的工作原理和结构基本类似。按其试验方法的不同又可分为单向激振式和双向激振式两种。

（1）单向激振式

单向激振三轴试验又称常侧压动三轴试验，试验中，保持水平轴向应力不变，而周期性地改变竖向轴压的大小，使土样所受的大主应力（轴向）循环变化，进而在土体内部产生循环变化的正应力和剪应力。

试验围压 σ_c 的设定是根据土体所受的实际应力状态得到的，如模拟天然应力状态时，采用平均应力；模拟地震作用时，采用计算得到的土体可能承受的动应力 σ_d。需要注意的是，动荷载是以半波峰幅值的形式施加于试样上的，每一循环荷载下试样所受的应力如图 6.1 所示。由图 6.1 可知，在施加循环动荷载 σ_d 后，试样在其 45°斜面上将产生 $\sigma_0 \pm \sigma_d/2$ 的正应力和幅值为 $\sigma_d/2$ 的循环动剪应力。在模拟土样受较小约束压力 σ_c 而受较大轴向动应力 σ_d 时的强度或液化特性试验中，会出现 $\sigma_c - \sigma_d < 0$ 的情况，表示此时试样承受张力（负压力）。而在实际情况中，一方面要求试样的两端能及时、自由地排水，另一方面又要求与试样上帽、活塞杆与底座刚性地连接在一起以传递拉力，这是很难实现的。因此，用单向激振三轴仪无法进行较大应力比（σ_1/σ_3）下的液化试验。

（2）双向激振式

此种仪器又称变侧压动三轴试验仪，是针对单向激振三轴仪的不足之处而设计的，其试验应力状态如图 6.2 所示。初始应力状态仍是以还原试样的天然应力状态为准则，然后在施加动荷载时，控制竖向轴向应力与水平轴向应力同时变化，相位差保持 180°施加幅值为 $\sigma_d/2$ 的水平及竖向动荷载后，试样将在 45°斜面上产生维持不变的正应力 σ_c 和正负交替的动剪应力 $\sigma_d/2$，从而能够模拟单向激振三轴仪所不能模拟的地震作用下的土层液化问题。

6.2.2 试验条件

土的特性、动荷载条件、应力状态和排水条件直接影响土的动力特性指标，下面分别介绍上述 4 个因素对土的动力特性指标的影响。

1. 土的特性

土的特性主要指所研究土体的粒度、含水量、密实度和结构。对于原状土试样，只需注意不使其在制样过程中受到扰动即可；对于制备的扰动土样，则主要是含水量和密实度；对于饱和砂土，主要是密实度，即按砂土在地基内的实际密实度或砂土在坝体内的填筑密实度来控制。当没有直接实测的密实资料时，可以根据野外标准贯入试验来确定试样的密实度。在粒度、含水量和密实度相同情况下，不同的试样制备方法引起土结构的不同，对土动力特性的试验结果有极大影响。因此，对于重要工程，必须采用未扰动的原状土试样进行土动力试验。

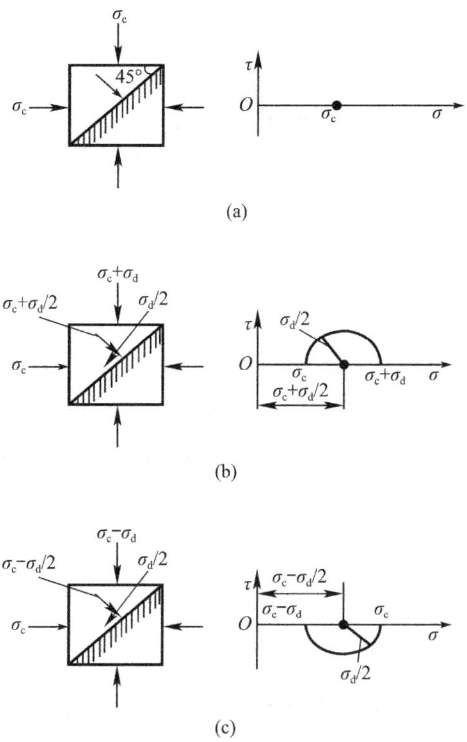

图 6.1 单向激振三轴试验应力状态

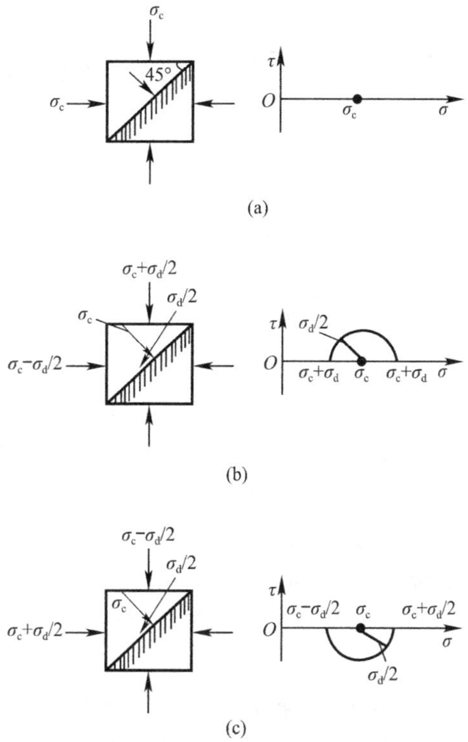

图 6.2 双向激振三轴试验应力状态

2. 动荷载条件

动荷载条件主要模拟动力作用的波形、方向、频谱特性和持续时间。模拟地震动作用时，可采用 Seed 等（1971）的方法将随机的地震动作用用一种等效的简谐波代替，简谐波的剪应力幅值取 $\tau_0=0.65\tau_{max}$（τ_{max}为往返地震剪应力的最大幅值），简谐波的等效循环数 N_e 由模拟的地震震级确定，如震级为 6.5 级、7 级、7.5 级、8 级时，分别取 8 次、12 次、20 次和 30 次，频率为 1～2Hz，地震方向按水平剪切波考虑。这是目前动三轴试验中最常用的方法，但在研究一般关于土的动力特性时，仍然需要控制试样在不同固结应力比下进行动力试验。尤其值得注意的是，不规则波的不同波形（冲击型波、振动型波等）仍然是一个值得注意的影响因素。研究表明，波形和波序对于土的动力特性参数有着不可忽视的影响。此外，单向激振与双向激振及其不同激振动应力强度的组合，也是土动力特性研究中具有重要意义的方面，目前这方面的工作较少。同时动力作用引起主应力轴旋转的影响问题，也应受到研究者的重视。

3. 应力状态

应力状态主要模拟土在静、动条件下实际所处的应力状态。在动三轴试验中，常用 σ_1

和 σ_3 及其变化来表示，地震前的固结应力用 σ_{1c} 和 σ_{3c} 来表示，地震时的应力用 σ_{1e} 和 σ_{3e} 来表示。以下分析两种情况。

（1）水平场地情况

水平场地的情况如图 6.3(a) 所示，由于地震作用以水平剪切波向上传播，故在任一深度 z 的水平面上，地震前作用的应力为 $\sigma_c=\sigma_0=\gamma z$，$\tau_c=0$；地震时作用的应力为 $\sigma_c=\sigma_0$，$\tau_e=\pm\tau_d$。如前所述，这种应力状态在三轴试验中可以用各向同性固结时 45°面上的应力来模拟，即当 $\sigma_{1c}=\sigma_{3c}=\sigma_0$ 时，45°面上的法向应力 $\sigma_c=\sigma_0$，切向应力 $\tau_c=0$。施加动荷载后，$\sigma_{1e}=\sigma_{1c}\pm\sigma_d/2$，$\sigma_{3e}=\sigma_{3c}\mp\sigma_d/2$，45°面上的法向应力 $\sigma_e=\sigma_0$，$\tau_e=\tau_d=\pm\sigma_d/2$，可以模拟地震作用。这种应力状态可以直接从双向激振动三轴试验中获得，在某些情况下，亦可利用单向激振三轴仪，代之以等效的外加应力状态。

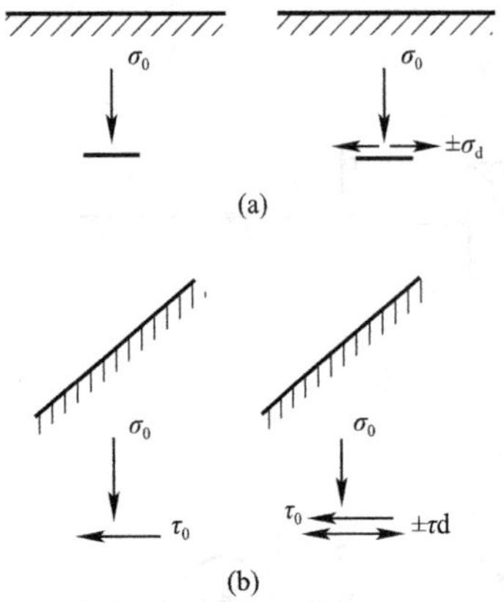

图 6.3　实际地基的应力条件

（2）倾斜场地情况

倾斜场地的情况如图 6.3(b) 所示，在地面上任一深度 z 的水平面上，地震前作用的应力为 $\sigma_c=\sigma_0=\gamma z$，$\tau_c=\tau_0$；地震时作用的应力为 $\sigma_c=\sigma_0$，$\tau_c=\tau_0\pm\tau_d$。这种应力状态在三轴试验中应以偏压固结时在 45°面上的应力变化来模拟。

动荷施加前：$\sigma_{1c}>\sigma_{3c}$，此时 $\sigma_c=\sigma_0=(\sigma_{1c}+\sigma_{3c})/2$，$\tau_c=\tau_0=(\sigma_{1c}-\sigma_{3c})/2$；

动荷施加后：$\sigma_{1e}=\sigma_{1c}\pm\sigma_d/2$，$\sigma_{3e}=\sigma_{3c}\mp\sigma_d/2$，此时 $\sigma_e=\sigma_0$，$\tau_e=\tau_0\pm\sigma_d/2$。

这种应力状态容易用双向激振的三轴仪来实现。

4. 排水条件

排水条件主要模拟土的不同排水边界对地震作用下孔隙水压力发展实际速率的影响。试验中排水条件的控制方法是在孔压管路上安装一个允许部分排水的砂管，通过改变砂管长度和砂土渗透系数，实现排水情况的改变。不过，考虑到地震作用的短暂性和试验成果应用上的安全性，目前的动三轴试验仍多在不排水条件下进行。

6.2.3　试验操作过程

1. 准备工作

在试验之前，应仔细检查动三轴仪的各个部分，连好电缆、管路，确认动三轴试验系统完全正常后打开电源。图 6.4 为动三轴仪器管路连接图。

2. 安装试样

（1）试样制作按照上述制样方法，在仪器上制样，固化试样按照一定方法制样。

（2）拆下荷重传感器电缆的航空插头和装在压力室固定上盖的快速接头，并取下压力室罩；接着检查管路是否存在气泡，如有发现气泡，应将气泡排除，方法是通过相应阀门对有气泡的管路施加压力。

（3）确认管路中无气泡后，即可开始进行试样的安装。按《土工试验方法标准》GB/T 50123—2019 操作，将试样装在压力室上下活塞之间。装好试样之后，调上活塞导向螺母，使上活塞盖与荷重传感器刚刚接触。调支承板，使试样上平面与上活塞下平面刚好接触（若在仪器上制备试样，应按与拆下时相反的操作先装上压力室活动上盖），捆好乳胶膜，并将压力室罩拧紧。在压力室罩的安装过程中，应注意确保密封性，如果密封性差将会导致试验失败。

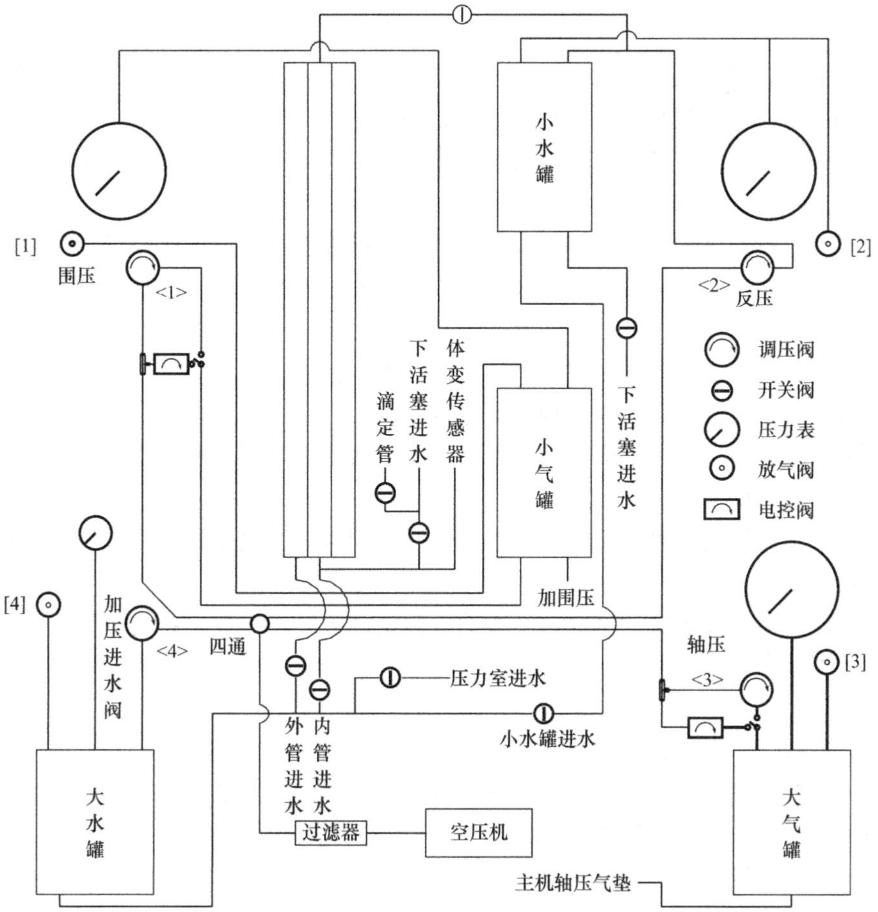

图 6.4　动三轴仪器管路连接图

（4）当压力室罩安装完成之后，即可将压力管道连接到激振器上部的接头处，通过压力管道可以进行围压的施加。同时将电器控制柜的数据线连接到激振器上部的阀门处，通过数据线可以将激振过程中所产生的数据传输到计算机上。

3. 系统调零

在完成上述工作之后，即可打开计算机，进入软件系统，并点击试验菜单下的系统调零菜单，界面上显示出轴力、围压、孔压和轴向位移等数值。通过一边观察界面上所显示的数值，一边缓慢旋转电器控制柜上的调零器即可使显示器屏幕上相应的示值为零（或接近零）。

4. 试样饱和和固结

（1）压力室进水：打开进水阀门，并向压力室充水至超过试样上平面。

（2）加围压：在软件系统的围压输入框内输入欲施加的围压值，然后点击开始，围压将在较短时间达到设定值。

(3) 试样饱和：试样的饱和采用 CO_2 饱和与反压饱和相结合的方式，直至饱和度 $B=\Delta u/\Delta\sigma_3>0.98$ 时完成饱和过程，可通过软件界面上所显示的饱和度进行确认。达到饱和所需施加的反压值可由下式估算：

$$u_0 = u_a\left[\frac{100-(1-h)S_0}{100-(1-h)S_f}-1\right] \tag{6.1}$$

式中，u_0 为所需施加的反压力（kPa）；u_a 为大气压力；h 为亨利系数（即空气溶解系数，20℃时为 0.02）；S_0 为初始饱和度（%）；S_f 为最后饱和度（%）。

(4) 施加轴压：在软件系统的轴压输入框内输入需要的轴压数值，然后点击开始，此时轴压将在较短的时间内达到设定值。

(5) 固结排水：在围压和轴压施加完成后，将体变量管内管液面调至与试样中间同高记录示值，打开排水阀进行试样的固结。固结完成的标准为体变值在 1h 内变化少于 1mL。

5. 振动试验

固结完成后即可进行三轴振动试验，其具体的步骤为：

(1) 再次对测量系统的轴向位移和轴向力进行调零。

(2) 连续按三次电器控制柜上的“开”键，并将激振器室内的下活塞支撑板向左右分开，以免影响振动线圈移动。

(3) 在试验菜单中根据屏幕提示定义波形、选择试验类型、设定试验参数，并将增益开关顺时针旋转至最大。

(4) 点击确定，即可开始振动试验。当振动试验完成之后，软件中将自动保存试验过程中所产生的数据。

6. 试验结束

当振动试验完成之后，按以下步骤操作：

(1) 振动停止时将增益开关逆时针旋转至关闭状态，并连续按三次电器控制柜上的“关”键。并将活塞托板合上，托住下活塞。

(2) 在系统中的轴压输入框内输入数值零，点击确定卸去轴压；打开压力室的进水阀门，这样压力室内的水在围压作用下可较快排除。水排除之后，在软件系统中的围压输入框内输入数值零，点击确定卸去围压。

(3) 再按一次“关”键将电器控制柜的电源切断。

(4) 将压力室上的荷载传感器电缆的航空插头和压力管道拆下，确认压力室内无压力后将压力室罩拆下，并倒置在干净平稳的平面上。

(5) 取出试验后的样品，按照要求清洗各有关部分。

6.3 非饱和砂土的动三轴试验

6.3.1 基质吸力

非饱和土性态复杂，在土体三相外，常通过将收缩膜（水-气分界面）作为第四相来描述非饱和土的性状。在饱和土中，孔隙气压力 u_a 与孔隙水压力 u_w 相近，u_a-u_w 趋近于 0。而在非饱和土中，孔隙气压 u_a 与孔隙水压 u_w 往往不相等，并且 $u_a>u_w$，收缩膜承受的孔隙气压大于孔隙水压。通常将孔隙气压与孔隙水压的差值称为基质吸力。基质吸力是描述非饱和土力学性质的重要参数。以基质吸力为横轴，含水率为纵轴，可绘制土-水特征曲线如图 6.5 所示，土-水特征曲线是描述非饱和土基质吸力的重要指标。

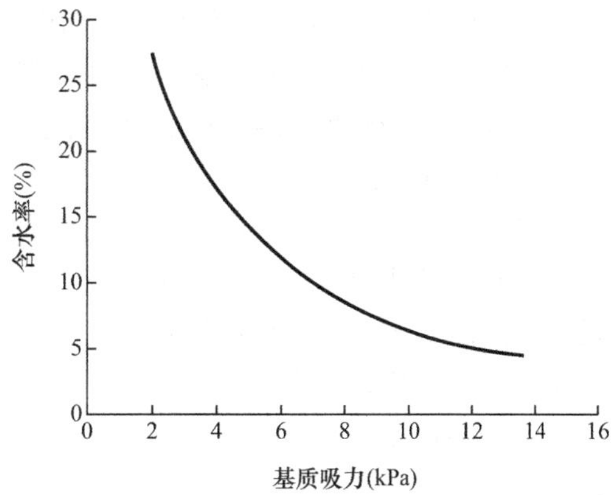

图 6.5　土-水特征曲线

6.3.2　非饱和砂土试验方法

（1）基质吸力量测

基质吸力需知孔隙气压及孔隙水压，其中孔隙气压通常等于现场的大气压力，孔隙水压则有直接量测法（高进气值陶瓷板、张力计法、轴平移技术）和间接量测法（热传导传感器法）。

① 高进气值陶瓷板法

高进气值陶瓷板上具有许多均匀的小孔，能起到阻隔空气与水的作用（图 6.6）。陶瓷板用高岭土煅烧而成，将陶瓷板充水饱和后，通过收缩膜的阻隔，即可阻挡空气通过陶瓷板。

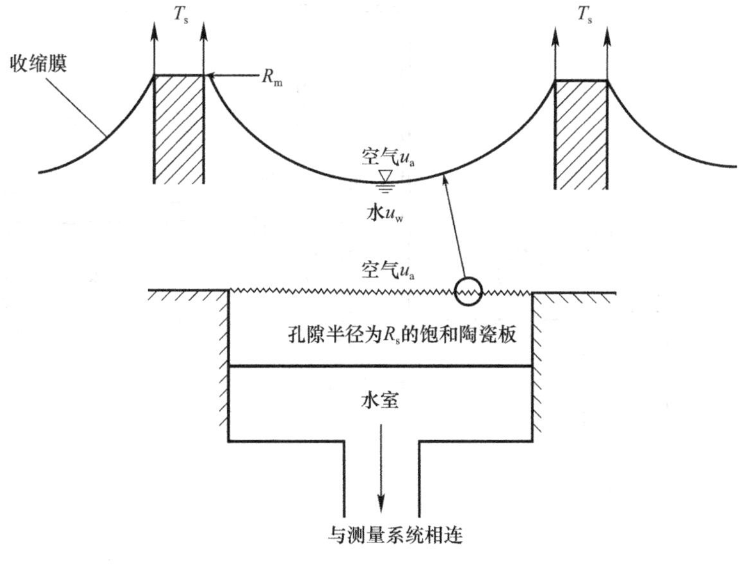

图 6.6　高进气值陶土板的工作原理

收缩膜将陶瓷板表面上众多的小孔（半径为 R_s）连接起来产生表面张力 T_s 从而阻挡空气通过。陶土板收缩膜上方的空气压力和下方的水压差值定义为基质吸力。陶土板能够保持的最大基质吸力称为进气值 $(u_a-u_w)_d$。陶土板进气值可用 Kelvin 公式表示：

$$(u_a-u_w)_d=\frac{2T_s}{R_s} \tag{6.2}$$

式中，$(u_a-u_w)_d$ 为高进气陶土板进气值；T_s 为收缩膜的表面张力；R_s 为收缩膜曲率半径或最大孔隙半径。

表面张力 T_S 随温度变化很小。陶瓷板进气值主要取决于收缩膜曲率半径 R_s，板的孔径大小取决于陶瓷板煅烧工艺，板孔径越小，进气值越大。

高进气陶瓷板通过维持气压和水压之间的差值可以直接量测非饱和土中的负孔隙水压力。

② 张力计法

张力计由高进气值多孔陶瓷头及压力量测装置组成。将陶瓷头插入土体预先挖好的孔洞中可测量负孔隙水压力。当土与量测系统达到平衡时，张力计中的水同土体孔隙中的水具有相同的负压。张力计能够量测的孔隙水压力限度约为负 90kPa。当孔隙气压等于大气压时，测得的负孔隙水压与基质吸力相等。当孔隙气压大于大气压时，张力计读数同周围孔隙气压相加即为土体的基质吸力。张力计可量测的基质吸力不能超过陶瓷头的进气值，张力计法可用于实验室内或室外。

③ 轴平移技术

轴平移技术可量测原状土样或压实土样的负孔隙水压力（图 6.7）。将土体试样放入封闭压力室内，负孔隙水压力用饱和的高进气陶瓷针头量测。针头与零型压力量测系统相连，连接管中充满蒸馏水，并装有水银塞。当针头插入土样中时，管内的蒸馏水就会趋向进入张力状态，压力表上开始出现负压。此时，增加压力室内的气压，水进一步进入张拉状态。当水银塞示值不变时，就表明达到了平衡状态。室内的空气压力与平衡状态的负孔隙水压差值即为土的基质吸力（u_a-u_w）。

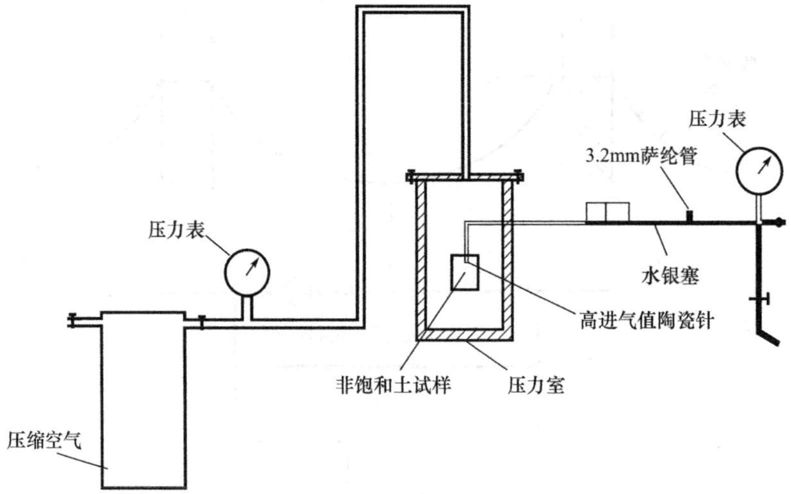

图 6.7　轴平移装置

④ 热传导传感器法

热传导传感器由具有微型加热器和温感原件的多孔陶瓷探头组成。多孔陶瓷探头的热传导将随其含水量的变化而变化。探头的含水量取决于周围土体施加到探头的基质吸力。可预先率定探头的热传导与土体基质吸力的关系，通过率定过的传感器即可量测基质吸力。将传感器置于土中，使其与土中孔隙水的应力状态达到平衡，根据达到平衡时测得的热传导即可得知土中的基质吸力。

(2) 试验方法

非饱和土试验与饱和土试验的区别主要在于基质吸力及饱和度的控制。

基质吸力的控制即是对孔隙气压及孔隙水压的控制。孔隙气压控制可通过多孔元件来实现，该元件可保证土中的空气孔隙和空气压力控制系统的连续性。多孔元件必须是不亲水或进气值低的，以防水进入孔隙气压系统。孔隙水压的控制关键部件是高进气值陶瓷板。当陶瓷板的进气值大于土的基质吸力时即可成功将水相与气相隔开，并通过陶瓷板对孔隙水压力进行控制。陶瓷板的进气值取决于陶瓷板的最大孔隙尺寸。

试样饱和可通过真空抽气法、毛细饱和法、水头饱和法、二氧化碳法、反压饱和法、脱气饱和法等方法实现。具体可参考《土工试验方法标准》GB/T 50123—2019。在饱和过程中应即时计算相应饱和度，以满足非饱和土不同饱和度试验需求。饱和度计算方法为：

$$S_r = \frac{(\rho - \rho_d)G_S}{e\rho_d} \times 100 \tag{6.3}$$

或

$$S_r = \frac{wG_s}{e} \tag{6.4}$$

式中，S_r 为饱和度；ρ 为饱和后的密度；ρ_d 为制备试样所要求的干密度；G_S 为土粒相对密度；e 为土的孔隙比；w 为饱和后的含水率。

6.3.3　试验成果及应用

1. 动弹性模量

动三轴试验测定的是动弹性压缩模量 E_d，动剪切模量 G_d 可以通过它与 E_d 之间的关系换算得出。试验表明，具有一定黏滞性或塑性的岩土试样，其动弹性模量是随着许多因素而变化的，最主要的影响因素是主应力量级、主应力比和预固结应力条件及固结度等，动弹性模量的含义与静弹性模量不同且测量过程也较复杂。下面简要介绍动弹性模量的基本含义及各参数（振动次数、动应力、固结应力）对它的影响。

（1）基本含义

图 6.8 为某一级动应力 σ_d 作用下，土试样相应的动应力与动应变的关系。由于土样为非理想弹性体，因此它的动应力 σ_d 与相应的动应变 ε_d 波形在时间上并不同步，动应变波形线滞后于动应力波形线。如果把每一周期的振动波形按照同一时刻的 σ_d 值一一对应地描绘到 σ_d-ε_d 坐标上，则可得到如图 6.8(b) 所示的滞回曲线。定义此滞回环的平均斜率为动弹性模量 E_d，即 $E_d = \sigma_{dmax}/\varepsilon_{dmax}$。

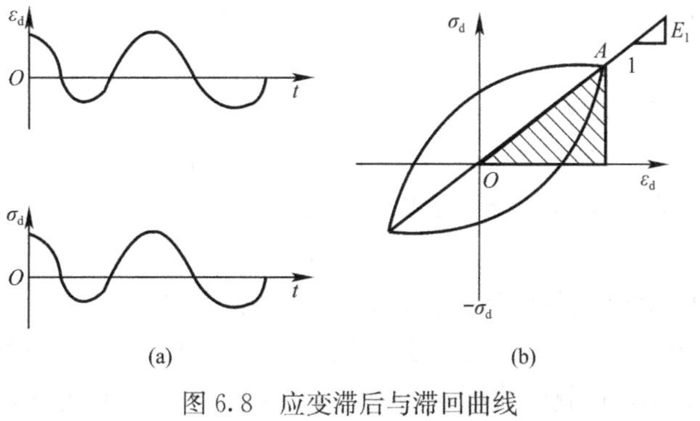

图 6.8　应变滞后与滞回曲线

(2) 振动次数的影响

上述动弹性模量 E_d 是在一个周期振动下所得滞回曲线上获得的，但随着振动周数 N 的增加，土样结构强度趋于破坏，从而应变值随之增大。因此每一周振动 σ_d-ε_d 滞回环并不重合，如图 6.9 所示。一般来说，动弹性模量（E_{d-1}，E_{d-2}）随着振动周数的增加而减小。因而动弹性模量与振次密切相关。

(3) 动应力 σ_d 的影响

以上所述的动弹性模量 E_d 都是在一个给定的动应力 σ_d 下求得的。如果改变给定的 σ_d 值，则又将得出另一套数据及滞回环线族。在给定振次（例如 10 次）情况下，每一个动应力 σ_d 将对应于一个滞回环，这样在多个动应力作用下，分别得到对应的动应变和相应的动弹性模量。利用这些数据可以绘出 σ_d-ε_d 和 E_d-ε_d 曲线，如图 6.10 所示。

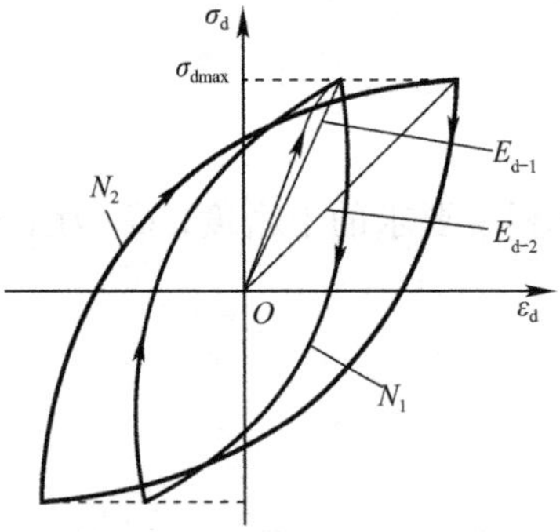

图 6.9 滞回环随振次增加的变化规律

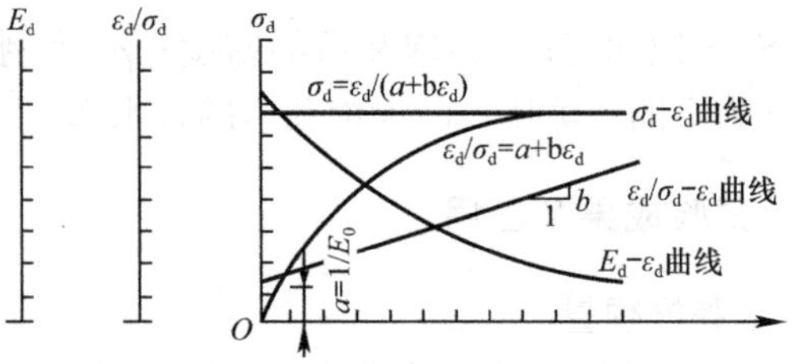

图 6.10 σ_d-ε_d、E_d-ε_d 关系曲线

图 6.10 中 σ_d-ε_d 曲线特征可用双曲线模型来描述，即：

$$\sigma_d = \frac{\varepsilon_d}{a + b\varepsilon_d} \tag{6.5}$$

式中，a、b 为试验常数。由式 (6.5) 可得：

$$E_d = \frac{\sigma_d}{\varepsilon_d} = \frac{1}{a + b\varepsilon_d} \tag{6.6}$$

即

$$\frac{1}{E_d} = a + b\varepsilon_d \tag{6.7}$$

式 (6.7) 表明，通过对一组数据进行回归统计分析，可以得到试验常数 a、b，由此得到 E_d 和 ε_d 的关系。实际应用时，可根据工程实际允许的应变限值，通过式 (6.6) 得到 E_d。

(4) 固结应力条件的影响

在不同的平均有效固结主应力 $\sigma'_m = (\sigma'_{1c} + 2\sigma'_{3c})/3$ 下，如图 6.10 所示的 σ_d-ε_d 曲线将会不同，因此，试验常数 a、b 与 σ'_m 有关。试验表明，对于不同的 σ'_m 值，有：

$$E_0 = k(\sigma'_m)^n \tag{6.8}$$

式中，$E_0 = 1/a$，为动弹性模量的最大值；k、n 为试验常数。

由于式 (6.8) 中 E_0 和 $(\sigma'_m)^n$ 的量纲不同，因此 k 将是一个有量纲的系数，而且它的量纲又取决于 n 的大小，这就给实际应用带来了困难。为此，上式可采用类似静模量的表达式：

$$E_0 = kp_0\left(\frac{\sigma_m'}{p_0}\right)^n \tag{6.9}$$

式中，p_0 为大气压力。

这样 k 就是一个无量纲的参数，k 和 n 值可通过绘制 $\lg E_0\text{-}\lg\frac{\sigma_m'}{p_0}$ 曲线直接得到。与动弹性模量 E_d 相应的动剪切模量可按下式计算：

$$G_d = \frac{E_d}{2(1+\mu)} \tag{6.10}$$

式中，μ 为泊松比，饱和砂土可取 0.5。

2. 阻尼比

如图 6.8 所示的滞回曲线已表明土的黏滞性对应力-应变关系的影响。这种影响的大小可以根据滞回环的形状来衡量，黏滞性越大，环的形状就越趋于宽厚，反之则趋于扁薄。这种黏滞性实质上是一种阻尼作用，试验证明，其大小与动力作用的速率呈正比。因此，它又可以说是一种速度阻尼。

根据 Hardin 等（1972）的研究，上述阻尼作用可用等效滞回阻尼比 λ_d 来表征，其值可从滞回曲线求得（图 6.11），即：

$$\lambda_d = \frac{A_L}{4\pi A_T} \tag{6.11}$$

式中，A_L 为滞回曲线所包围的面积；A_T 为图中影线部分三角形所示的面积。

土的动应力-动应变关系是随振动次数及动应变的幅值而变化的。因此，当根据应力-应变滞回曲线确定阻尼比 λ_d 值时，也应与动弹性模量相对应。在动应变幅值较大的情况下，在应力作用一周时，将有残余应变产生，使得滞回曲线并不闭合，而且它的形状会与椭圆曲线相差甚远。此时，阻尼比的计算尚无合理的方法，需作进一步的研究。

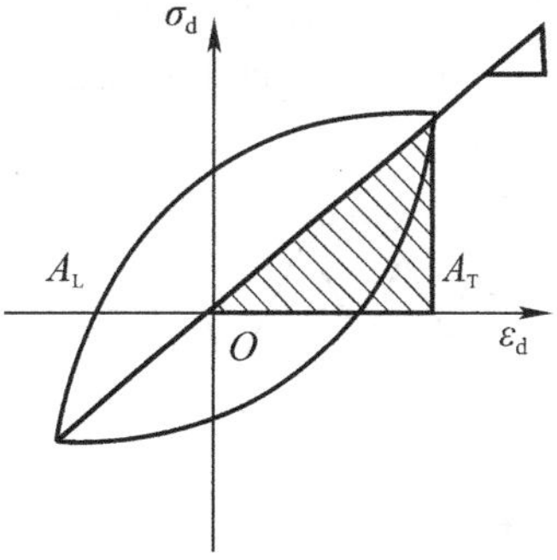

图 6.11　滞回曲线与阻尼比

3. 强度指标

动强度是指土试样在动荷作用下达到破坏时所对应的动应力值。然而，“破坏”的标准需根据动强度试验的目的与对象而定，通常的做法是以某一极限（破坏）应变值为准，如采用 5% 作为“破坏”应变值。与动弹性模量相同，土动强度的测求过程也远比静强度复杂。

（1）某一围压下动强度的计算

制备不少于三个相同的试样，在同一压力下固结，然后在三个大小不等的动应力 σ_{d1}、σ_{d2}、σ_{d3} 下分别测得相应的应变值。由于土的动强度是由总应变量达到极限破坏定义的，因此测量的应变值应包括可恢复的与不可恢复的全部应变。此项总应变值 ε 又与振动次数有关，因此，首先可将测得的数据绘成如图 6.12(a) 所示的 $\varepsilon_e\text{-}\lg n$ 曲线族。然后，在各曲线上按统一选定的极限应变值 ε_e，求得相应动应力 σ_{d1e}、σ_{d2e}、σ_{d3e} 与振次 N 的对应关系，并绘制在图 6.12(b) 中。此曲线在有限的 n 值范围内，可近似地看作一条直线，由此，只要给定振次，就可从图中求得相应的动强度 σ_{de}。

（2）动强度指标 c_d、φ_d 的计算

以上是在某一围压条件下（$\sigma_3=c_1$）求出的极限动应力与振次间的关系。如果在三个不同的围压下分别进行上述试验，并得到三条 σ_{de}-lg$n$ 曲线，则在给定振次 N 下，可求得相应的三个动应力 σ_{de}，并可绘出如图 6.13 所示的三个摩尔圆，c_d、φ_d 即为所求动强度指标。

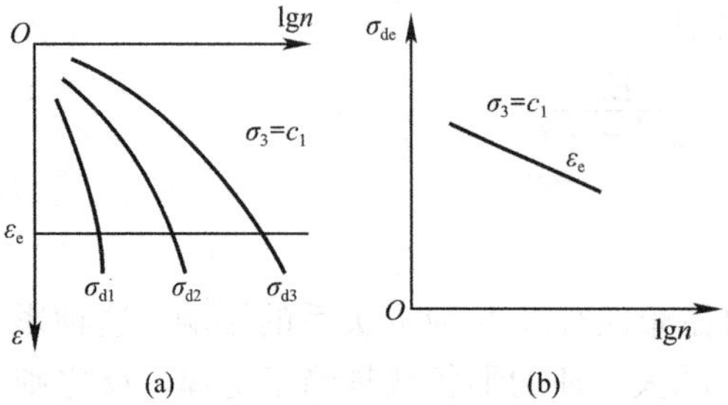

图 6.12　某围压（$\sigma_3=c_1$）下强度的计算

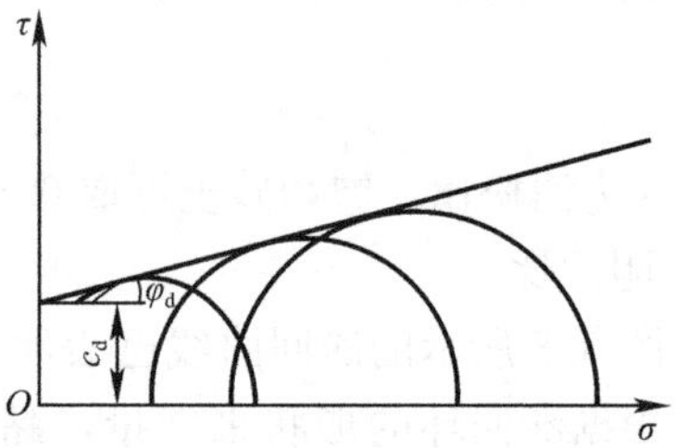

图 6.13　动强度指标的计算

4. 饱和砂土的液化势

（1）试验模拟

为了在动三轴试验中模拟地震波对土体的作用，一般都将波动幅值和频率不规则的地震波简化为与之等效的简谐波。在进行试验时，在试件上应该模拟两种应力状态：一种是地震前由有效覆盖压力引起的静应力 σ_0 和 $K_0\sigma_0$，其中 K_0 为侧压力系数；另一种是地震产生的均匀循环剪应力 $\bar{\tau}_c$。

此外，试件本身在密度、饱和度和结构等方面，也应尽可能与现场土层的实际情况一致。考虑到地震时间短暂，地震产生的孔隙水压力来不及消散这一因素，试验应采取不排水方法进行。

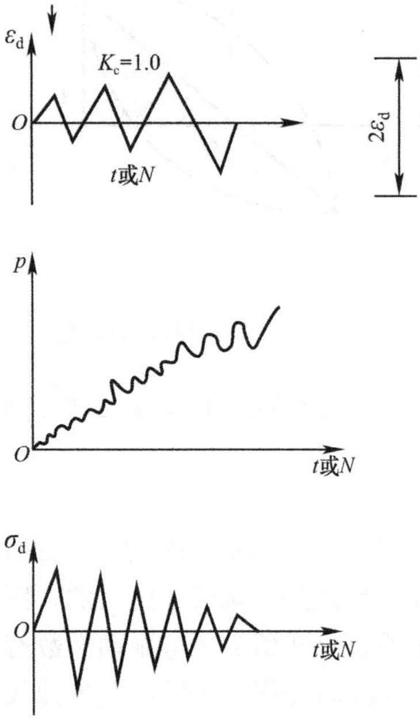

图 6.14　动三轴试验测得的变量过程线

为了实现上述模拟（Seed 等，1966），首先对试件施加 $\sigma_{1c}=\sigma_{3c}=\sigma_0$ 的固结压力，然后分别在轴向和侧向交替施加 $\pm\sigma_d/2$、$\mp\sigma_d/2$ 的动应力。这样在试件的最大剪应力面上（45°面）既保证了正应力不变（等于固结压力 σ_0），又可实现均等剪应力的正反往复变化。

（2）抗液化应力比

利用动三轴试验可得到如图 6.14 所示的轴向动变形 ε_d、孔隙水压力 p 和动应力 σ_d 随不同振次变化的过程线（图中所示为锯齿波形）。试验时，在给定的固结比（$K_c=1.0$）和固结压力 σ_0 下，对不同的几个试样分别施加不同幅值的动荷载，这样，对每一试样均可获得如上所述的三条过程线，并在过程线上定出初始液化点。

砂类土的初始液化一般采用下述定义（Seed 等，1976）：试样在循环荷载下，应以孔隙水压力等于侧压力为破坏标准，即当累积孔隙水压力等于 σ_0 时为初始液化点。也可以采用变形标准，即根据工程的重要性和经

验选定不同的双振幅应变值。例如取易液化的砂土 $\varepsilon_d=5\%$，不易液化的黏土 $\varepsilon_d=10\%$ 为初始液化点。

根据初始液化点，可从过程线上找出相应的振次。对于一组性质相同的试样，以同一压力 σ_0 固结，当分别施加不同的动应力幅值 σ_d 后，各试样达到液化时的动荷载次数各不相同。因此，试验结果可以整理成 $\sigma_d/2\sigma_0$-lg$N$ 关系曲线（与图 6.12 类似）。在所得的关系曲线上，按一定地震震级对应的等效循环作用次数 N，求出相应的抗液化应力比 $(\sigma_d/2\sigma_0)_N$ 或 $(\tau_d/\sigma_0)_N$。

严格来说，用动三轴仪来模拟饱和砂土在地震作用下的液化机理是不充分的。主要原因是，天然饱和砂层的液化通常是在一定的上覆有效压力下，受水平剪应力作用而发生的，这种水平剪应力使颗粒产生相对位移，但动三轴仪中不可能产生这种模拟条件。另外，在高应力作用下（$\sigma_d/2\sigma_0>0.6$）也难以实现。鉴于这些原因，自 20 世纪 70 年代以来，人们对液化的研究也开辟了一些新的途径，如振动剪切试验、大型振动台等。

6.4　动单剪试验

研究饱和砂土的液化问题可应用单剪仪进行动单剪试验。单剪仪是对直剪仪的改进，采用的试样容器为刚框式单剪容器，试样为方形，两侧由刚性板约束，上盖和下底板的对角线通过铰链连接，能够确保在剪切过程中剪切应变与侧板保持一致，如图 6.15(a) 所示。试样用橡皮膜包裹，保证完全不排水，可以测得试样的孔隙水压力。在上述单剪仪的基础上研制出了第一代动单剪仪，它由四块刚性板铰接而成，如图 6.15(b) 所示。当发生相对旋转时，板内的试样将会产生等角度的剪应变，以此实现应力和变形均匀的“单元体”状态。

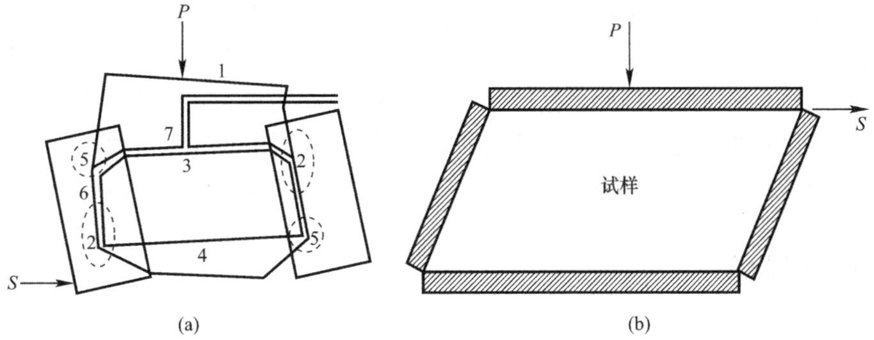

1—土样帽；2—可动芯棒；3—顶部铁板；4—底部铁板；5—固定芯棒；6—橡皮膜；7—孔隙水压计

图 6.15　刚框式单剪容器结构示意图

利用单剪仪进行液化试验时，首先要使土样在竖向应力 σ_v 的作用下完成固结，此时的侧向应力为 $K_0\sigma_v$（K_0 为静止时的土压力系数）。单剪仪中土样的初始应力状态如图 6.16(a) 所示，它所对应的摩尔圆如图 6.16(b) 所示。随后，在土样上作用峰值为 τ_h 的水平往复剪应力，如图 6.16(c) 所示，在水平往复剪应力作用过程中，可以测得孔隙水压力和应变值。

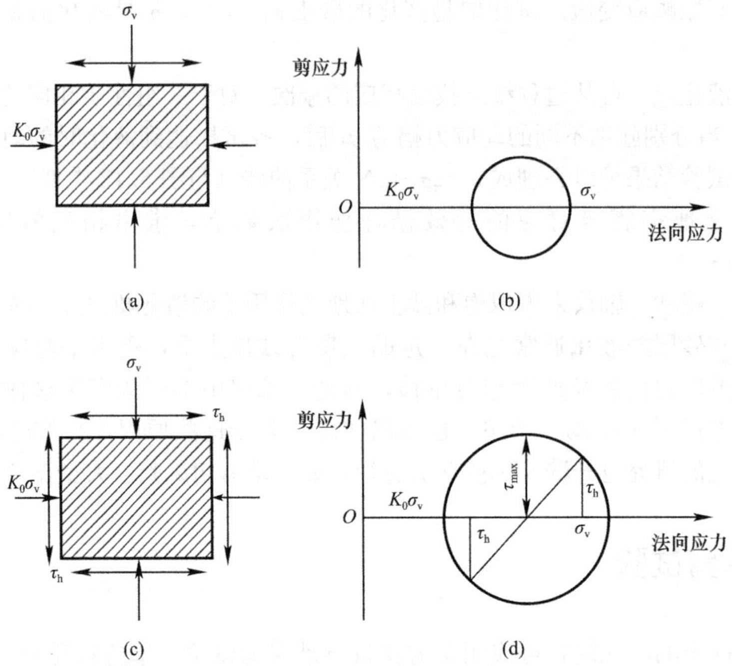

图 6.16　动单剪试验中土样的初始应力状态和最大剪应力

当往复剪切试验进行到某一时刻时，土样应力状态的摩尔圆如图 6.16(d) 所示。此时，作用在土样上的最大剪应力不是 τ_h，而是：

$$\tau_{max}=\sqrt{\tau_h^2+\left[\frac{1}{2}\sigma_v(1-K_0)\right]^2} \tag{6.12}$$

随着振动次数的不断增大，试样内的孔隙水压力和应变不断发展，当试样内的孔隙水压力等于作用在试样上的有效竖向应力 σ_v 时，试样达到液化，达到液化所需的振动次数称为液化周期。相同密度和相同固结应力状态下的一组试样，若作用不同的峰值剪应力 τ_h，也会得到不同的液化周期，因此根据试验结果可以得出动剪应力比（剪应力与竖向固结压力之比）与液化周期的关系曲线。与动三轴试验相比，动单剪试验所提供的动力条件更接近于地震作用下天然土层的受力状态，因此广泛应用于地震工程的相关试验中。

6.5　扭剪试验

为了在试验过程中测量和控制侧向应力，人们将三轴试验和单剪试验的优点结合起来，设计并研制出扭转剪切仪。它在独立施加内压、外压、轴向荷载及扭矩时，可以变化轴向应力、径向应力、环向应力及扭剪应力四个应力变量，同时可以独立变化三个主应力的大小和在一个方向变化主应力方向，从而实现主应力方向的旋转。因此，扭转剪切仪是研究主应力旋转对土应力应变关系影响的重要试验仪器。

早期振动扭剪试验的试样为实心圆柱，对试样施加静态应力 σ_1 和 σ_3 后，在试样上施加往复扭力，从而使试样在横截面上产生往复的剪应力。由于试样为实心圆柱体，试样内的剪应力和剪应变是不均匀的，试样横截面上靠近边缘的剪应力最大而中心处为零。为克服这一缺点，Hardin 等（1972）将试样替换为空心圆柱，并进行了空心圆柱扭剪试验（HCA 试验）。将试样内外用橡皮膜包裹，构成内外两个压力室，可实现独立施加内外围压。在施加往复扭力后，试样环形横截面上的剪应力可基本认为是均匀分布的。

HCA 试验最早可追溯到 1936 年 Cooling 和 Smith 对空心圆柱试样进行的扭剪试验，该试验可看作 HCA 试验的前身。1965 年，Broms 和 Casbarain 利用 HCA 试验研究了不同大主应力轴方向以及中主应力系数对黏土抗剪强度的影响。此后，随着 HCA 试验的发展和新型空心圆柱仪（HCA）的开发，砂土和黏土在主应力轴旋转作用下的变形和强度特性及各向异性强度等问题得到了研究。还有一些学者利用动态 HCA 研究了波浪荷载作用下砂土的主应力轴连续旋转行为与不排水以及排水变形特性。

6.6　共振柱试验

共振柱试验的原理是通过激振系统使试样振动，再调节激振频率使试样发生共振，从而确定弹性波在试样中传播的速度，计算出试样的弹性模量、剪切模量和阻尼比，还可以得到一定应变范围内模量和阻尼比随应变的变化规律。因此，共振柱试验在土的动力特性测试中应用广泛。

共振柱仪一般由三个主要部分组成：（1）压力室及施加固结压力的加压系统；（2）激振器及调节振动频率和振动力大小的激振系统；（3）位移、速度或加速度传感器及记录振幅变化的量测系统。共振柱仪种类很多，各种共振柱仪的主要区别在于端部约束条件和激振方式不同。图 6.17 给出了一种共振柱仪的结构示意图。

共振柱试验的工作原理如图 6.18 所示，图中圆柱形试样的底端固定，试样的顶端附加一个集中质量块，并通过该质量块对试样施加垂直轴向振动或水平扭转振动。试样高度为 L。

当土柱的顶端受到周期荷载作用而处于强迫振动时，这种振动将由柱体顶端以波动的

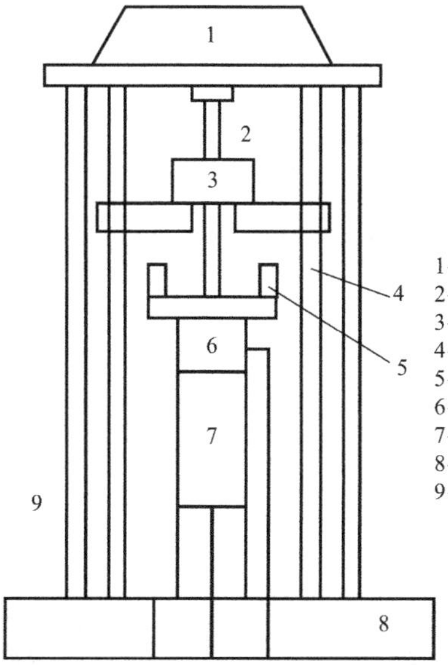

图 6.17　共振柱仪结构示意图

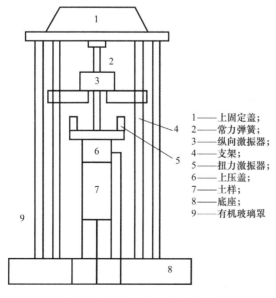

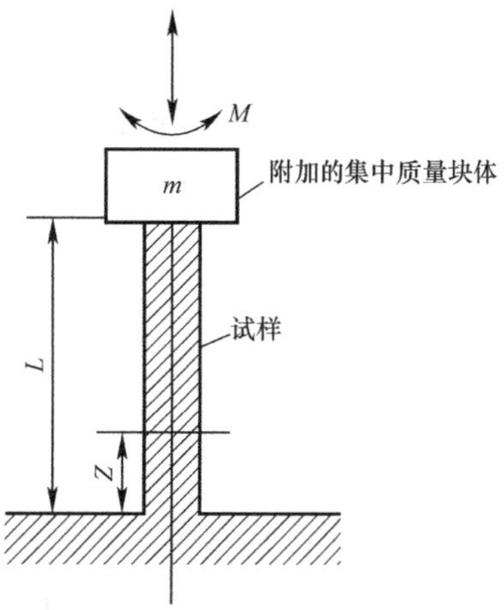

图 6.18　共振柱试验原理图

形式沿柱体向下传播，使整个柱体处于振动状态。振动所引起的位移 u 或扭转角 θ 是关于位置坐标 z 和时间 t 的函数，即 $u=u(z, t)$ 或 $\theta=\theta(z, t)$。将试样视为弹性体，并忽略试样横向尺寸的影响，根据一维波动理论，可得波动方程：

纵向振动

$$\frac{\partial^2 u}{\partial t^2}=v_c^2\frac{\partial^2 u}{\partial z^2} \tag{6.13}$$

扭转振动

$$\frac{\partial^2 \theta}{\partial t^2}=V_s^2\frac{\partial^2 \theta}{\partial z^2} \tag{6.14}$$

式中，$v_c=\sqrt{E/\rho}$为纵波波速；$V_s=\sqrt{G/\rho}$为横波波速，E 为试样的弹性模量，G 为试样的剪切模量，ρ 为试样的质量密度。

可以看出，纵向振动与扭转振动的波动方程在数学形式上是相同的。因此，求解波动方程时，仅需对任一式的求解结果作对应代换，即可得到另一式的解答。下面以纵向振动为例进行说明。

式（6.13）的解可写为：

$$u=U(c_1\cos\omega_n t+c_2\sin\omega_n t) \tag{6.15}$$

式中，U 为振动幅值；ω_n 为柱体试样的固有频率。

将式（6.15）代入式（6.13）可得：

$$\frac{\partial^2 U}{\partial z^2}+\frac{\omega_n^2}{v_c^2}U=0 \tag{6.16}$$

解得

$$U=c_3\cos\frac{\omega_n z}{v_c}+c_4\sin\frac{\omega_n z}{v_c} \tag{6.17}$$

根据边界条件，当 $z=0$ 时，$U=0$，故 $c_3=0$，则有：

$$U=c_4\sin\frac{\omega_n z}{v_c} \tag{6.18}$$

当 $z=L$ 时，根据胡克定律，有：

$$\frac{\partial u}{\partial z}AE=-m\frac{\partial^2 u}{\partial t^2} \tag{6.19}$$

式中，A 为试样的横截面面积；m 为附加块体的质量。且有：

$$\frac{\partial u}{\partial z}=\frac{\partial U}{\partial z}(c_1\cos\omega_n t+c_2\sin\omega_n t) \tag{6.20}$$

$$\frac{\partial^2 u}{\partial t^2}=-\omega_n^2 U(c_1\cos\omega_n t+c_2\sin\omega_n t) \tag{6.21}$$

代入式（6.19）可得：

$$AE\frac{\partial U}{\partial z}=m\omega_n^2 U \tag{6.22}$$

将式（6.18）代入式（6.22）得：

$$AE\frac{\omega_n}{v_c}\cos\frac{\omega_n z}{v_c}=m\omega_n^2\sin\frac{\omega_n z}{v_c} \tag{6.23}$$

注意，这里 $z=L$，将上式化简可得：

$$AE = m\omega_n v_c \tan\frac{\omega_n L}{v_c} \tag{6.24}$$

由于

$$E = \rho v_c^2 = \frac{\gamma}{g} v_c^2 \tag{6.25}$$

故

$$\frac{A\gamma}{mg} = \frac{\omega_n}{v_c}\tan\frac{\omega_n L}{v_c} \tag{6.26}$$

将上式两边同乘 L，可得：

$$\frac{AL\gamma}{mg} = \frac{\omega_n L}{v_c}\tan\frac{\omega_n L}{v_c} \tag{6.27}$$

式中，$AL\gamma$ 为试样的自重，记为 W；mg 为附加块体的重量，记为 W_m。则有：

$$\frac{W}{W_m} = \frac{\omega_n L}{v_c}\tan\frac{\omega_n L}{v_c} \tag{6.28}$$

令

$$\beta_p = \frac{\omega_n L}{v_c} \tag{6.29}$$

则有：

$$\frac{W}{W_m} = \beta_p \tan\beta_p \tag{6.30}$$

或

$$\frac{W_m}{W}\beta_p \tan\beta_p = 1 \tag{6.31}$$

式（6.31）即为纵向振动时的频率方程。

由此，只要知道试样重量与附加块体重量的比值，即可求出 β_P，再由式（6.29）得：

$$v_c = \frac{\omega_n L}{\beta_P} = \frac{2\pi f_n L}{\beta_P} \tag{6.32}$$

式中，f_n 为通过共振柱试验测得的试样振动的固有频率。

因此

$$E = \rho v_c^2 = \rho\left(\frac{2\pi f_n L}{\beta_P}\right)^2 \tag{6.33}$$

式（6.23）即为按纵向振动方法计算弹性模量 E 的公式。

若试样上块体的重量很小，可以忽略不计，即 $W_m = 0$，则根据式（6.30）可知，$\beta_P \tan\beta_P$ 应为无穷大，因为 $\beta_P \neq \infty$，故只有 $\tan\beta_P = \infty$，由此可得 $\beta_P = \omega_n L / v_c = \pi/2$，则：

$$v_c = 4 f_n L \tag{6.34}$$

由此可得：

$$E = \rho v_c^2 = 16\rho f_n^2 L^2 \tag{6.35}$$

对于扭振，同样可得相似的频率方程：

$$\frac{J_m}{J}\beta_S \tan\beta_S = 1 \tag{6.36}$$

$$\beta_S = \frac{\omega_n L}{V_S} \tag{6.37}$$

式中，J_m 为附加块体的质量极惯性矩；J 为试样的质量极惯性矩。则：

$$v_s = \frac{2\pi f_n L}{\beta_S} \tag{6.38}$$

$$G = \rho\left(\frac{2\pi f_n L}{\beta_S}\right)^2 \tag{6.39}$$

若附加块体的质量忽略不计，则同样有：

$$V_S = 4 f_n L \tag{6.40}$$

$$G = 16\rho f_n^2 L^2 \tag{6.41}$$

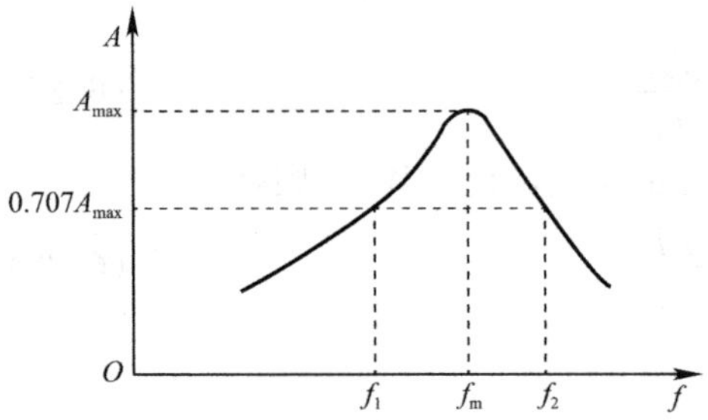

图 6.19　共振柱试验测得的振频曲线

以上推导了按共振频率计算弹性模量、剪切模量和波速的表达式。下面介绍求试样阻尼比的方法，可通过强迫振动改变频率作出完整的幅频曲线（图 6.19），再以$\sqrt{2}/2$倍共振峰值截取曲线，得出两个频率 f_1 及 f_2，即可按下式计算阻尼比：

$$\lambda_d = \frac{1}{2}\frac{f_2 - f_1}{f_n} \tag{6.42}$$

稳态激振时，振幅为（钱鸿缙等，1980）：

$$A = A_s \frac{1}{\sqrt{1 - \frac{\omega^2}{\omega_n^2} + 4\lambda_d^2 \frac{\omega^2}{\omega_n^2}}} \tag{6.43}$$

式中，A_s 为静位移。

当发生共振，即 $\omega = \omega_n$ 时，有：

$$\frac{A_{max}}{A_s} = \frac{1}{2\lambda_d} \tag{6.44}$$

若取 $A = \frac{\sqrt{2}}{2}A_{max}$，$\omega/\omega_n = r$，则式（6.43）可写为：

$$A = \frac{\frac{\sqrt{2}}{2}A_{max}}{2\lambda_d A_{max}} = \frac{1}{\sqrt{(1-r^2)^2 + 4\lambda_d^2 r^2}} \tag{6.45}$$

即

$$\frac{\sqrt{2}}{4\lambda_d} = \frac{1}{\sqrt{(1-r^2)^2 + 4\lambda_d^2 r^2}} \tag{6.46}$$

式（6.46）可写为：

$$1 - 2r^2 + r^4 + 4\lambda_d^2 r^2 = 8\lambda_d^2 \tag{6.47}$$

解得：

$$\begin{cases} r_1^2 = 1 - 2\lambda_d^2 - 2\lambda_d\sqrt{1+\lambda_d^2} \\ r_2^2 = 1 - 2\lambda_d^2 + 2\lambda_d\sqrt{1+\lambda_d^2} \end{cases} \tag{6.48}$$

故

$$r_2^2 - r_1^2 = 4\lambda_d\sqrt{1+\lambda_d^2} \approx 4\lambda_d \quad （当 \lambda_d 很小时）$$

又因

$$r_2^2 - r_1^2 = \frac{f_2^2 - f_1^2}{f_n^2} \tag{6.49}$$

则有：

$$4\lambda_d = \frac{f_2 + f_1}{f_n} \frac{f_2 - f_1}{f_n} \tag{6.50}$$

假定幅频曲线（图 6.19）基本对称，则有：

$$\frac{f_2 + f_1}{f_n} \approx 2 \tag{6.51}$$

于是可推导出式（6.42）。

阻尼比还可通过自由振动法测得。具体方法为：当试样发生共振时切断动力，使试样在无干扰力的条件下自由振动，并测其衰减曲线，然后作出振次 N 与相对振幅 A 之间的曲线。可按下式计算阻尼比：

$$\lambda_d = \frac{1}{2\pi}\delta = \frac{1}{2\pi}\frac{1}{m}\ln\frac{A_N}{A_{N+m}} \tag{6.52}$$

式中，δ 为对数递减率；A_N 为第 N 次振幅；A_{N+m} 为第 $N+m$ 次振幅。

6.7　振动台试验

与常用的动三轴和动单剪试验相比，振动台试验具有以下优点（Finn，1972）：

（1）可以制备与现场类似的 K_0 状态饱和砂的大型均匀试样，因为对于大试样来说，所埋设仪器的惯性影响可以忽略。可测得土样内部的应变和加速度。

（2）在低频和平面应变的条件下，整个土样都将产生均匀的加速度，相当于现场剪切波的传播。

（3）可以查出液化时大体积饱和土中实际孔隙水压力的分布。

（4）在振动时能用肉眼观察试样。

为确保试样在受振过程中处于“自由场”状态，试样的长高比必须在 10 以上（王钟琦等，1986）。振动须与地震时剪切波自基岩向上垂直输入的情况一致，同时在试样上覆以密封胶膜，施加气压以模拟液化层的上覆有效压力。为保证试样的均匀性和代表性，宜选用适当的方法来制备土样。

振动台试验是将土体的原形尺寸按一定的几何比例缩小，按要求的相似条件选定材料，施加静、动荷载，测定应力、应变等参量，并反算到原形的一种方法。根据激振方式的不同，可将振动台分为以下几种形式：

（1）冲击式振动台。施加冲击荷载使振动槽产生自由振动。一般用摆锤产生冲击荷载，台面加速度的大小与摆锤的质量和摆角有关。

（2）自由振动式振动台。用活塞对振动试验槽突加荷载，试验槽由于在运动方向上受到弹簧约束而产生自由衰减运动。

（3）简谐振动式振动台。用激振器对试验槽进行激振，使台面发生简谐振动。

（4）模拟地震式振动台。振动台由计算机控制，可使台面产生人工设置的任意波形。

除尺寸效应外，振动台试验的主要缺点是存在砂粒间的橡皮膜嵌入效应，它对试样体积变化的影响虽然很小，但对孔压发展却有很大影响。此外，振动台试验不能完全满足动态模型试验的相似规律，试验结果也难以定量推广到原形建筑物中去，但通过大量的模拟试验，可以分析土体的动态性能、破坏机理以及各主要参数对动力响应影响的基本规律。目前，土工振动台模型试验仍在不断探索之中。

6.8 离心机试验

土工离心模型试验技术是将土工模型置于高速旋转的离心机中，让模型承受大于重力的离心加速度作用来补偿因模型尺寸缩小而导致土工构筑物自重的损失。所以，离心机能有效模拟以自重为主要荷载的岩土结构物的性状。

若对 $1/n$ 缩尺模型进行动力离心模拟试验，则频率应为原形的 n 倍，振动持续时间应为原形的 $1/n$，模型激振加速度应为原形的 n 倍。可以看出，土工离心模型试验可以大大减小模型尺寸，同时保证离心模型所承受的压力状态与原形相同，且离心模型内各点的应力途径与原形相符，因此可作为数值分析的验证工具。

21 世纪以来，土工模拟试验在设备数量容量、量测技术、工程应用等方面均得到迅速发展，我国也先后研制出多台大中型离心机，已经能够实现水平和垂直耦合振动的大型离心机振动台试验，在岩土力学基本理论及岩土工程应用方面取得了长足的进步。然而，动力离心试验也存在一些问题。比如，动力土工离心模型试验均为一维加速度输入，还缺乏二维、三维地震加速度输入的设备，因此这仍是目前国内外学者正在努力解决的问题之一。

6.9 波速测试

弹性波波速是土的最基本的动力特性指标。波速试验一般包括跨孔法、下孔法、上孔法、表面波法、折射波法和反射波法，可用来测定地基中压缩波、剪切波、瑞利波的波速。依据这些波速值，可计算确定地基在小应变幅时的动弹性模量、动剪切模量、动泊松比、刚度和阻尼比等参数。除此之外，土的波速测试还可用于场地土类型划分、土层地震反应分析、地基固有周期计算、饱和土层液化势评价、断裂构造带位置判断等。

1. 钻孔法

跨孔法、下孔法和上孔法统称为钻孔法，须在地层中钻一个或多个孔。钻孔法是将振源或拾振器置于钻孔内，测量由振源传播到拾振器的直达波的传递时间和距离，然后根据下式计算土层的波速：

$$v = L/\Delta t \tag{6.53}$$

式中，v 为土层的压缩波波速或剪切波波速；L 为直达波的传播距离，即振源到拾振器的直线距离；Δt 为直达波的传播时间。

钻孔法分为单孔法和跨孔法两种。单孔法又称检层法，根据拾振器位置的不同可分为下孔法和上孔法。由于上孔法是将拾振器置于地表，记录波形易受干扰，故工程中多采用下孔法。跨孔法测试的压缩波振源常采用电火花或爆炸等，而剪切波振源主要有两种，一种是井下剪切锤；另一种是标贯器。目前国内外广泛采用跨孔法和下孔法。

2. 表面法

表面波法、折射波法和反射波法统称为表面法，振源和拾振器均布置在地表，具有无须钻孔、测试时间短、测试精度较高等优点。表面波法按振源的形式又分为稳态和瞬态振动两种类型，稳态法采用的是稳态激振，即振源产生的是某一频率的稳态振动波；而瞬态法是用冲击荷载（重锤或吊高重物等）在地面激振的表面波谱分析法。表面波法利用瑞利波在层状介质中具有的频散特性来检测土层波速，是一种有效的浅层勘测方法。

折射波法是基于成层弹性介质中波的折射原理，在地面布置传感器，采集由土层界面折射到地表的应力波，分析给出地表以下各层土的波速及厚度。折射波法一般应用于压缩波速的测量。需要注意的是，该方法不能检测软夹层，测试精度较低，故多用于初步勘测，且由于对测试仪器的要求较高，在工程中的应用并不广泛。

反射波法是基于弹性杆件反射波原理，检测桩基质量的一种动力测试方法。在实际工程中，反射波法常用于判断桩基的缺陷性质、缺陷位置及缺陷程度，检测桩身的完整性。

6.10　小结

（1）土的动力特性测试一般包括制订方案、成样、激振、量测以及成果整理等环节；需要由成样系统、激振系统和量测系统这三大系统组合配置而成的试验设备（如常用的振动圆筒仪、动直剪仪、动三轴仪、动单剪仪和动扭剪仪以及大型振动台等系统）共同完成。它们是土动力特性试验的依据与基础。量测系统作为土动力特性测试的重要环节，其任务是测定土试样实际的动应力时程和土中所产生的动应变时程及动孔压时程。

（2）动三轴试验是土动力特性室内试验常用的方法，主要适用于土在较大动应变幅范围（10^{-4}应变以后）内的土动力特性测试。其控制条件主要为土性条件、静力条件、动力条件和排水条件。它们均需尽可能模拟实际条件，或尽可能满足研究工作的要求。动三轴试验得到的基本成果是动应力时程曲线、动应变时程曲线和动孔压时程曲线三条时程曲线。通过对试验结果的分析，可以揭示土的动力特性，如动孔压的发展规律、动变形的发展规律和动强度的变化规律等。

（3）目前，存在多类土的动力测试设备和方法，如室内的土工模型动力试验、土工离心模型动力试验与现场的动荷载试验、动力旁压试验等。各类动力测试方法各有优点，尤其是动力条件下的土工离心模型动力试验，由于它不仅可以通过试验研究复杂条件下土体的动力反应与动力稳定性，而且可作为数值分析的验证工具，因而引起了人们的重视。

习题

6.1　动三轴试验中，在 $\sigma_3=150$kPa，固结比 $K_c=2$ 的条件下固结，再施加幅值为 30kPa 的周期动应力，若土的有效内摩擦角 $\varphi'=22°$，黏聚力 $c'=15$kPa，那么当动孔隙水压力为多少时，试样能达到动力极限平衡状态？

6.2　试样在围压 $\sigma_3=100$kPa，固结比 $K_c=1.5$ 的条件下固结后，在动应力 $\sigma_d=40$kPa 下振动 10 周的孔隙水压力为 25kPa，振动 20 周的孔隙水压力为 40kPa，试问振动 40 周时的孔隙水压力为多少？

参考文献

[1]　谢定义. 土动力学 [M]. 北京：高等教育出版社，2011.

[2] 吴世明. 土动力学 [M]. 北京：中国建筑工业出版社，2000.
[3] 刘洋. 土动力学基本原理 [M]. 北京：清华大学出版社，2019.
[4] HARDIN B O，DRNEVICH V P. Shear modulus and damping in soils：Design equations and curves [J]. Journal of the Soil Mechanics and Foundations Division，1972，98 (7)：667-692.
[5] SEED H B，LEE K L. Liquefaction of saturated sands during cyclic loading [J]. Journal of the Soil Mechanics and Foundations Division，1966，92 (6)：105-134.
[6] SEED H B，MARTIN G R，LYSMER J. Pore water pressure changes during soil liquefaction [J]. Journal of Geotechnical and Geoenvironmental Engineering，1976，102 (4)：327-346.
[7] HARDIN B O，DRNEVICH V P. Shear modulus and damping in soils：Measurement and parameter effects [J]. Journal of Soil Mechanics and Foundations Division，1972，98 (6)：603-624.
[8] 王钟琦，等. 岩土工程测试技术 [M]. 北京：中国建筑工业出版社，1986.
[9] 钱鸿缙，张迪民，王杰贤. 动力机器基础设计 [M]. 北京：中国建筑工业出版社，1980.
[10] 中华人民共和国住房和城乡建设部. 地基动力特性测试规范：GB/T 50269—2015 [S]. 北京：中国计划出版社，2016.
[11] 《岩土工程手册》编写委员会. 岩土工程手册 [M]. 北京：中国建筑工业出版社，1994.
[12] 吴世明，唐有职，陈龙珠. 岩土工程波动测试技术 [M]. 北京：水利电力出版社，1992.
[13] BARKAN D D. Dynamics of bases and foundations [M]. New York：McGraw-Hill Book Company，1962.
[14] 高彦斌. 土动力学基础 [M]. 北京：机械工业出版社，2019.
[15] 蔡袁强，于玉贞，袁晓铭，等. 土动力学与岩土地震工程 [J]. 土木工程学报，2016，49 (5)：9-30.
[16] 谷川，蔡袁强，王军. 地震P波和S波耦合的变围压动三轴试验模拟 [J]. 岩土工程学报，2016，34.
[17] 张伟，余湘娟，孙爱华. 土体剪切模量和阻尼比的试验对比研究 [J]. 山西建筑，2008，34 (6)：19-20.
[18] 袁晓铭，孙锐，孙静，等. 常规土类动剪切模量比和阻尼比试验研究 [J]. 地震工程与工程振动，2000，20 (4)：133-139.
[19] 徐光兴，姚令侃，高召宁，等. 边坡动力特性与动力响应的大型振动台模型试验研究 [J]. 岩石力学与工程学报，2008，27 (3)：624-632.
[20] 周健，白冰，徐建平. 土动力学理论与计算 [M]. 北京：中国建筑工业出版社，2001.
[21] FINN W D L. Soil-dynamics-liquefaction of sands [C] //Proceedings of First International Conference on Microzanation. Seattle. Washington，1972，1：87-111.
[22] SEED H B，Silver M L. Settlement of dry sands during earthquakes [J]. Journal of the Soil Mechanics and Foundations Division，1972，98 (4)：381-397.
[23] 王海萍，高盟，高运昌，等. 高聚物固化钙质砂的动力特性试验研究 [J]. 山东科技大学学报 (自然科学版)，2021，40 (4)：56-64.
[24] 陈国兴. 岩土工程地震学 [M]. 北京：科学出版社，2007.
[25] 白冰. 土的动力特性及应用 [M]. 北京：中国建筑工业出版社，2016.
[26] 王杰贤. 动力地基与基础 [M]. 北京：科学出版社，2001.
[27] 顾尧章，李相崧，沈智刚. 土动力学中的自振柱试验 [J]. 土木工程学报，1984 (2)：39-47.
[28] ISHIBASHI I，Shrief M A. Journal of the Geotechnical Engineering Division [J]. Asce，1974，100 (GT8).
[29] PRAKASH S. Soil Dynamics [M]. New York：Me Graw-Hill Company，1981.

第7章 土的动强度、动变形与动孔压特性

7.1 概述

7.1.1 土动力特性变化的三个阶段

土在承受逐级增大的动荷载（力幅增大、持时增大或振次增大）作用下，它的变形、强度或孔压总要经历从轻微变化、明显变化再到急速变化这三个发展阶段，如图 7.1 和图 7.2 所示。依据各自特性，可分别称之为振动压密阶段、振动剪切阶段和振动破坏阶段，这三个阶段间的两个界限动力强度分别称为临界动力强度和极限动力强度。

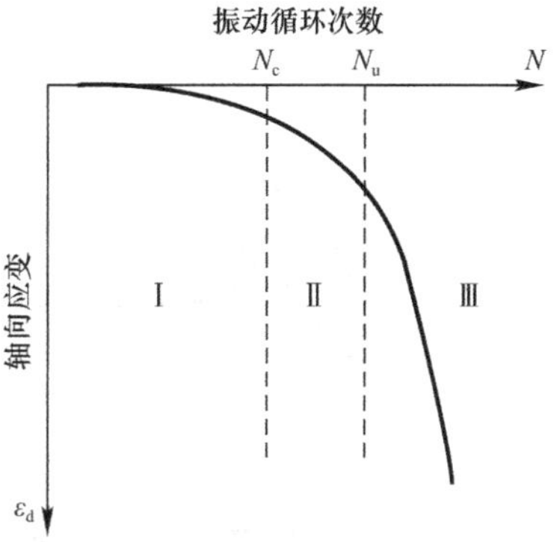

图 7.1 动荷载作用下土变形发展的三个阶段

（1）振动压密阶段：发生在振动作用强度较小（力幅小或持续时间短）的情况，此时土的结构没有或只有轻微的破坏，孔压的上升、变形的增大和强度的降低都相对较小，土的变形主要表现为由土颗粒垂直位移所引起的振动压密变形；

（2）振动剪切阶段：发生在动荷载的强度超过临界动力强度后，此时出现孔压与变形的明显增大和强度的明显降低，土的变形中剪切变形的影响逐渐增大；

（3）振动破坏阶段：发生在动应力达到极限动力强度时，此时孔压急剧上升，变形迅速增大，强度突然减小，标志着土的失稳破坏。

动荷载作用下的土处于不同阶段时，其上的建筑物将有不同的反应，表现出不同的后果。第一阶段危害是较小的，第三阶段是不能容许的，第二阶段是否能够容许应视具体建筑物的重要性和对地基变形的敏感程度分别决定。确定这些不同阶段的界限条件、了解土所处的阶段特性有着重要意义。

变形强度曲线上的转折点也可以用来估计不同阶段的变化，但往往具有很大的人为影响。如果将静力极限平衡的概念引入动力阶段的特性分析，则可以较为确定地认识土动力特性的发展阶段。此时，将作用动应力的一个周期区分为拉半周和压半周，如图 7.3 所示。则动极限平衡可能先在拉或压半周的某一瞬时首先达到，而在这个半周的其他时刻，或另一半周的各个时刻，均仍处于弹性平衡状态。随着动荷载的持续作用，极限平衡将从

一个瞬间发展为一个时段。与此同时，在原先未达到极限平衡的半周内，又开始出现瞬时的、进而发展为时段的极限平衡状态。当两个半周的极限平衡时段都发展到一定程度时，土即产生完全的破坏。此后，随着动荷载的持续作用，极限平衡时段不再增大，而动应变却继续积累，直到振动的终止时刻。显然，这种极限平衡与濒于破坏的静极限平衡有着明显的差别，可以称之为瞬态极限平衡。

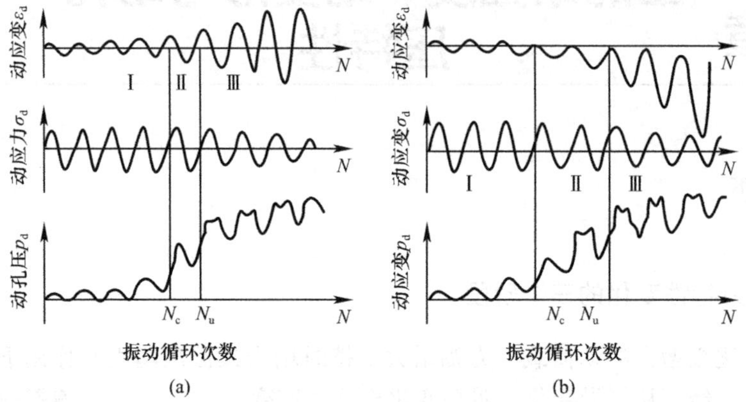

图 7.2　动应力、动孔压、动应变的时程曲线

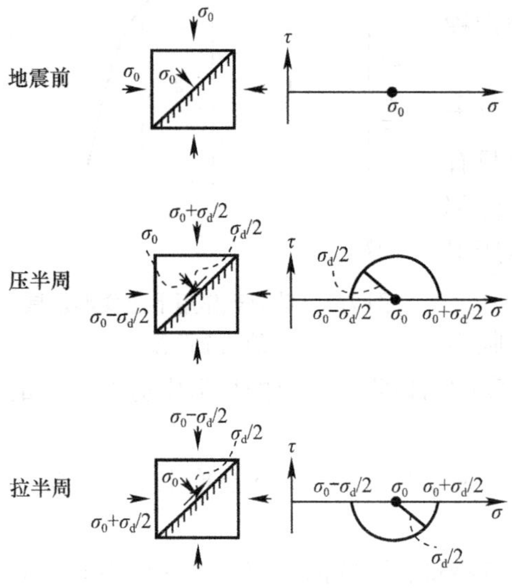

图 7.3　双向激振三轴试验应力状态

这样，如果任一个半周均未出现极限平衡，变形增长缓慢，则称为第一阶段。从一个半周开始出现并发展极限平衡到另一个半周出现极限平衡之前，变形速率逐渐增大，称为第二阶段。当在一个半周发展极限平衡的同时，另一个半周也开始并发展极限平衡，变形加速增长，直至失稳破坏，称为第三阶段。由于这些不同阶段出现的特点将视静、动应力的大小而有所不同，故土会表现出不同的失稳类型，从而可以了解它们不同的破坏特征。

7.1.2　土的动强度、动变形与动孔压

土的动强度是指能够引起土发生变形破坏或土在动孔压达到极限平衡条件时的动应力，其与动荷载作用下的变形特性和孔隙水压力是紧密联系在一起的。如果作用的动应力能够引起土在破坏意义上的动变形或土在极限平衡条件下的动孔压，则这个动应力即相当于土的动强度。如果在某种动应力下发展的动孔压能够使土的强度完全丧失，则土就会出现液化，这种动应力即为土能够抵抗液化发生的最大动应力，或称抗液化强度。严格地讲，动应力、动变形与动孔压之间的实质性联系应该通过不同土在不同排水条件下动应力-动应变-动孔压之间的关系，即强度标准、孔压模型与变形速率等的变化规律来反映。它对于土体中，即对于连续并有特定边界的土介质中的动应力场、动变形场和动孔压场（在土体内各个点上是变化的）都有着重要影响。土动力

学包括土的动力特性和土的动力稳定性两大部分，是在以后章节中认识和分析土体动力稳定性的基础。因此，本章对往返作用的动荷载讨论的动强度、动变形、动孔压等问题做出重点分析。

7.2 土的动强度特性

7.2.1 动荷载作用的速率效应与循环效应

土的动强度是指能够引起土发生变形破坏或土在动孔压达到极限平衡条件时的动应力。土的动强度随着动荷载作用速率效应和循环效应的不同而不同。随着加载速率的提高土的动强度也提高，随着循环次数的增加土的动强度降低。

1. 速率效应

如图 7.4(a) 所示，在以不同速率加载的三轴试验中，随着加载速率的增大，土的强度也增大。这种强度的增大随着含水量的增大而更加显著。干燥时的快速加载与慢速加载所得的内摩擦角几乎没有差别。如果把加载时间 100s 时的强度视为静强度，则可由图 7.4(b) 看出加载速率增大时动强度的增长情况。

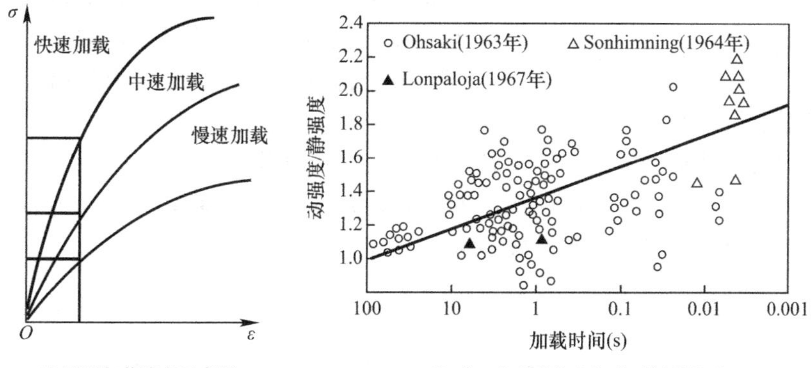

(a) 不同加载速率示意图　　(b) 动、静强度比和加载时间的关系

图 7.4 加载速率的影响

由图 7.4 可知，在快速加载时，土的动强度都大于静强度。许多研究指出，变形模量和极限强度甚至可以增大 1.1～3 倍，有试验发现这种强度增大（15%～20%）和变形模量增大（30%）的现象。快速加载引起动强度增大的现象在黏性土中更加显著，且在高含水量时最大，低含水量时最小，其原因是土在动荷载作用下的变形滞后效应和缺乏良好排水条件将与土的动强度增长有着密切关系。

2. 循环效应

在周期加载试验中，如果试样在压力 σ_r 下作均等固结后，先加静荷载至某一应力 σ_s 大于侧向压力 σ_r，但小于破坏强度 σ_f 然后施加动应力 σ_d，则当控制每组试验的振动循环次数 N 相同，改变动应力 σ_d 的幅值时，可以得出如图 7.5(a)～图 7.5(c) 所示的动应力-动应变曲线。由图 7.5 可见，随着动应力 σ_d 的增高，动应变将逐渐增大（相当于 A、B、C 点），图 7.5(d) 中最大的应力值即为静荷载 σ_s 和振动循环次数 N 时的动强度。

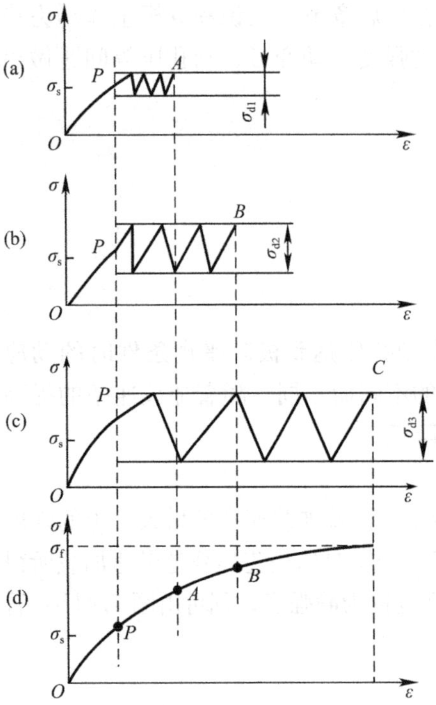

图 7.5　一定振次下的动应力-动应变曲线

如图 7.6 所示，在不同组的试验中，控制 σ_s 不变、改变 N 值，或控制 N 值不变、改变 σ_s 值，都可得出相同类型的动应力-动应变曲线。以动、静强度比为纵坐标作图时，如图 7.6(b) 所示，则有以下情况：在振动循环次数相同时，动强度的增长随着初始静应力的增大而减小；在初始静应力相同时，动强度随着振动循环次数的增大而减小，并且逐渐接近或小于静强度。对于双向受载的情况，如图 7.7(a) 所示，即动荷载在拉、压两个半周内变化的情况，动、静强度比的变化由图 7.7(b) 中的虚线示出，它在初始静应力较小时就会出现明显的降低。

7.2.2　动强度的破坏标准与动强度曲线

1. 破坏标准

土的动强度与破坏标准密切相关，合理判定土的破坏是讨论土动强度问题的重要内容。根据动强度试验得到相关结果后，常采用极限平衡标准、孔压标准、应变标准三种破坏标准进行分析。

(1) 极限平衡标准

假设土的动力试验也满足静力平衡条件，且动荷载作用下的摩尔-库仑强度包线与静荷载作用下的一致，即认为动荷载作用下土的动力有效内摩擦角 φ_d 和动力有效黏聚力 c_d 分别等于静力有效内摩擦角 φ 和有效黏聚力 c。

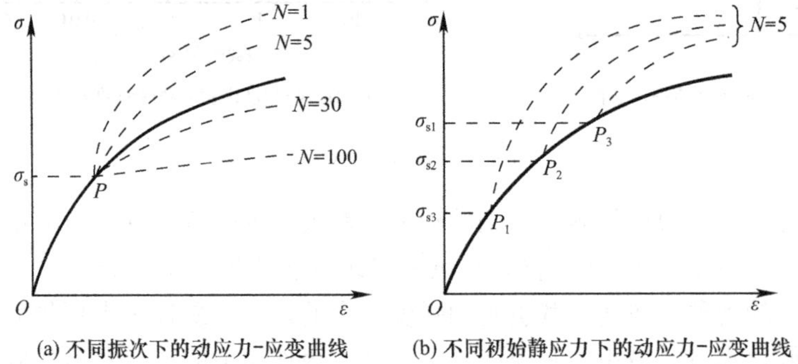

(a) 不同振次下的动应力-应变曲线　(b) 不同初始静应力下的动应力-应变曲线

图 7.6　不同振次下和不同初始静应力下的动应力-动应变曲线

如图 7.8 所示为不排水条件下，土样在动力荷载作用下的有效应力状态演变情况。其中，应力圆①表示振动前试样的有效应力状态，应力圆②表示加载过程中的最大应力圆，即在动应力达到幅值时的有效应力状态。在动荷载加载过程中，试样内的孔隙水压力会不断发展，此时试样的有效应力逐渐降低，应力圆②不断向强度包线移动。当孔隙水压力达到临界孔隙水压力时，有效应力圆与抗剪强度包线相切，即达到应力圆③的状态时，试样达到极限平衡状态，亦即破坏状态。

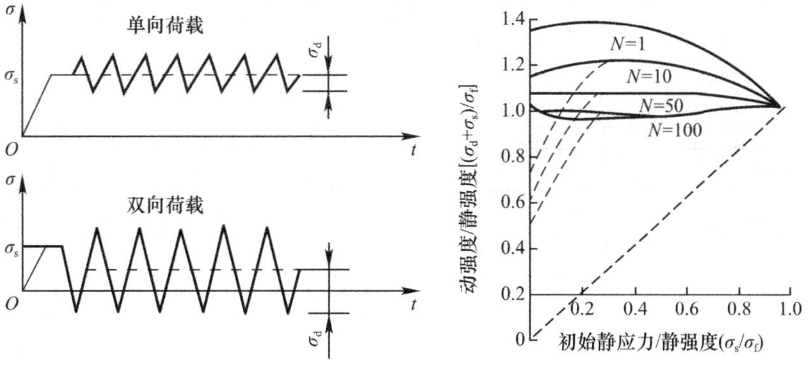

(a) 单向荷载与双向荷载　　(b) 动应力-应变曲线

图 7.7　单向和双向动应力作用时的动应力-动应变曲线

需要指出的是，图 7.8 中达到极限平衡状态（破坏状态）的应力圆③仅是在荷载达到动力荷载幅值时得到的，而实际条件下动应力是随时间不断变化的。因此，在达到动力荷载幅值后，动应力减小，应力圆相对变小。因此，一般而言，根据极限平衡标准确定的土的动强度偏小，安全度偏高。

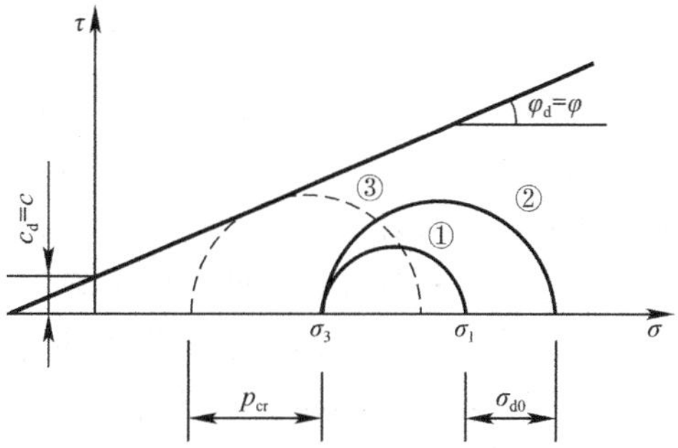

图 7.8　动力荷载作用下有效应力状态演变

(2) 孔压标准（液化标准）

对于砂类土，当周期荷载作用下产生的孔隙水压力 $p=\sigma_3$ 时，土的强度完全丧失，处于黏滞流态，称为液化状态。若认为达到液化状态的砂土即达到了破坏状态，则此即为土的液化标准。通常只有饱和松散砂土或粉土，且在振动前的固结应力比 K 为 1.0 时，才会出现累计孔压 $p=\sigma_3$ 的情况。

(3) 破坏应变标准

对于不会发生液化破坏的土，随着振动次数的发展，孔隙水压力增长的速率将逐渐减小并趋于一个小于 σ_3 的稳定值，但变形却随振次继续发展。因此，与静力试验一致，动力荷载下也可以确定一个限定应变作为土样的破坏标准。在各向等压固结条件下，即 K_c 为 1.0 时，常用双幅轴向动应变 $2\varepsilon_d$ 等于 5%或 10%作为破坏标准。K_c 大于 1.0 时，常以总应变（包括残余应变 ε_m 和动应变 ε_d）达 5%或 10%作为破坏标准。破坏应变标准的取值与建筑物性质等诸多因素有关，目前的规定还不统一。

关于上述三类破坏标准，当土会发生液化时，应使用液化标准作为破坏标准；当土不会发生液化时，常以限定应变值作为破坏标准。

2. 动强度曲线

以 $\lg N_f$ 为横坐标，以试样 45°面上的剪应力 τ_d（即动应力幅值 σ_{d0} 的一半）或 $\sigma_{d0}/2\sigma_{3c}$ 为纵坐标绘制得到如图 7.9 所示的曲线，称为土的动强度曲线。

根据土的动强度曲线可将土的动强度理解为：在某种净应力状态下，周期荷载使土样在某一预定振次下发生破坏时，试样在 45°面上的动剪应力幅值为 $\sigma_{d0}/2$。因此，动强度不仅取决于土的性质，且受振动前的应力状态和预定振次的影响。由土的一般试验结果可

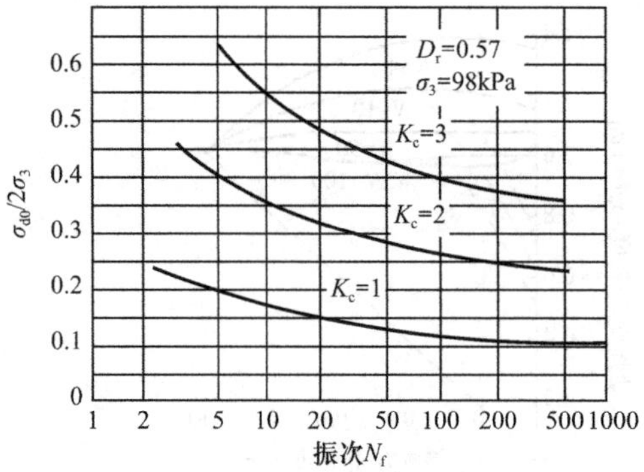

图 7.9 动强度曲线

知，动强度随围压 σ_3 和固结应力 K_c 的增大而增大。

3. 土的动强度指标 c_d 和 φ_d

上述动强度的概念及判断标准只适用于判断原处于静力状态下的土单元在一定的动应力作用下是否会发生破坏。在进行土体整体稳定性分析时，在土的抗剪强度指标中需要同时考虑静力和动力的作用，此时可根据上述试验结果求取土的动强度指标 c_d 和 φ_d，方法如下所述。

将固结应力比 K 相同、围压 σ_s 不同的几个动力试验分为一组，根据每个试验中的固结应力比和围压，从如图 7.10 所示的动强度曲线上查得与某一规定振次 N_f 对应的动应力幅值 σ_{d0}，在 σ_1 的基础上加上动应力幅值，在 τ-σ 平面上绘制出对应的破坏应力圆，绘制得到这一组内所有试样的破坏应力圆后，即可得到破坏应力圆的公切线，此公切线称为土的动强度包线。根据动强度曲线即可确定土的动强度指标 c_d 和 φ_d，如图 7.9 所示。需要指出的是，一种动强度指标是与某一特定破坏振次 N 和静力固结应力比 K 相对应的。

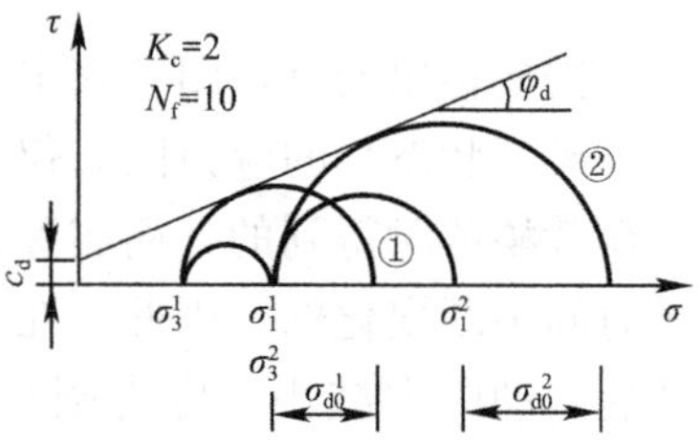

图 7.10 动强度破坏包络线
（D_r 为砂土相对密度）

7.3 土的动变形特性

7.3.1 土的残余变形与波动变形

动荷载作用下土的变形特性是土动力学的主要研究内容之一。土的动变形可分为残余变形和波动变形，其中，残余变形也称为永久变形，在动荷载停止作用后不可恢复，往返的动应力还将在土体中引起相对于残余变形的波动变形。在饱和土中，残余变形的增长与动孔压的单调增长相对应，波动变形与动应力的往返变化相对应。

一般而言，除在动应力小、土体结构性低的弹性变形条件下以外，土中都会出现残余变形，残余变形在动荷载作用过程中稳定增长。波动变形在不同变形阶段有着不同的特征，其在弹性变形阶段保持相同的幅值，在土体硬化阶段连续增大，在土体软化阶段连续降低，在土体破坏时接近于零。

7.3.2 砂土的残余变形特征

如上所述，土的残余变形具有不可恢复和单调增长的特点，因而在实际工程中受到重视。土的残余变形特征与动荷载类型有关，由于在对场地进行地基处理时，通常可采用夯击、锤击、振冲等方法使砂土振密，从而达到提高场地抗液化性能的目的，因此下面将从实用性的角度出发，分析振动荷载作用下砂土的残余变形特征。

振动荷载作用下残余变形的大小与土的初始密度、初始含水量、初始静应力状态、动荷载作用的强度和振动持时等因素密切相关。如图 7.11 所示，在无附加压力作用时，砂土的动残余变形和孔隙水压力随动荷载强度的增大而增大，随初始密度的增大而减小。如图 7.12 所示，当有附加压力作用时，附加压力越高砂土的动变形越大，动孔压越小，这表明砂土在附加压力下的较大位移是在孔压值较低，即土颗粒间相互接触面积较小的情况下发生的。

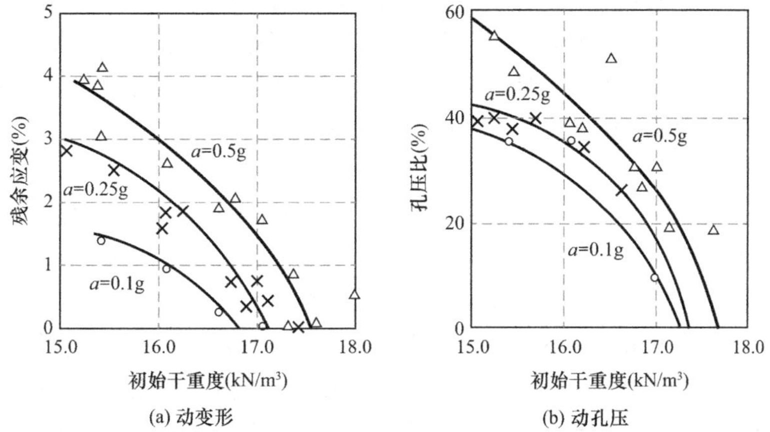

图 7.11　动变形和动孔压随动荷载强度及干重度的变化规律

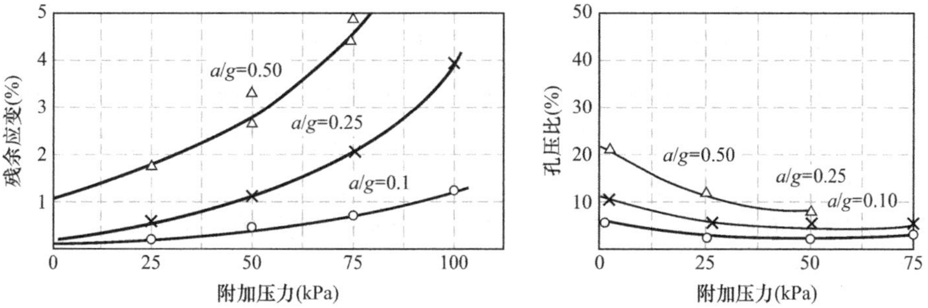

图 7.12　动变形和动孔压随附加压力的变化规律

砂土动变形随振动持时的增长而增大，振动初期增长较快而后增长速度趋缓，且变形的稳定值对于孔压的最大值有一定的滞后现象。因此在砂土振密过程中，振动加速度越大，最终重度越大，但当动力加速度过大时，土体会发生松胀，起不到振密的效果，而过小的动力加速度不会在土体中引起变形。因此，振密必须达到一定的动力强度，但并非振动强度越大越好，一般应控制土体不发生松胀为宜。

7.4　土的动孔压特性

动荷载作用下土中孔隙水压力的发展与消散是土体变形演变和强度变化的根本原因，也是采用有效应力法进行土体动力反应分析的关键，土体振动过程中孔隙水压力发生、增长和消散问题的研究一直是土动力学的重点内容。很多学者对此类问题进行研究，提出了不同的计算模型。本节将对动孔压的概念、影响因素及计算模型进行介绍。

7.4.1 动孔压的概念及影响因素

诸多土的动力试验结果发现，振动孔隙水压力的发展主要取决于土的性质、振动前应力状态、动荷载的特点等因素。土在排水剪切条件下将发生剪胀或剪缩，在不排水剪切条件下这种剪胀势或剪缩势表现为超静孔隙水压力的发展，其值可正可负。对于砂性土来说，其剪胀特性取决于密实度；对于黏性土来说，其剪胀特性取决于固结程度。土受到周期荷载的作用相当于往复的剪切作用，在不排水条件下必然伴随着孔隙水压力的产生和发展。与在静力条件下有所不同的是，不论是松砂还是密砂，每一次应力循环过程中都会引起正孔隙水压力的增加，密实度越大，增加的速度越慢。

1. 土的性质

黏性土由于具有黏聚力，即使孔隙水压力等于全部总应力，抗剪强度也不会全部丧失，因而不具备液化的内在条件。粗粒砂土由于透水性好，孔隙水压力易于消散，在周期荷载作用下，孔隙水压力亦不易累积增长，因而一般也不会产生液化。只有没有黏聚力或黏聚力很小的处于地下水位以下的粉细砂或粉土，渗透系数较小不足以在第二次荷载施加之前把孔隙水压力全部消散掉，才具有累积孔隙水压力并使强度完全丧失的内部条件。因此，土的粒径大小是一个重要因素。实测资料表明，粉土和粉细砂土比中、粗砂土更易液化；级配均匀的砂土比级配良好的砂土更易发生液化。

2. 振动前应力状态

振动前应力状态用围压 σ_c 和固结应力比 K 表示。围压 σ_c 在土体内不引起剪应力，对孔隙水压力的影响主要通过影响土的密实度产生，σ_c 越大，土越密，孔隙水压力的发展越慢。固结应力比对振动孔隙水压力发展的影响相对更大，其可反映振动前土样已经受到的剪切程度。在周期应力作用下，虽然产生的是正孔隙水压力，但是 K 越大的土，振动前的剪切变形越大，孔隙水压力发展的速度越慢，最终积累的孔隙水压力也越小。

3. 动荷载的特点

动荷载是引起孔隙水压力发展的内因。显然，动应力的幅值越大，循环次数越多，积累的孔隙水压力也越高。试验发现粗粒土的振动孔隙水压力在常用试验频率范围内受到频率变化的影响很小，一般可不考虑。

7.4.2 动孔压模型

砂土的动孔压模型可分为应力模型、应变模型、能量模型、有效应力路径、内时模型等。其中，应力路径模型和应变模型一般是基于土动力学试验（如等应力幅动三轴试验、振动单剪试验、振动扭剪试验）的成果，将动孔隙水压力与振动次数或其他特性指标（如剪应力、剪应变等）建立某种经验关系来进行数学拟合；有效应力路径模型能清晰地反映饱和砂土从开始振动到发生初始液化过程中的应力路径，有助于理解孔隙水压力发展的波动性。谢定义等（1987）将振动荷载作用下的孔隙水压力分为应力孔压、结构孔压和传递孔压，在此基础上提出了孔压的瞬态模型。此外，还有用内时理论表征饱和砂土在周期加载条件下孔压发展规律的内时模型、考虑孔压与加载一周耗损的能量值之间关系的能量模型等。

1. 动孔压的应力模型

孔压应力模型的特点是将孔压和施加的应力联系起来。由于动应力作用应从应力幅值和持续时间两个方面来考虑，因此这类模型通常考虑动应力和振次，或者用引起液化的周数 N 反映动应力的大小，得出孔压比 p/σ_c' 和振次比 N/N_L 的关系。其中，p 为孔隙水压力，σ_c' 为有效固结围压，N 为循环荷载作用次数，N_L 为达到液化时的循环次数。这类模型中最典型的是 Seed 等在等向固结不排水动三轴试验基础上提出的关系：

$$\frac{p}{\sigma_c'}=\frac{2}{\pi}\arcsin\left(\frac{N}{N_L}\right)^{1/2\alpha} \tag{7.1}$$

或

$$\frac{\Delta p}{\sigma_c'}=\frac{1}{\pi\alpha N_L\sqrt{\left(1-\frac{N}{N_L}\right)^{1/\alpha}}}\left(\frac{N}{N_L}\right)^{\frac{1}{2\alpha}-1}\Delta N \tag{7.2}$$

式中，α 为试验常数，取决于土类和试验条件，大多数情况下可取 $\alpha=0.7$；N_L 为液化破坏时的振次。

对于非等向固结情况，Finn 等提出的修正公式为：

$$\frac{p}{\sigma_c'}=\frac{1}{2}+\frac{1}{\pi}\arcsin\left[2\left(\frac{N}{N_L}\right)^{1/\alpha}-1\right] \tag{7.3}$$

由于偏压固结下土体初始液化时的振动次数难以确定，故可以用孔压达到侧向固结压力 50%时的振动次数 N_{50} 代替 N_L，则式（7.3）修正为：

$$\frac{u}{\sigma_c'}=\frac{1}{2}+\frac{1}{\pi}\arcsin\left[\left(\frac{N}{N_{50}}\right)^{1/\beta}-1\right] \tag{7.4}$$

式中，N_{50} 为孔压比等于 50%时的循环次数；对于尾矿砂，$\beta=3K_c-2$，其中有效固结应力比 $K_c=\sigma_{1c}'/\sigma_{3c}'$，$\sigma_{3c}'$ 为有效固结围压。

式（7.4）的计算结果与试验结果接近，但 Finn 的公式无法反映出 K_c 增大时，孔压极限值降低的规律，因此 C. S. Chang 提出如下修正公式：

$$u=\frac{u_f}{2}+\frac{u_f}{\pi}\arcsin\left[\left(\frac{N}{N_{50}^*}\right)^{1/\alpha}-1\right] \tag{7.5}$$

式中，N_{50}^* 为孔压等于 u_f 的 50%时的循环次数；u_f 为非等向固结的孔压极限值，其值为：

$$u_f=\sigma_{3c}'\left(\frac{1+\sin\varphi'}{2\sin\varphi'}-\frac{1-\sin\varphi'}{2\sin\varphi'}K_c\right) \tag{7.6}$$

参数 α 为：

$$\alpha=2.25-2.53\frac{0.5}{(1+K_c)D_r} \tag{7.7}$$

由式（7.5）得到修正的孔压比随荷载作用次数的关系曲线如图 7.13 所示。

徐志英考虑了初始剪应力比 $\beta_0=\tau_0/\sigma_c'$ 的影响，提出如下公式：

$$\frac{u}{\sigma_c'}=\frac{2}{\pi}(1-m\beta_0)\arcsin\left(\frac{N}{N_L}\right)^{\frac{1}{2\alpha}} \tag{7.8}$$

式中，m 为反映孔压比随 β_0 衰减的一个经验系数，一般取 1.1～1.3。

孔压的应力模型还有许多，这里不再赘述，读者可参考相关文献资料。值得注意的是，孔压应力模型的一个明显缺陷是无法解释偏应力卸荷时孔压增长的现象，即反向的剪

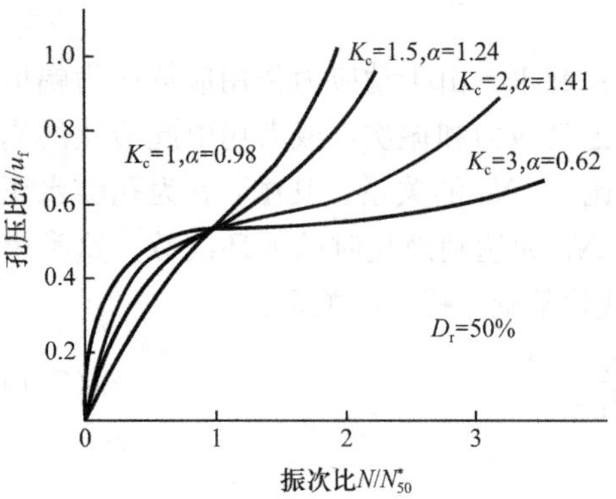

图 7.13　修正的动孔压比曲线

缩特性，而此时孔压的变化往往起着明显的作用。这类模型的发展与早期动荷试验的仪器设备多与应力控制式有关。

2. 孔压的应变模型

孔压应变模型的特点是将动孔压和某种应变联系起来，目前许多学者主张采用剪应变作为变化量，如 M-F-S 模型和汪闻韶模型。

（1）M-F-S 模型

M-F-S 模型假设水的刚度远大于土骨架的刚度，水在不排水周期荷载作用下引起的体应变可以忽略，即不排水试验为常体积试验。当土骨架受到动荷载作用引起结构的一定破坏时，在不排水条件下表现为孔压增高，此时有效应力降低，土骨架将产生弹性体应变。在这种常体积试验中，塑性体应变与弹性体应变的大小相等，方向相反，如图 7.14 所示。如果能够求得循环应力在每个周期内的塑性体应变增量 $\Delta\varepsilon_{vd}$，并根据上述塑性体应变与弹性体应变相等的关系，就可以求出孔压的增量 Δu，即：

$$\Delta u = \overline{E}_r \Delta\varepsilon_{vd} \tag{7.9}$$

式中，$\overline{E}_r$为土在一次应力循环开始时有效应力状态下的回弹模量。

M-F-S 模型 $\Delta\varepsilon_{vd}$和$\overline{E}_r$在不排水条件下都是无法测定的。如图 7.15 所示，排水单剪试验结果表明 $\Delta\varepsilon_{vd}$与剪应变幅值有关，而与竖向应力的大小无关，故可认为这种体应变增量是由颗粒间的滑移所引起的，应与不排水试验中相同剪应变幅值条件下的体应变增量相等，因此可用排水条件下的 $\Delta\varepsilon_{vd}$代替不排水条件下的 $\Delta\varepsilon_{vd}$，并由式（7.9）估算孔隙水压力的增量 Δu。

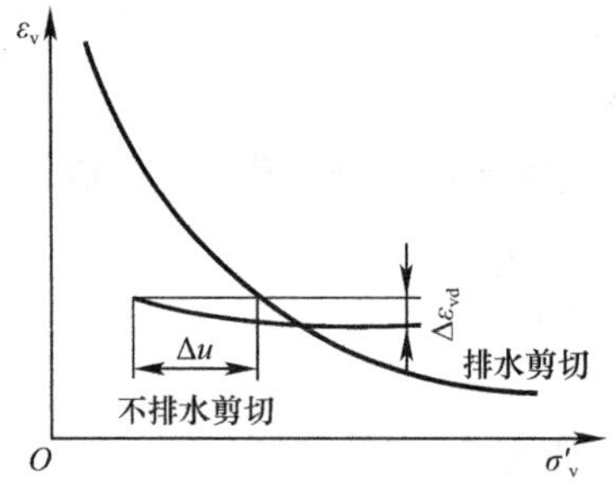

图 7.14　排水条件下塑性体应变增量 $\Delta\varepsilon_{vd}$ 与不排水条件下的孔压增量 Δu 的联系

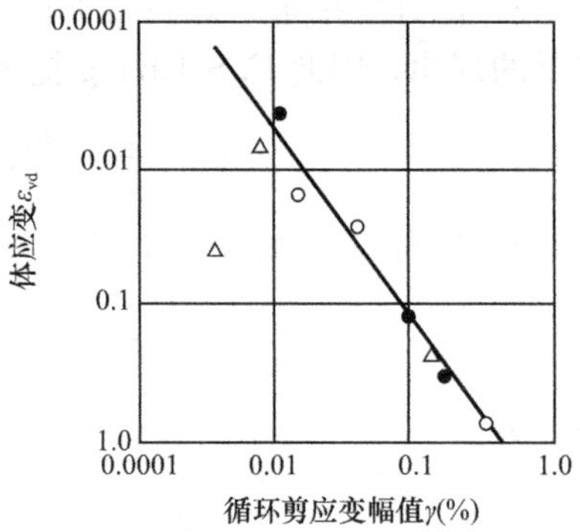

图 7.15　体应变与剪应变幅值的关系

（2）汪闻韶模型

汪闻韶综合考虑了排水和不排水条件下孔压的发展规律，对不同初始密度的砂土进行了排水压缩试验，他认为，除低应力范围外，压缩曲线可视为一簇平行直线，并假设在不排水条件下土的体积不变，在完全排水条件下土的有效应力不变。如图 7.16 所示，对于由 A 点固结到 B 点（密度-压力状态为 n_B、σ'_{mB}）的土，在不排水条件下孔压增量为 Δu^*，

有效应力减小到 E 点 $\sigma'_{mE}=\sigma'_{mB}-\Delta u^*$ 的水平，则其在完全排水条件下压缩时的孔隙率变化 Δn 可由过 E 点压缩曲线上的 D 点与 B 点的孔隙率之差来确定，即 $\Delta n=n_B-n_D$，由此孔压的计算式为：

$$\Delta n=\alpha\Delta u^* \tag{7.10}$$

或

$$\frac{\partial n}{\partial t}=\alpha\frac{\partial u^*}{\partial t} \tag{7.11}$$

或

$$\partial u^*=E_c\Delta n \tag{7.12}$$

式中，α 为土的体积压缩系数；E_c 为体积压缩模量；Δu^* 为不排水条件下的孔压。

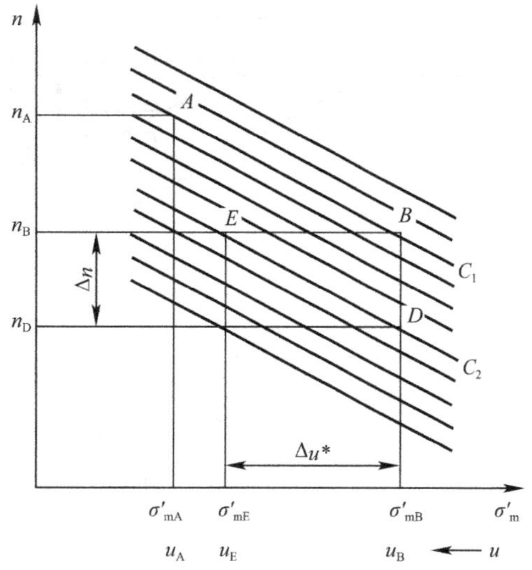

图 7.16　排水压缩试验的压缩曲线

图 7.17 表示部分排水条件下的孔压发展过程，Δn_t 和 Δu_t 分别表示土体在部分排水条件下达到 t 时刻时的孔隙率增量和孔压增量，Δu^* 表示土体在不排水条件下达到 t 时刻时的孔压增量。由图 7.17 可知，在部分排水条件下，实际发展的孔压小于 Δu^*，表示为 Δu，则式（7.11）改为：

$$\frac{\partial n}{\partial t}=\alpha\left(\frac{\partial u^*}{\partial t}-\frac{\partial u}{\partial t}\right) \tag{7.13}$$

在部分排水的条件下，尚有孔压扩散时，因渗水吸入会出现回弹，而在这种回弹并没有超过骨架正常卸荷回弹所可能发展的最大回弹增量 dn_c（$dn_c=\beta dn_c$，β 为土的体积回弹系数）时，或 $du<du_c$ 时，称为无剩余回弹情况，此时由图 7.17 有：

$$\frac{\partial n}{\partial t}=-\alpha\left(\frac{\partial u^*}{\partial t}-\frac{\partial u}{\partial t}\right) \tag{7.14}$$

如果引起回弹的扩散孔压增量超过了 du，此时，孔压所引起的回弹增量超过了正常卸荷回弹，则称为有剩余回弹，此时由图 7.18 得：

$$\frac{\partial n}{\partial t}=\beta\frac{\partial u}{\partial t} \tag{7.15}$$

令

$$A=\frac{\partial u}{\partial t}-\frac{1}{1-\beta\alpha}\frac{\partial u^*}{\partial t} \tag{7.16}$$

判定有无剩余回弹的条件为 A 值大于或小于零，若将式（7.12）写为 $\Delta u=E_c\Delta n$，其中 E_c 为体积压缩模量，则它与式（7.9）的形式十分相似，但两个模量分别采用了体积回弹模量与体积压缩模量，这是因为它们分别建立在不同的假定基础上，且对应于不同的试验测定方法。Martin 的模型假定在不排水条件下，孔压上升引起的体胀正好抵消了在排水条件下受荷需要产生的体积缩小量 $\Delta\varepsilon_r$。汪闻韶假定不排水条件下孔压上升引起有效应力降低的过程相当于使压缩曲线在孔隙率 n 不变的条件下平行移动到一个新的位置，这个位置可以通过排水路径上的体积变量确定。事实上，上述两种假定只说明了各自对不排水条件和排水条件的情况建立联系的方法，并不能反映实际变化机理。无论$\overline{E_r}$或 E_c 都只能视为两种条件下的一个转换系数，并不具有严格的物理意义。

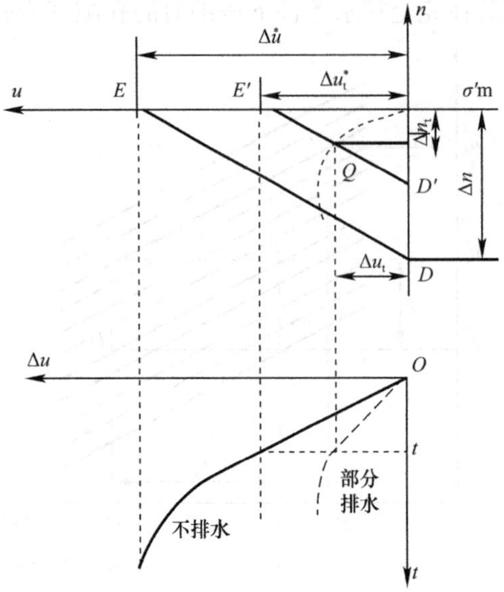

图 7.17　部分排水条件下孔压发展

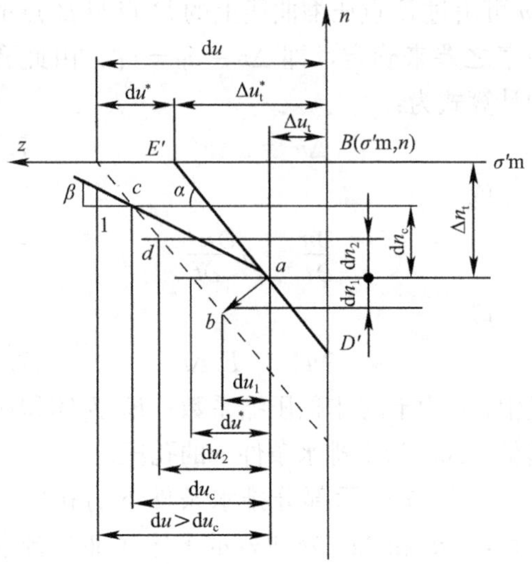

图 7.18　部分排水、尚有孔压扩散条件下的孔压发展

将孔压与剪应变建立联系的思想是一个新的发展。Lo 的研究表明，孔压可以表达为大主应变 ε_1 的单调函数；Dobry 等也发现，循环荷载下饱和砂土的孔压增长与循环剪应变 γ_c 明显相关，并存在一个极限剪应变 γ_t。当 $\gamma_c \leqslant \gamma_t$ 时，试样无残余孔压。由于孔压的应变模型可以解决应力模型中的矛盾，又可以直接和动力分析中的应变幅联系起来，因此得到快速发展，应变控制式动力试验设备也随之得到进一步的发展。

3. 孔压的有效应力路径模型

孔压有效应力路径模型的特点是将动孔压和有效应力路径联系起来，这种模型是 Ishihara 等根据大量饱和砂土的静剪切试验提出的，该方法依据的是两条应力轨迹线，一条是等体积的应力轨迹线，另一条是等剪应变的应力轨迹线。等体积的应力轨迹线由固结不排水试验时的剪应力 q 和有效平均应力 p' 的关系得到，见图 7.19(a)；等剪应变的应力轨迹线是使土的剪应变达到一定水平的 p'、q 在 q-p' 坐标上得到的，见图 7.19(b)。

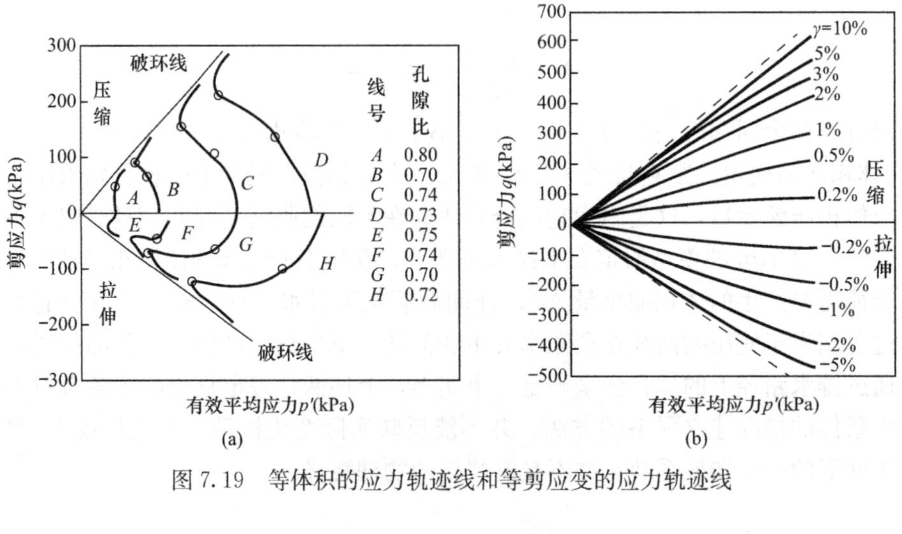

图 7.19　等体积的应力轨迹线和等剪应变的应力轨迹线

等体积的应力轨迹线在拉、压状态稍有不同，当 p' 相同时，压状态的 q 要大于拉状态的 q。但 p' 均随 q 的增加而减少，反映出孔压的增加，且到一定程度后，出现反弯点。此后，q 继续增加，p' 增大，反映出孔压的减小。反弯点是土剪缩与剪胀状态的临界点，反弯点后 q-p' 线的包线为一条直线，分别为拉、压状态的破坏线，破坏线以内等体积应力轨迹线可近似取为圆弧，并忽略拉、压状态时的差别，圆心的位置取决于砂的种类和密度。对于等剪应变应力轨迹线，可以将其视为一簇过原点的直线，即 q/p' 为常数。

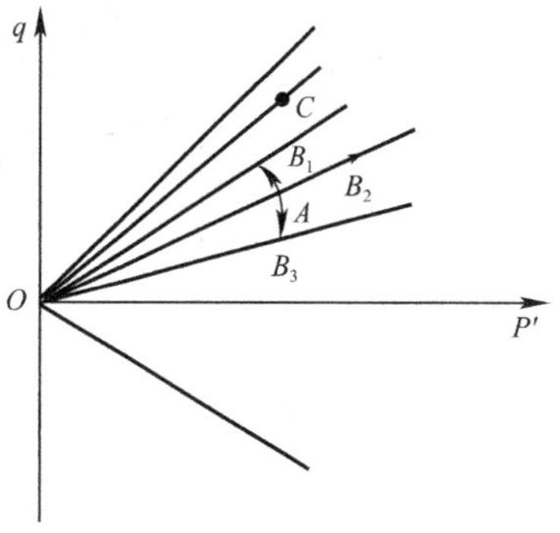

图 7.20　q/p' 的变化与塑性变形

等剪应变的应力轨迹线在拉、压状态下也不同。当 p' 相同时，压状态的 q 明显大于拉状态的 q，当将两种应力轨迹线联系起来分析时，处于某一等应变线上的任一点 A，在应力改变后其 q/p' 值可能增大（B_1 点），可能不变（B_2 点），也可能减小（B_3 点），如图 7.20 所示。如到 B_1 点将发生附加的剪应变，其中一部分为附加的塑性剪应变；如到 B_2 点，则将不发生附加的剪应变，这是由于附加的弹性应变与附加的塑性应变相抵消；如到 B_3 点，则只发生弹性剪应变，而不发生附加的塑性剪应变。可见，当 $(q/p')_A \geqslant (q/p')_B$，即加载状态时，土将发生附加的塑性剪切变形；当 $(q/p')_A < (q/p')_B$，即卸载状态时，土只发生弹性变形。实际上，土是否会发生附加的塑性变形，将取决于土以前经受过的最大剪应力比 $(q/p')_{max}$。如 $(q/p')_{max}$ 对应于图 7.20 中 C 点所示的等剪应变轨迹线，则只有作用应力为 $q/p' \geqslant (q/p')_{max}$ 时才发生附加塑性剪应变，而在 $q/p' < (q/p')_{max}$ 时不会发生。在不排水条件下，荷载改变时，应力点位置改变，其轨迹为沿等体积应力轨迹线的圆弧。由于弹性变形不引起附加的塑性剪应变，也不引起孔隙水压力，故只有发生屈服产生塑性变形时，才产生附加的孔隙水压力增量，其变化量等于沿圆弧轨迹变化时有效平均应力 p' 的变化量。

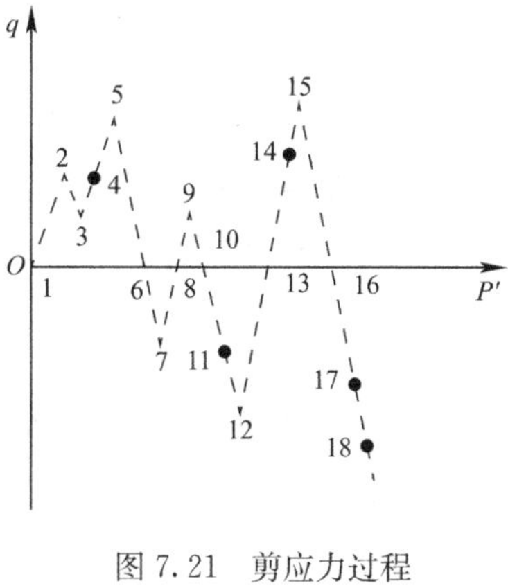

图 7.21　剪应力过程

对于如图 7.21 所示的剪应力过程，其不排水条件下孔压的变化过程可按下述方法确定。如果土为等压固结，即 1 点的有效平均应力为 p_1'，剪应力 q_1 为零，应力点在 q-p' 坐标上位于 1 处（图 7.22）。当剪应力由 1 到 2 变化时，q-p' 坐标图上的应力点即由 1 点沿等体积应力轨迹线到纵坐标等于 q_2 的 2 点，孔压增量为 $p_1'-p_2'$（图 7.23）。当应力由 q_2 变到 q_3 再到 q_4 时，其坐标图上的应力点均在屈服线 $O2$ 之下，只发生弹性变形，不产生附加孔压，即 p' 不变，3、4 点均在过 2 点的铅垂线上。当应力从 q_4 到 q_5 时，开始发生屈服，应力点沿过 4 点（同 2 点）的圆弧变化，孔压增量为 $p_5'-p_2'$。接着，应力从 q_5 减小到 q_6，只发生弹性变形，无附加孔压。当应力由 q_6 变到 q_7 时，土处于受拉状态，并发生反向屈服。应力点沿过 6 点（同 5 点）的反向圆弧变化到 7 点时，孔压增量为 $p_7'-p_5'$。此后，应力由 q 变到 q_8、q_9、q_{10} 及 q_{11} 时，只发生弹性变形，不产生附加孔压。如此一直向下计算，直到土体破坏，即应力点达到等体积应力轨迹线的反弯点（即破坏线）时为止。

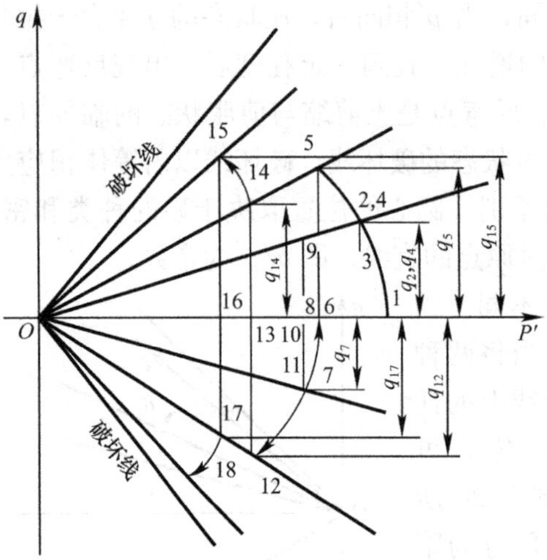

图 7.22　由剪应力过程求取孔压变化过程

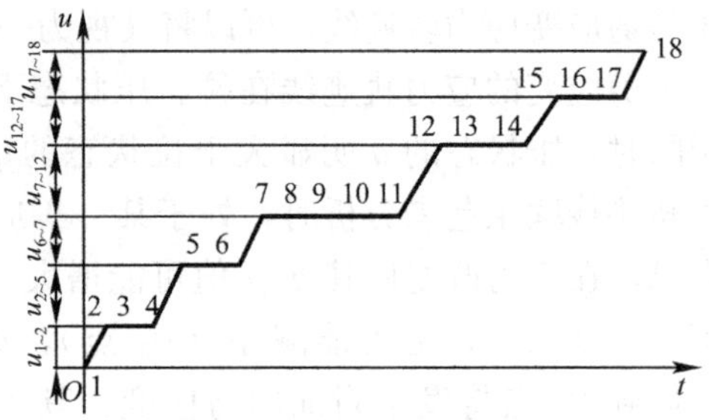

图 7.23　孔压发展过程

4. 孔压的能量模型

孔压能量模型的特点是将孔压的升高与土粒重新排列过程中能量的耗损联系起来。曹亚林等对标准砂的试验表明：用往复动荷作用下滞回阻尼圈所包围的面积来代表振动循环一周中损耗的能量值，土中累积耗损的能量随孔压的升高而增长，且与初始应力状态 K_c 及 σ_0' 有关。引入无量纲能量 W_R 可对不同初始应力状态下的孔压-能量关系作归一化处理，所得的 $u/\sigma_0'-W_R$ 曲线有显著的回归关系，可表示为：

$$\frac{u}{\sigma_0'} = KW_R^{\beta} \tag{7.17}$$

式中，

$$W_R = [1 - \lg(K_c^3)]W_0 \tag{7.18}$$

$$W_0 = \frac{\Sigma W}{\sigma_0'} \tag{7.19}$$

式中，ΣW 为振动过程中单位体积土体内累积耗损的能量；K 和 β 为试验常数，对标准砂 $K=1.270$ 及 $\beta=0.310$。该模型相比于 Seed 和 Finn 模型具有良好的一致性，表明了该模型的合理性。由于能量是一个标量，尚可用叠加原理解决复杂荷载下的问题。

5. 孔压的内时模型

内时理论是描述各种砂土在周期荷载下孔压和体变关系的新方法。孔压的内时模型的特点是将孔压与某个单调增长的内时参数 K 联系起来，K 是表示振次 N 和剪应变幅值 γ 影响的一个参数，也称破损参数。孔压比 u/σ_{vo}'与振次 N 的关系一般用剪应变 γ 为参变量的曲线簇表示，即 $u/\sigma_{vo}'=f(N, \gamma)$，如图 7.24 所示。而内时理论将土视为非线性的弹塑性材料，假设土体非弹性变形和孔压是由土颗粒的重新排列引起，而这种重新排列由应变路径长度即内时 ξ 决定。内时 ξ 表示加载过程中土的累积应变，对应 N 周剪切时的剪应变，增量用 $d\xi$ 表示，$d\xi$ 与土颗粒排列的变化及其引起的应变增量 $d\varepsilon_{ij}$ 有关。将内时 ξ 与破损参数 K 联系起来，则上述曲线簇可表示为单一函数 $u/\sigma_{vo}'=G(K)$，即不同的 γ 点均落在同一函数曲线上（图 7.24）。此时只要根据试验确定出函数 $G(K)$，即可估计孔压的大小。

下面简要介绍用单一曲线表示曲线簇的分析方法。

对于单减试验：

$$d\xi = |d\varepsilon_{1,2}| = \frac{1}{2}|d\gamma| \tag{7.20}$$

故可将 $u/\sigma'_{v0}=f(N,\gamma)$ 变换为 $u/\sigma'_{v0}=g(\gamma,\xi)$，相应的曲线如图 7.25 所示。令：

$$K = T\xi \tag{7.21}$$

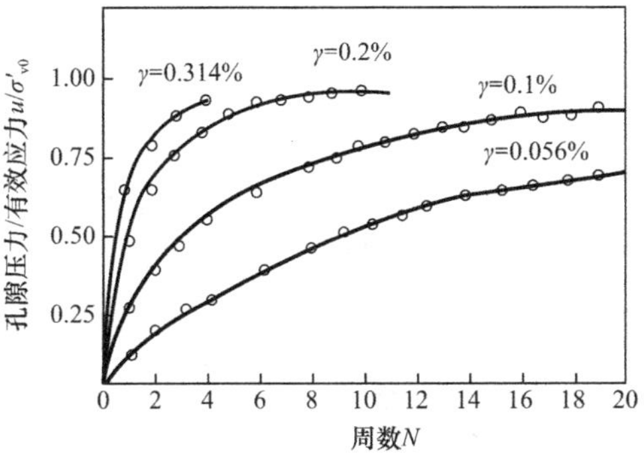

图 7.24　渥太华砂超孔压比-循环周数关系曲线
（$\sigma'_{v0}=200\text{kN/m}^2$，$D_r=45\%$）

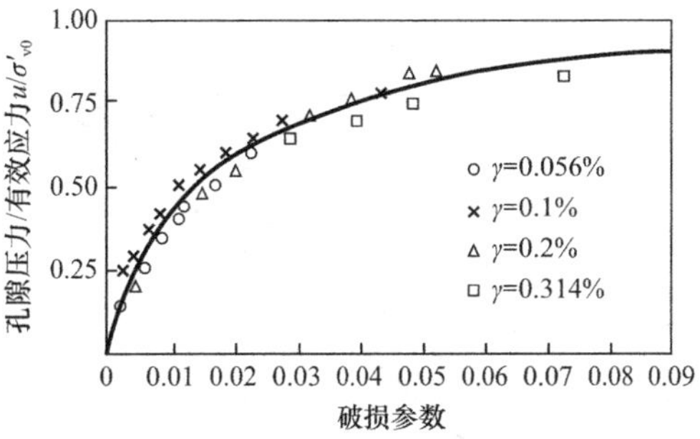

图 7.25　渥太华砂超孔压比-K 关系曲线
（$\sigma'_{v0}=200\text{kN/m}^2$，$D_r=45\%$）

式中，T 是一个表示 γ 影响的变化量，并能够使所有的（γ_1，ξ_1）和（γ_2，ξ_2）满足：

$$T_1\xi_1 = T_2\xi_2 \tag{7.22}$$

则孔压比可用含 K 的函数表示。令 $T=e^{\lambda\gamma}$，则由 $e^{\lambda\gamma_1}\xi_1=e^{\lambda\gamma_2}\xi_2$，可得：

$$e^{\lambda(\gamma_1-\gamma_2)} = \frac{\xi_2}{\xi_1} \tag{7.23}$$

或

$$\lambda = \frac{\ln\frac{\xi_2}{\xi_1}}{\gamma_1-\gamma_2} \tag{7.24}$$

按式（7.24）求得的 λ 可以满足用 K 表示 γ、N 影响的要求。由于在试验所得曲线（图 7.26）上取不同的（γ_1，ξ_1）和（γ_2，ξ_2）计算出的 λ 值变化很小，故可取其平均值。Finn 得出 $\lambda=4.99$，故破损参数 $K=\xi e^{4.997\gamma}$。

按此将图 7.26 转换成 $u/\sigma'_{v0}-K$ 关系。试验点如图 7.27 所示，由曲线拟合得：

$$\frac{u}{\sigma'_{v0}} = \frac{K(DK+C)}{AK+B} \tag{7.25}$$

和

$$\frac{u}{\sigma'_{v0}} = \frac{A_1}{B_1}\ln(1+B_1K) \tag{7.26}$$

式中，$A=79.42$，$B=0.93$，$C=93.58$，$D=71.86$，$A_1=111.50$，$B_1=452.46$。

需要指出的是，如果在不同的数组（γ，ξ）下计算的 λ 值并非单值，则可在相应的应变范围内计算 λ 的附加值，以便更好地逼近试验结果，不过一般取均值可无须作进一步修正。此外，上述单一关系 $u/\sigma'_{v0}=G(K)$ 同样可以在等应力幅周期单剪试验和周期循环动三轴试验下验证。此时，对于应力单剪试验有：

$$d\xi = |dS_{ij}\,dS_{ij}| = |d\tau| \tag{7.27}$$

$$T = \frac{e^{\lambda\tau}}{\sigma'_{v0}} \tag{7.28}$$

式中，S_{ij} 为偏应力，i，$j=1$，2；τ 为σ'_{v0}时的周期间应力幅。

对于动三轴试验有：

$$T = \frac{e^{\lambda\tau_d}}{2\sigma'_{v0}} \tag{7.29}$$

式中，τ_d 为周期偏应力。

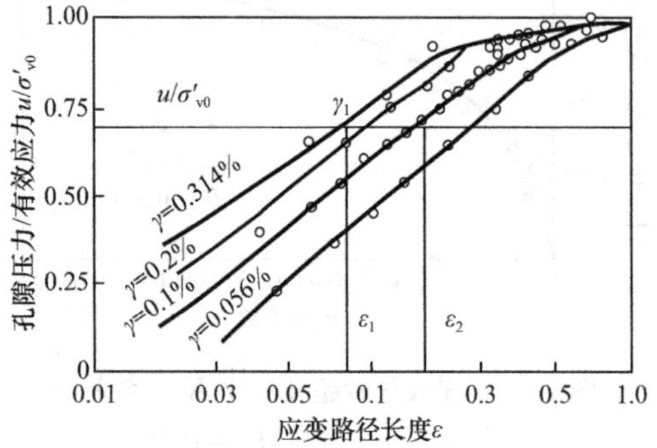

图 7.26　渥太华砂超孔压比-应力路径长度 ε 关系曲线（$\sigma'_{v0}=200kN/m^2$，$D_r=45\%$）

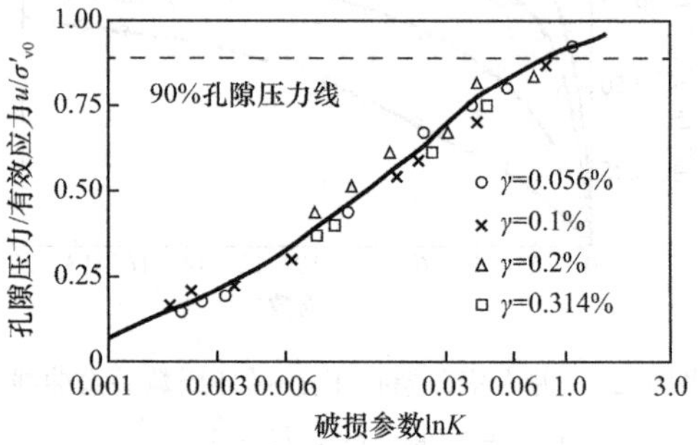

图 7.27　渥太华砂 u/σ'_{v0}-LnK 关系图（σ'_{v0}200kN/m^2，$D_r=45\%$）

应该注意的是，如果为不规则应变史时，则可将不规则应变史逐渐增加，变换为连续变量，求出应变路径长度 ξ，然后利用等应变幅试验所得的数据确定 λ 及 $T=e^{\lambda\gamma}$，把 ξ 转换为K，最后按等应变幅试验的公式 $u/\sigma'_{v0}=G(K)$ 计算因 K 增加引起的孔压曲线。由此计算得出的 $u/\sigma'_{v0}-N$ 关系与不规则应变史的试验曲线非常接近。

7.5　小结

（1）土在承受逐级增大的动荷载作用下，它的变形、强度或孔压总要经历振动压密阶段、振动剪切阶段和振动破坏阶段三个发展阶段。第一阶段危害是较小的，第三阶段是不能容许的，第二阶段是否能够容许应视具体建筑物的重要性和对地基变形的敏感程度分别决定。确定这些不同阶段的界限条件、了解土所处的阶段特性有着重要意义。

（2）土的动强度是指能够引起土发生变形破坏或土在动孔压达到极限平衡条件时的动应力。土的动强度随着动荷载作用速率效应和循环效应的不同而不同。随着加载速率的提高土的动强度也提高，随着循环次数的增加土的动强度减低。土的动强度与破坏标准密切相关，常采用极限平衡标准、孔压标准、应变标准三种破坏标准。当土会发生液化时，应使用液化标准作为破坏标准；当土不会发生液化时，常以限定应变值作为破坏标准。

（3）土的动变形可分为残余变形和波动变形，其中，残余变形也称为永久变形，在动荷载停止作用后不可恢复，往返的动应力还将在土体中引起相对于残余变形的波动变形。动荷载作用下残余变形的大小与土的初始密度、初始含水量、初始静应力状态、动荷载作用的强度和振动持时等因素密切相关。

（4）土中动孔压的发展是动荷载作用下影响土变形强度变化的重要因素，也是用有效应力法分析土体动力稳定性的关键。目前，对不排水条件下的动孔压已经提出了多种理论和方法，对于振动过程中积累的累积残余孔压，可按其相联系的主要特征分为动孔压的应力模型、动孔压的应变模型、动孔压的能量模型、动孔压的有效应力路径模型和动孔压的内时模型等。

习题

7.1　简述土动力特性变化的三个阶段。

7.2　阐述循环荷载作用下土强度的定义。影响循环荷载作用下土强度的主要因素有哪些？如何通过动三轴试验确定土的动强度指标 c_d 和 φ_d？

7.3　对砂土试样进行等向固结不排水试验，当有效固结围压 σ_c' 为 100kPa，循环荷载作用次数 N 为 50 时，孔隙水压力 p 为 50kPa，根据典型 Seed 孔压应力模型，求达到液化时的循环次数 N_L。

7.4　已知有效固结应力比 $K_c=1.2$，试验常数 $\alpha=0.7$，有效固结围压 $\sigma_c'=100$kPa，当循环荷载作用次数 $N=50$ 时，试根据 Finn 修正公式求孔压比等于 50%时的循环次数 N_{50}。

参考文献

[1] CASAGRANDE A. Characteristics of cohesionless soils affecting the stability of slopes and earth fills [J]. Journal of the Boston Society of Civil Engineering, 1936, 23 (1): 13-32.

[2] SEED B, LEE K L. Liquefaction of saturated sands during cyclic loading [J]. Journal of Soil Mechanics and Foundations Division, 1966, 92 (6): 105-134.

[3] HYDE A F L, Ward S J. A pore pressure and stability model for a silty clay under repeated loading [J]. Geotechnique, 1985, 35 (2): 113-125.

[4] MATSUI T, ITO T, OHARA H. Cyclic stress-strain history and shear characteristics of clay [J]. Journal of the Geotechnical Engineering Division, 1980, 106 (10): 1101-1120.

[5] BALIGH M M. Consolidation theory for cyclic loading [J]. Journal of the Geotechnical Engineering Division, 1978, 104 (4): 415-431.

[6] KAWAKAMI F, OGAWA S. Strength and deformation of compacted soil subjected to repeated stress applications [C] //Proceedings of the 6 th International Conference on Soil Mechanics and Foundation Engineering, 1965, 1: 264.

[7] YAMANOUCHI T, AOTO H. Deformation of soils under repeated loading [C] //24th Annual Meeting, JSCE, 1969.

[8] LUO W K. The characteristics of soils subjected to repeated loads and their applications to engineering practice [J]. Soils and Foundations, 1973, 13 (1): 11-27.

[9] SEED H B, CHAN C K. Effect of stress history and frequency of stress application on deformation of clay subgrades under repeated loading [C] //Proceedings of the Thirty-Seventh Annual Meeting of the Highway Research Board, Washington, DC, 1958, 37: 555-575.

[10] OHSAKI Y, KOIZUMI Y, KISHIDA H. Dynamic properties of soils [J]. Transaction of the Architectural Institute of Japan, 1957, 54: 357-359.

[11] OLSON R E, PAROLA J F. Dynamic shearing properties of compacted clay [C] //Proceedings of the International Symposium on Wave Propagation and Dynamic Properties of Earth Materials. Albu-

querque, New Mexico: University of New Mexico, 1967: 173-181.

[12] KAWAKAMI F. Properties of compacted soils under transient loads [J]. Soils and Foundations, 1960, 1 (2): 23-29.

[13] LOK Y. The pore pressure-strain relationship of normally consolidated undisturbed clays: Part I. Theoretical considerations [J]. Canadian Geotechnical Journal, 1969, 6 (4): 383-394.

[14] CASAGRANDE A, SHANNON W L. Strength of soils under dynamic loadings [C] //Proceedings of American Society of Civil Engineers, 1948, 74 (4): 591-632.

[15] CASAGRANDE A, WILSON S D. Effect of rate of loading on the strength of clay and shales at constant water content [J]. Geotechnique, 1951, 2: 251-263.

[16] SCHIMMING B B, HAAS H J, SAXE H C. Study of dynamic and static failure envelopes [J]. Journal of Soil Mechanics and Foundations Division, 1966, 92 (2): 105-124.

[17] WHITMAN, R. V. The behaviour of soils under transient loading [C] //Proceedings of the 4 th International Conference on Soil Mechanics and Foundation Engineering, 1957, 1: 207-210.

[18] WILSON N E, ELGOHARY M M. Consolidation of soils under cyclic loading [J]. Canadian Geotechnical Journal, 1974, 11 (3): 420-423.

[19] KOUTSOFTAS D C. Effects of cyclic loads on undrained strength of two marine clays [J]. Journal of the Geotechnical Engineering Division, 1978, 104 (5): 609-620.

[20] ISHIHARA K. Soil behavior in earthquake geotechnics [M]. Oxford: Clarendon Press, 1996.

[21] ISHIHARA K, NAGAO A. Analysis of landslides during the 1978 Izu-Ohshima-Kinkai earthquake [J]. Soils and Foundations, 1983, 23 (1): 19-37.

[22] THIERS G R, SEED H B. Strength and stress-strain characteristics of clays subjected to seismic loading conditions [J]. Vibration Effects of Earthquakes on Soils and Foundations, 1969, 450: 3-56.

[23] CASTRO G, CHRISTIAN J T. Shear strength of soils and cyclic loading [J]. Journal of the Geotechnical Engineering Division, 1976, 102 (9): 887-894.

[24] FUJIWARA H, UE S. Effect of preloading on post-construction consolidation settlement of soft clay subjected to repeated loading [J]. Soils and Foundations, 1990, 30 (1): 76-86.

[25] SANGREY D A, CASTRO G, POULOS S J, et al. Cyclic loading of sands silts and clays [C] // Proceedings on the Specialty Conference on Earthquake Engineering and Soil Dynamics ASCE. Pasadena, California, 1978: 836-851.

[26] SANGREY D A, POLLARD W S. EGAN J A. Errors associated with rate of undrained cyclic testing of clay soils [J]. Astm Special Technical Publication, 1978 (654): 280-294.

[27] YASUHARA K. Postcyclic undrained strength for cohesive soils [J]. Journal of Geotechnical Engineering, 1994, 120 (11): 1961-1979.

[28] SEED H B. CHAN C K. Clay strength under earthquake loading conditions [J]. Journal of the Soil Mechanics and Foundations Division, 1996, 92 (2): 53-78.

[29] SEED H B. Soil strength during earthquakes [J]. Proceedings of the 2nd World Conference on Earthquake Engineering, 1960, 1: 183-194.

[30] OHSAKI Y. Dynamic properties of soils and their application [J]. Japanese Society of Soil Mechanics and Foundation Engineering, 1964 (1): 29-56.

[31] ISHIHARA K. Stability of natural deposits during earthquakes [J]. Proceedings of 11th ICSMFE, 1985, 1: 321-376.

[32] LAREW H G. A strength criterion for repeated loading [C] // Proceedings of the 41st Annual

Meeting of the Highway Research Board. Washington DC, 1962, 41: 529-556.
[33] ISHIHARA K. Evaluation of soil properties for use in earthquake response analysis [C] //Proc. Int. Symp. on Numerical Models in Geomechanics, 1982: 237-259.
[34] 白冰，周健. 周期荷载作用下黏性土变形及强度特性述评 [J]. 岩土力学，1999，20 (3): 84-90.
[35] OHARA S, MATSUDA H. Dynamic shear strength of saturated clay [J]. Japan Society of Civil Engineers, 1978, 18 (1): 69-78.
[36] YASUHARA K, HIRAO K, HYDE A F L. Effects of cyclic loading on undrained strength and compressibility of clay [J]. Soils and Foundations, 1992, 32 (1): 100-116.
[37] SEED H B, WONG R T, IDRISS I M, et al. Moduli and damping factors for dynamic analyses of cohesionless soils [J]. Journal of Geotechnical Engineering, 1986, 112 (11): 1016-1032.
[38] 谢定义. 土动力学 [M]. 西安：西安交通大学出版社，2011.
[39] 刘洋. 土力学基本原理及应用 [M]. 北京：中国水利水电出版社，2016.
[40] 白冰. 土的动力特性及应用 [M]. 北京：中国建筑工业出版社，2016.
[41] 卢廷浩，刘祖德，陈国兴. 高等土力学 [M]. 北京：机械工业出版社，2006.
[42] 吴世明. 土动力学 [M]. 北京：中国建筑工业出版社，2000.
[43] 汪闻韶. 土的动力强度和液化特性 [M]. 北京：中国电力出版社，1997.
[44] SEED H B, CHAN C K. Strength under earthquake loading conditions [J]. Journal of Soil and Foundation Division, 1966, 92 (2): 53-78.
[45] SANGREY, DWIGHT A. Marine geotechnology-state of the art [J]. Marine Geotechnology, 1977, 2: 45-80.
[46] MILLER G F, PURSEY H. On the partition of energy between elastic waves in a semi-infinite isotropic solid [J]. Proceedings of Royal Society of London, 1955, 233: 55-69.
[47] ANDERSEN K H, et al. Cyclic and static laboratory tests on drammen clay [J]. Journal of Geotechnical Engineering Division, 1980, 106 (5): 499-529.
[48] KAWAKAMI F, OGAWA S. Strength and deformation of compacted soil subjected to repeated stress applications [C] //Proc. 6th ICSMFE. Montreal, 1965, 1: 264-267.
[49] OGAWA F, MATSUMOTO K. Inter-correlation ships between various soil parameters in coastal area [J]. Report of the Port and Harbor Research Institute, 1978, 17 (3): 3-89.

第8章 土的动力本构关系

8.1 概述

土的动力本构关系是土体动力分析时必不可少的基本土性关系，可以通过一定条件下的试验得到。对于较为常见的应力-应变关系，往往需要某种本构模型来描述，模型中的参数需要通过特定条件下的试验确定。根据材料受荷后的力学形状不同及其产生的应变大小，本构模型可能是弹性、黏性、塑性的，或者是三者的某种组合。因此将三种基本力学元件及其它们组合而形成的组合力学元件的应力-应变特性与土的实际应力-应变关系进行比较，以此选择更为合适的表达土材料特性的力学模型，是建立土的动应力-动应变关系的一个有效途径。

8.1.1 基本力学模型

静力作用下三个基本的力学元件（弹性元件、黏性元件和塑性元件）及其相应的静应力-静应变关系如图 8.1 所示。

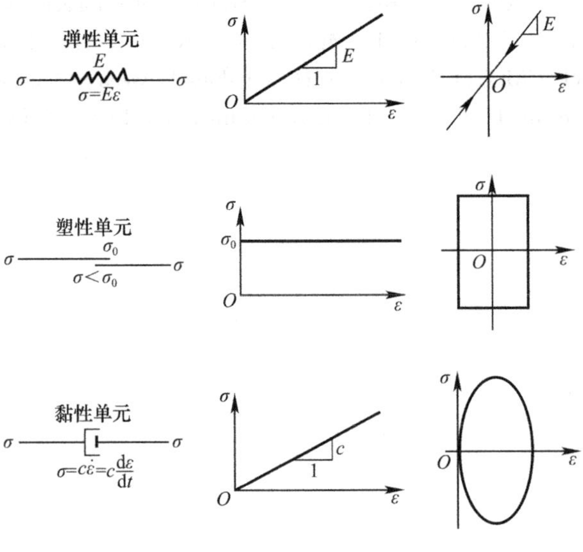

图 8.1 三种基本力学元件

若作用在上述每种力学元件上的应力为 σ_d，即 $\sigma=\sigma_d=\sigma_{d0}\sin\omega t$，由图 8.1 可以看出：对于弹性元件，动应力-动应变关系为过坐标原点的一条倾斜直线，直线的斜率取决于弹

性元件的弹性模量 E，动应力-动应变曲线内的面积等于零；对于塑性元件，动应力-动应变关系为一个矩形，因为 $|\sigma_d| \leqslant \sigma_0$，且 $|\sigma_d| < \sigma_0$ 时动应变 $\varepsilon_d = 0$，而 $|\sigma_d| = \sigma_0$ 时 ε_d 不定，当荷载转向卸载或增载时，应变 ε_d 即保持不变，动应力-动应变曲线内的面积等于 $4\sigma_0\varepsilon_d$；对于黏性元件，动应力-动应变关系是一个椭圆形，并且在一个动应力周期内的单位体积应变能正好等于其动应力-动应变曲线所示椭圆的面积。其中：

$$\sigma_d = c\dot{\varepsilon}_d = c\frac{d\varepsilon_d}{dt} \tag{8.1}$$

$$\sigma_d = \sigma_{d0}\sin\omega t \tag{8.2}$$

故可得：

$$\varepsilon_d = \frac{1}{c}\int\sigma_d dt = \frac{1}{c}\int\sigma_{d0}\sin\omega t\,dt = -\frac{\sigma_{d0}}{c\omega}\cos\omega t + A \tag{8.3}$$

由初始条件，当 $t=0$ 时，$\varepsilon_d=0$，故 $A=\frac{\sigma_d}{c\omega}$。由此可得：

$$\varepsilon_d = -\frac{\sigma_{d0}}{c\omega}\cos\omega t + \frac{\sigma_{d0}}{c\omega} \tag{8.4}$$

或写为：

$$-\cos\omega t = \frac{\varepsilon_d - \dfrac{\sigma_{d0}}{c\omega}}{\dfrac{\sigma_{d0}}{c\omega}} \tag{8.5}$$

由动应力表达式 $\sigma_d=\sigma_{d0}\sin\omega t$ 可得：

$$\sin\omega t = \frac{\sigma_d}{\sigma_{d0}} \tag{8.6}$$

将式（8.5）和式（8.6）平方相加可得：

$$\frac{\sigma_d^2}{\sigma_{d0}^2} + \frac{\left(\varepsilon_d - \dfrac{\sigma_{d0}}{c\omega}\right)^2}{\left(\dfrac{\sigma_{d0}}{c\omega}\right)^2} = 1 \tag{8.7}$$

此式为一椭圆方程，中心点为$\left(\frac{\sigma_{d0}}{c\omega},\ 0\right)$，此椭圆的面积等于：

$$A_0 = \pi ab = \pi\sigma_{d0}\frac{\sigma_{d0}}{c\omega} = \frac{\pi\sigma_{d0}^2}{c\omega} \tag{8.8}$$

且动应力一个周期内单位体积的应变能为：

$$\delta W = \int_0^{\varepsilon_d}\sigma_d d\varepsilon_d \tag{8.9}$$

由式（8.4）得：

$$d\varepsilon_d = \frac{\sigma_{d0}}{c}\sin\omega t\,dt \tag{8.10}$$

且

$$\sigma_d = \sigma_{d0}\sin\omega t$$

故

$$\delta W = \int_0^T \sigma_{d0}\sin\omega t \cdot \frac{\sigma_{d0}}{c}\sin\omega t\,dt = \frac{\pi\sigma_{d0}^2}{c\omega} \tag{8.11}$$

可见黏性单元在一个动应力周期内单位体积的应变能正好等于其动应力-动应变曲线所围椭圆的面积。下面介绍由三种基本力学元件组合而成的几种常见模型。

8.1.2 组合力学模型

1. 弹塑性模型

理想弹塑性模型的动应力-动应变关系可由弹性元件和塑性元件组合而成，如图 8.2 所示，其应力-应变关系为一个平行四边形。因为$|\sigma_d|<\sigma_0$时，$\varepsilon_d=\sigma_d/E$；当$|\sigma_d|=\sigma_0$时，ε_d不定，直至σ_d转向时，再沿弹性关系变化。

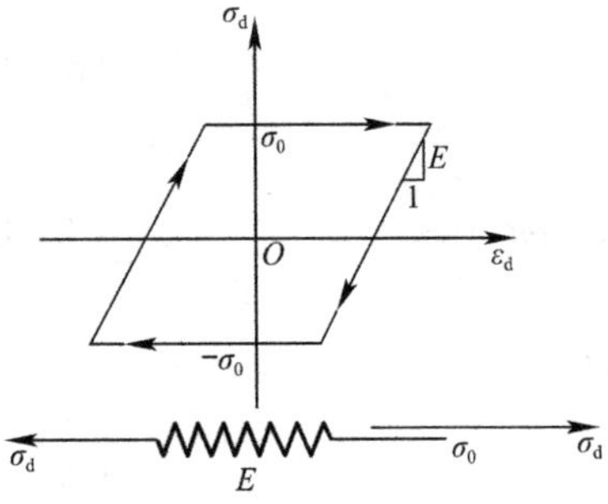

图 8.2 理想弹塑性模型

2. 黏弹性模型

如图 8.3 所示，黏弹性模型可分为滞后模型——克尔文（Kelvin）体和松弛模型——麦克斯韦（Maxwell）体。本书只分析滞后模型。

在滞后模型中，若用σ_{ed}及σ_{cd}表示动弹性应力和动黏性应力部分，则有：

$$\sigma_{ed}=E\varepsilon_d,\sigma_{cd}=E\dot{\varepsilon}_d \tag{8.12}$$

故

$$\sigma_d=E\varepsilon_d+c\dot{\varepsilon}_d \tag{8.13}$$

或

$$E\varepsilon_d+c\dot{\varepsilon}_d-\sigma_{d0}\sin\omega t=0 \tag{8.14}$$

此微分方程的解为：

$$\left.\begin{aligned}\varepsilon_d&=\frac{\sigma_{d0}}{\sqrt{E^2+(c\omega)^2}}\sin(\omega t-\delta)\\ \delta&=\arctan\frac{c\omega}{E}\end{aligned}\right\} \tag{8.15}$$

令

$$E_d=\sqrt{E^2+(c\omega)^2},\varepsilon_{d0}=\frac{\sigma_{d0}}{E_d}$$

则式（8.15）可改写为：

$$\begin{aligned}\varepsilon_d&=\frac{\sigma_{d0}}{E_d}\sin(\omega t-\delta)\\ &=\varepsilon_{d0}\sin(\omega t-\delta)\end{aligned} \tag{8.16}$$

或

$$\frac{\varepsilon_d}{\varepsilon_{d0}}=\sin(\omega t-\delta) \tag{8.17}$$

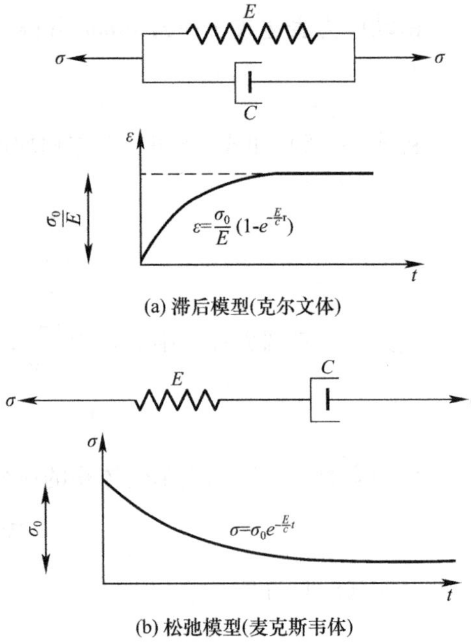

图 8.3 黏弹性模型的动应力-动应变关系

且$\frac{\sigma_d}{\sigma_{d0}}=\sin\omega t$，令：

$$\frac{\sigma_d}{\sigma_{d0}}=\overline{\sigma_d},\frac{\varepsilon_d}{\varepsilon_{d0}}=\overline{\varepsilon_d} \tag{8.18}$$

$\overline{\sigma_d}$及$\overline{\varepsilon_d}$最大时的值均为 1，以此线$\overline{\sigma_d}$及其垂线$\overline{\varepsilon_d}$形成一组新的坐标轴，且与原坐标轴成

45°，经坐标变换后可得：

$$\overline{\varepsilon_d} = x\cos45° - y\sin45° = \sin(\omega t - \delta) \tag{8.19}$$

$$\overline{\sigma_d} = x\sin45° + y\cos45° = \sin\omega t \tag{8.20}$$

整理上式可得：

$$\frac{x^2}{1+\cos\delta} + \frac{y^2}{1-\cos\delta} = 1 \tag{8.21}$$

由此可知黏弹性模型的动应力-动应变关系也是一条椭圆曲线。由式（8.16）还可看出，由于滞后的影响，σ_d 的最大值 σ_{d0} 和 ε_d 的最大值 ε_{d0} 相位并不相同，此时求得的动弹性模量 E_d 要大于弹性元件的弹性模量 E，反映了阻尼的影响。当材料的黏滞系数 c 不大时，相位差 δ 也不大，动应变最大值与动应力最大值出现的时刻很接近，此时，用 σ_{d0} 和 ε_{d0} 之比定义模量还是相当精确的，故一般常用此种定义来讨论问题。

3. 黏塑性模型

黏塑性模型为黏性元件与塑性元件的组合，又称为 Bingham 体，其应力-应变关系在 $|\sigma_d| \leqslant \sigma_0$ 时为塑性元件的关系，在 $|\sigma_d| \geqslant \sigma_0$ 时为黏性元件的关系，因此组合成一个如图 8.4 所示的曲线形态。

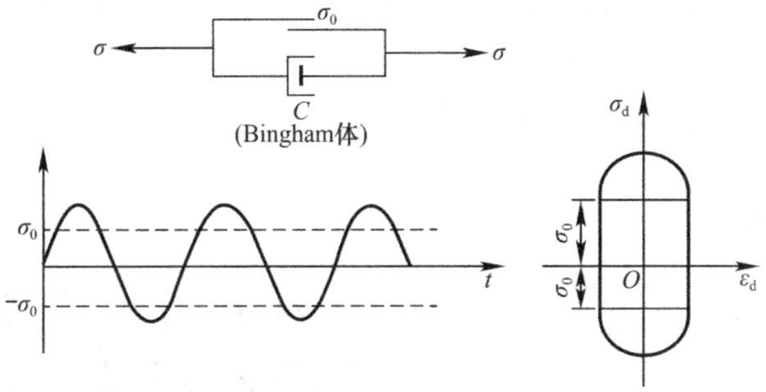

图 8.4　黏塑性模型的动应力-动应变关系

4. 双线性模型

如图 8.5 所示，双线性模型的应力-应变关系为一平行四边形，两条边的斜率分别为 E 及 E_1，其中 $E = E_1 + E_2$，当 $|\sigma_d| \leqslant \sigma_0$ 时，$\sigma_d = (E_1 + E_2)\ \varepsilon_d$；当 $|\sigma_d| \geqslant \sigma_0$ 时，$\sigma_d = \sigma_0 + E_1\varepsilon_d$。

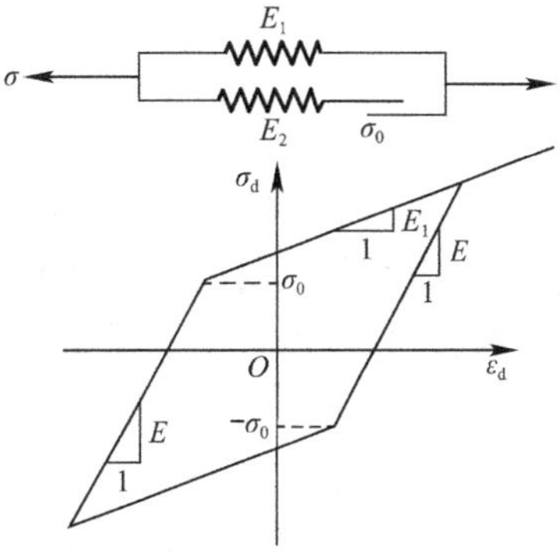

图 8.5　双线性模型的动应力-动应变关系

8.2　土的动力本构关系的特点

8.2.1　土的动应力-动应变关系的基本特点

土是由土颗粒所构成的土骨架和孔隙中的水与空气组成的三相混合物，其在动荷载作用下的变形过程十分复杂，表现出弹性、塑性和黏滞性，它是典型的黏-弹-塑性体。此外，土还具有明显的各向异性。因此，土的动应力-动应变关系十分复杂，主要表现为变形的滞后性、非线性和应变累积性。

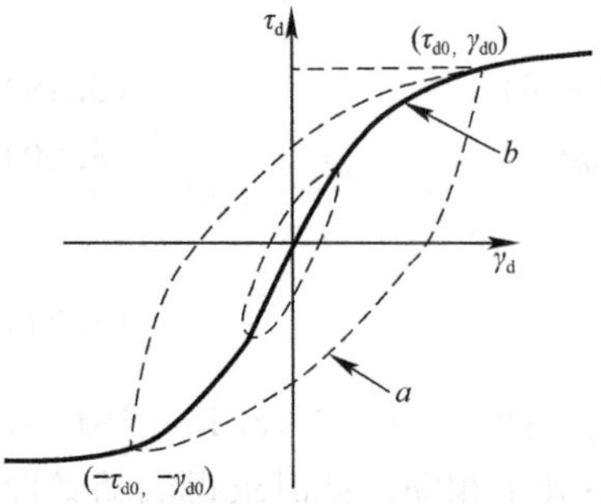

图 8.6　滞回曲线

1. 滞后性

土在一个动力荷载周期内的动应力-动应变关系曲线是一个以坐标原点为中心、封闭且上下基本对称的滞回圈，称为滞回曲线。滞回曲线反映了动应变对动应力的滞后性，表现了土的黏性特性。从图 8.6 可以看出，由于阻尼的影响，应力最大值与应变最大值处于不同相位，变形滞后于应力。

2. 非线性

骨干曲线是由同一固结压力的土在不同动应力周期作用下的应力-应变滞回圈顶点连成的曲线，见图 8.7。骨干曲线表示了不同应力循环的最大动剪应力与最大动剪应变之间的关系，反映了土的动应力-动应变关系的非线性，也反映土等效剪切模量的非线性。

3. 应变累积性

在作用较大的动剪应力时，土中塑性变形的出现将会使上述滞回曲线不能够再封闭或对称，滞回曲线的中心点要逐渐向应变增大的方向移动，显示出应变逐渐累积的特性，如图 8.8 所示。由图 8.8 可知，即使荷载幅值不变，随着荷载作用周数的增加，变形越来越大，滞回圈中心不断朝一个方向移动。滞回圈中心的变化反映了土对荷载的积累效应，它产生于荷载作用下土不可恢复的结构破坏。

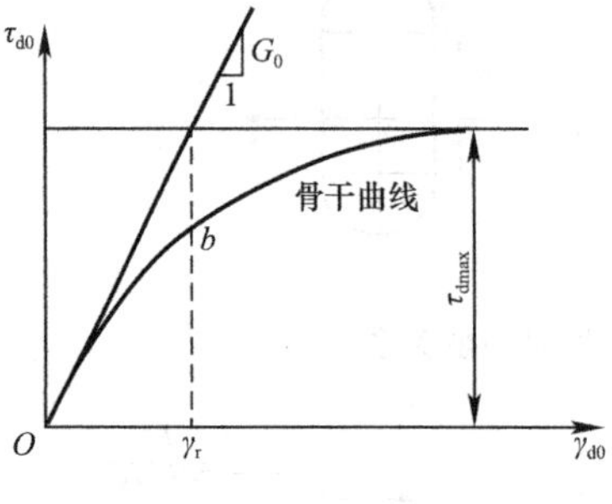

图 8.7　骨干曲线

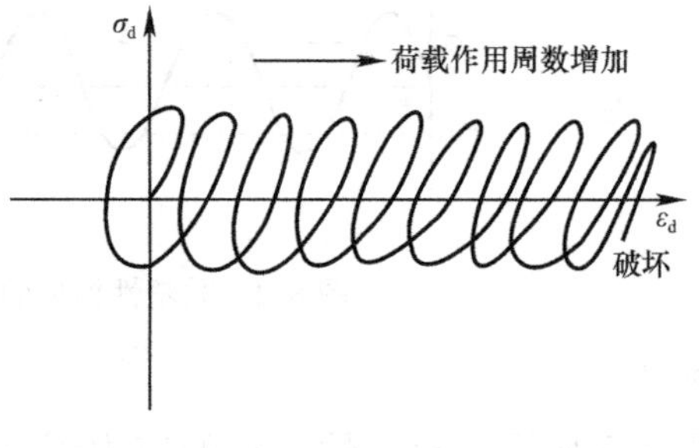

图 8.8　循环荷载作用下土体应力-应变滞回圈

在动三轴试验中施加不同的轴向动应力 σ_d、测定相应的轴向动应变 ε_d 时，可以根据各动应力在每一周内各时刻的动应力和动应变，对各动应力作用的每一周作出不同的滞回曲线；也可以根据不同动应力的幅值和对应动应变的幅值作出一条骨干曲线。根据动三轴试验的轴向动应变 ε_d 和轴向动应力 σ_d，可以得到弹性压缩模量 E_d，进而可以得到弹性剪切模量 G_d。或者，如果由轴向动应变 ε_d 计算求得对应的动剪应变 γ_d，并由轴向动应力 σ_d 计算求得对应的动剪应力 τ_d，则也可以直接计算出弹性剪切模量 G_d。具体计算公式为：

$$\begin{cases} \gamma_d = \varepsilon_d(1+\mu) \\ \tau_d = \dfrac{1}{2}\sigma_d \\ G_d = \dfrac{\tau_d}{\gamma_d} = \dfrac{E_d}{2(1+\mu)} \end{cases} \tag{8.22}$$

8.2.2　土的动应力-动应变关系的物理描述

我们通常从骨干曲线、滞回曲线和应变累积性这三个方面分析动应力-动应变关系，以此反映动应力-动应变关系的基本特点以及动应力、动应变的全过程。特别指出，土的动应力-动应变关系并不是这三个特性的简单组合。对于简单问题，可以将这三者分别加以考虑得到土的动应力-动应变关系，在一定的范围内可取得足够精确的结果。对于复杂问题，就必须将这三者联合起来考虑，才有可能得到准确的结果。

1. 骨干曲线

骨干曲线上每一个点的动应力 τ_d 和动应变 γ_d 均为各自的幅值，其曲线形态接近双曲线。其表达式有多种，其中最常用的是 Hardin-Drnevich、Konder、Ramberg-Osgood 的表达式。

Hardin-Drnevich（1972）提出了一个描述骨干曲线的表达式（H-D 骨干曲线）：

$$\tau_{d0}=\frac{\gamma_{d0}}{\dfrac{1}{G_0}+\dfrac{\gamma_{d0}}{\tau_{dmax}}}\tag{8.23}$$

式中，τ_{d0} 为滞回圈上的最大剪应力；G_0 为初始剪切模量；τ_{dmax} 为骨干曲线上的最大剪应力；γ_{d0} 为滞回圈上的最大剪应变。

由此可知，上述模型为双曲线模型（Konder，1963）。实际上，如果定义 $\gamma_r=\tau_{dmax}/G_0$ 为参考应变，则将上式改写为：

$$\frac{\tau_{d0}}{\tau_{dmax}}=\frac{\dfrac{\gamma_{d0}}{\gamma_r}}{1+\left|\dfrac{\gamma_{d0}}{\gamma_r}\right|}\tag{8.24}$$

即 Konder（1963）提出的骨干曲线表达式，其在 γ_{d0}/τ_{d0}-γ_{d0} 坐标系中呈线性关系。

Ramberg-Osgood（1943）提出了另一种描述骨干曲线的形式（R-O 骨干曲线），即：

$$\frac{\gamma_{d0}}{\gamma_r}=\frac{\tau_{d0}}{\tau_{dmax}}\left(1+\alpha\left|\frac{\tau_{d0}}{C_1\tau_{dmax}}\right|^{R-1}\right)\tag{8.25}$$

式中，α、C_1、R 均为试验参数，绝对值符号表示考虑反向剪切的情况。

Martin 等（1982）建议的骨干曲线表达式为：

$$\tau_{d0}=G_d\gamma_{d0}=G_0\gamma_{d0}[1-H(\gamma_{d0})],H(\gamma_{d0})=\left[\frac{\left(\dfrac{\gamma_{d0}}{\gamma_0}\right)^{2B}}{1+\left(\dfrac{\gamma_{d0}}{\gamma_0}\right)^{2B}}\right]^{A}\tag{8.26}$$

式中，A、B、γ_0 均为土性的试验参数。

Hardin-Drnevich 的骨干曲线表达式中的参数 $1/G_0$ 和 $1/\tau_{dmax}$，分别为动三轴试验所得的 γ_{d0}/τ_{d0}-γ_{d0} 直线的斜率和截距。Ramberg-Osgood 的表达式中的参数 α、C_1、R 同样可由动三轴试验得到。即试样等压固结后，分别施加不同的等幅轴向应力 $\pm\sigma_d$，根据应力-应变的时间过程曲线可做出第一周的应力-应变滞回圈。连接所有第一周滞回圈顶点求得最佳曲线，即为骨干曲线，由此可得到 G_0 及 τ_{dmax}，进而由 $\gamma_r=\tau_{dmax}/G_0$ 确定出参考应变 γ_r。然后，先假定一个 C_1（一般先取 1），由于在应变较大时，式（8.26）可近似简化为 $\lg\gamma_{d0}\propto R\lg\tau_{d0}$。因此，各个第一周滞回圈顶点坐标的动应力和动应变的对数值呈线性关系，对这一线性关系进行拟合，所得直线的斜率即为要求的 R。此时，再直接运用式（8.26）反算得到α值。如果由试验数据求得的α值变化范围过大，可通过调整假定的 C_1 值重新计算 R 和α，直至得到优化的参数α、C_1、R。

2. 滞回曲线

滞回曲线是描述卸载与再加载中不同时刻动应力-动应变性状的曲线。追踪滞回曲线的变化，就可以了解动荷载加载过程中应力-应变变化的全过程，因此，对它的描述就成为土动应力-动应变关系研究的重点。精确描述滞回曲线的形状较为困难，尤其是任意不规则荷载的情况。Seed 等提出了用等效线性方法近似考虑土的非线性，即等效线性模型和 Masing 型非线性模型。

1）等效线性模型法

该方法视土为黏弹性体，不直接寻求滞回曲线的具体数学表达式，而将不同应变幅下的滞回特性和骨干曲线分别用阻尼比随剪应变的变化，即 $\lambda=\lambda(\gamma_{d0})$ 和 $G=G(\gamma_{d0})$ 来反映；将骨干曲线的特性用 $G=G(\gamma_d)$ 来反映，以等效剪切模量 G 和等效阻尼比 λ_d 为动力特性指标进行计算。

2）Masing 二倍法

德国学者曼辛（Masing，1926）认为，滞回曲线的形状与骨干曲线的形状一致，只是它的动应力-动应变坐标比例尺为骨干曲线的 2 倍，并且在荷载反向后的瞬时，其剪切模量与初次加载曲线的初始剪切模量 G_0 相等，从而借助骨干曲线，建立土滞回特性的计算模型，故称为 Masing 二倍法。

假定荷载在骨干曲线某点（γ_d，τ_d）处反向（卸载），则可将此点视为卸载曲线坐标的原点，与原坐标系 τ_d-γ_d 下的骨干曲线 $\tau_{d0}=f(\gamma_{d0})$ 类比，利用 Masing 二倍法得到滞回曲线中卸载段曲线，其表达式为$\frac{\tau_d-\tau_{d0}}{2}=f\left(\frac{\gamma_d-\gamma_{d0}}{2}\right)$。当此曲线到达对称于反向点的某点时，又开始再加载，此点视为再加载曲线坐标的原点，与原来坐标系 τ_d-γ_d 下的骨干曲线 $\tau_{d0}=f(\gamma_{d0})$ 类比，同样依据 Masing 二倍法得到滞回曲线再加载段的曲线，其表达式为 $\frac{\tau_d-\tau_{d0}}{2}=f\left(\frac{\gamma_d-\gamma_{d0}}{2}\right)$。此曲线必然经过卸载的反向点，从而形成一个完整的滞回曲线。骨干曲线可以采用前述的某一种表达式，再以它为基础，按 Masing 二倍法的思路即可建立滞回曲线。

（1）Finn 滞回曲线

Finn（1975）采用 Hardin-Drnevich 骨干曲线得到的滞回曲线表达式为：

$$\tau_d \pm \tau_{d0} = \frac{\gamma_d \pm \gamma_{d0}}{\frac{1}{G_0}+\frac{|\gamma_d-\gamma_{d0}|}{2\tau_{dmax}}} \tag{8.27}$$

或

$$\frac{\tau_d \pm \tau_{d0}}{\tau_{dmax}} = \frac{\frac{\gamma_d \pm \gamma_{d0}}{\gamma_r}}{\left(1+\left|\frac{\gamma_d-\gamma_{d0}}{2\gamma_r}\right|\right)} \tag{8.28}$$

（2）Richart 滞回曲线

Richart 采用 Ramberg-Osgood 骨干曲线，其滞回曲线的卸载和再加载段的表达式为：

$$\frac{\gamma_d \pm \gamma_{d0}}{\gamma_{d0}} = \frac{\tau_d \pm \tau_{d0}}{\tau_{dmax}}\left[1+\alpha\left(\frac{\tau_d - \tau_{d0}}{2C_1\tau_{dmax}}\right)^{R-1}\right] \tag{8.29}$$

（3）修正的 Masing 曲线法

由于 Masing 二倍法关于滞回曲线与骨干曲线的形态一致这一点并没有得到广泛的试验证实，用它得出的滞回圈往往较大，故有不少研究者提出了修正模型。Pkye 通过定义一个可变的参数 C 替代 Masing 二倍法中的放大系数 2 来对式（8.29）进行修正：

$$C = \left|\pm 1 - \frac{\tau_{d0}}{\tau_{dmax}}\right| \tag{8.30}$$

式中，正负号分别表示加荷和卸荷过程。

王志良和王余庆引入了一个阻尼比退化系数，使 Masing 二倍法得到的滞回圈面积沿其对角轴线两侧压缩减小，以符合试验结果。令这个阻尼比退化系数作为剪应力的函数表示为 $K(\tau_{d0})$，并令其等于原滞回圈求得的阻尼比与实测阻尼比的比值，即：

$$K(\tau_{d0}) = \frac{\lambda_d(\gamma_{d0})}{\lambda_{d1}(\gamma_{d0})} \tag{8.31}$$

由式（8.31）可知，阻尼比退化系数即为实测滞回圈面积与 Masing 二倍法的滞回圈面积之比，则式 $\tau_{d0}=f(\gamma_{d0})$ 可改写为 $\tau_{d0}=F(\gamma_{d0})$。如果（γ_{d0}，τ_{d0}）点为卸载点，如图 8.9 所示，则由 Masing 二倍法可得：

$$\frac{\gamma_d - \gamma_{d0}}{2} = F\left(\frac{\tau_d - \tau_{d0}}{2}\right) \tag{8.32}$$

或写为：

$$\gamma' = 2F\left(\frac{\tau'}{2}\right) \tag{8.33}$$

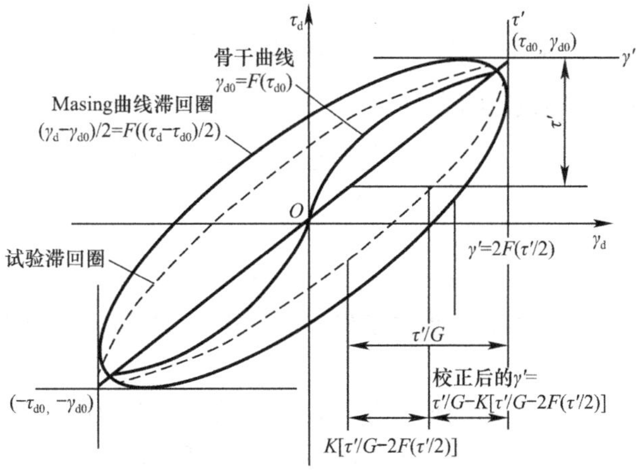

图 8.9　阻尼比退化系数与广义 Masing 曲线

引入阻尼比退化系数 $K(\tau)$ 作校正后，可得：

$$\gamma' = \frac{\tau'}{G} - K(\tau)\left[\frac{\tau'}{G} - 2F\left(\frac{\tau'}{2}\right)\right] = K(\tau)\left[2F\left(\frac{\tau'}{2}\right) - \frac{\tau'}{G}\right] + \frac{\tau'}{G} \tag{8.34}$$

或

$$\gamma_d - \gamma_{d0} = K(\tau_{d0})\left[2F\left(\frac{\tau_d - \tau_{d0}}{2}\right) - \frac{\gamma_{d0}}{\tau_{d0}}(\tau_d - \tau_{d0})\right] + \frac{\gamma_{d0}}{\tau_{d0}}(\tau_d - \tau_{d0}) \tag{8.35}$$

称之为广义 Masing 曲线。它可作为滞回曲线的表达式来研究土的滞回特性，且不再有卸载后的瞬时模量等于初始剪切模量 G_0 的限制。

（4）多项式逼近法

日本学者 Y. Gyoden、K. Mizuhata 等用数学多项式逼近得到滞回曲线（τ-γ 曲线），该表达式为：

$$\frac{\tau_{\mathrm{d}}}{\tau_{\mathrm{d0}}}=a\left(\frac{\gamma_{\mathrm{d}}}{\gamma_{\mathrm{d0}}}\right)^4+b\left(\frac{\gamma_{\mathrm{d}}}{\gamma_{\mathrm{d0}}}\right)^3+c\left(\frac{\gamma_{\mathrm{d}}}{\gamma_{\mathrm{d0}}}\right)^2+d\left(\frac{\gamma_{\mathrm{d}}}{\gamma_{\mathrm{d0}}}\right)+e \tag{8.36}$$

式中，a、b、c、d、e 为动应变 γ_{d0} 的函数，均由试验求得。当 $\gamma_{\mathrm{d}}=\gamma_{\mathrm{d0}}$ 时，滞回曲线与骨干曲线的正切 m 相等，且 $\tau_{\mathrm{d}}=\tau_{\mathrm{d0}}$，故加载与卸载时的曲线为：

$$\begin{aligned}\frac{\tau_{\mathrm{d}}}{\tau_{\mathrm{d0}}}=&\pm a\left(\frac{\gamma_{\mathrm{d}}}{\gamma_{\mathrm{d0}}}\right)^4+b\left(\frac{\gamma_{\mathrm{d}}}{\gamma_{\mathrm{d0}}}\right)^3\pm\left(\frac{m-1}{2}+2a-b\right)\left(\frac{\gamma_{\mathrm{d}}}{\gamma_{\mathrm{d0}}}\right)^2\\&+(1-b)\left(\frac{\gamma_{\mathrm{d}}}{\gamma_{\mathrm{d0}}}\right)\pm\left(\frac{m-1}{2}+a-b\right)\end{aligned} \tag{8.37}$$

（5）组合曲线法

将滞回曲线用一些简化的直线或直线与曲线的组合来拟合，从而在计算中按其应力大小和加载条件取用相应的模量值，也是一种实际可行的方法。通常采用的双线性模型就是这一类方法的简单代表。为使结果更精确，可采用多线性模型，如郑大同、王天龙等根据对试验成果的分析，采用了直线与双曲线的组合，即对滞回曲线的卸载段（$\tau \mathrm{d}\tau<0$），采用与骨干曲线有联系的双曲线；对再加载段（$\tau \mathrm{d}\tau>0$），采用直线滞回曲线。此时，滞回曲线卸载段的双曲线为：

$$\tau-\tau_{\mathrm{d}}=\frac{\gamma-\gamma_{\mathrm{d}}}{a+b'|\gamma-\gamma_{\mathrm{d}}|} \tag{8.38}$$

式中，$a=\frac{1}{G_0}$；$b'=\frac{b}{1+\xi}$；$\xi=\mathrm{c}\left(1-\frac{\tau_{\mathrm{d}}}{\tau_{\mathrm{dmax}}}\right)^{\mathrm{d}}$，此值不大于 1（大于 1 时仍取 1）；$c$、$d$ 为常数，可取 2。滞回曲线再加载段的直线为：

$$\tau-\tau_{\mathrm{d}}=\frac{a(\gamma-\gamma_{\mathrm{d}})+b'(\gamma^*-\gamma_{\mathrm{d}})^2}{(a+b'|\gamma^*-\gamma_{\mathrm{d}}|)^2} \tag{8.39}$$

简记为：

$$\tau-\tau_{\mathrm{d}}=\alpha(\gamma-\gamma_{\mathrm{d}})+\beta \tag{8.40}$$

式中，γ^* 为双曲线段与直线段转折点的横坐标，由式（8.39）和式（8.40）联立解得。

3）不规则荷载的滞回曲线

不规则荷载作用时的滞回曲线比较复杂，通常采用有附加加载准则的 Masing 二倍法对其进行描述。图 8.10 给出了一种不规则荷载作用下滞回曲线的例子。对由 O 点到 A 点的第一次加载，其应力-应变曲线符合加载骨干曲线 OA；由 A 点到 B 点的卸载曲线符合以 A、B 为端点的新滞回曲线的卸载段；由 B 点到 C 点的加载曲线符合以 B、C 为端点的新滞回曲线的加载段；C 点转向 D 点（低于 B 点）的卸载曲线，在 B 点以前仍然符合以 B、C 为端点的新滞回曲线的卸载段，过了 B 点之后，则沿着之前最大应力的 AA' 滞回曲线的卸载段前进；由 D 点转向 E 点（高于既往最大应力的 A' 点）的加载，在 A' 点以前仍要沿既往最大应力的 AA' 滞回曲线的卸载段前进，在 A' 点以后，则符合 E、E' 为端点的新滞回曲线的卸载段；直至下一次由 E 点转向 E' 点加载时，再沿 EE' 滞回曲线的加载段前进。如此即可得到应力-应变的全过程，得到的曲线路径能基本反映试验的现象。

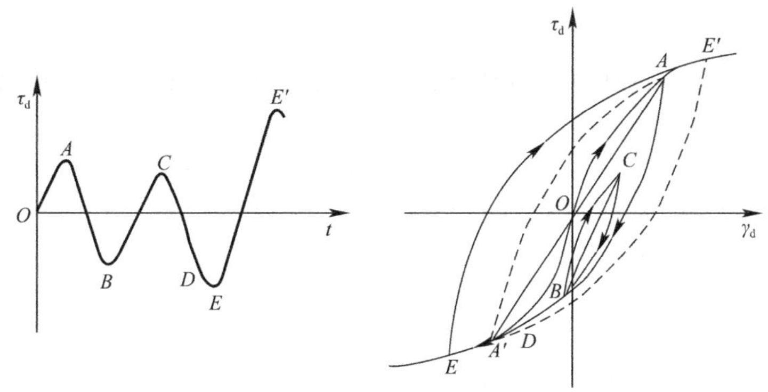

图 8.10　不规则荷载下的滞回曲线

通常可把 EE' 称为上骨干曲线，B 到 A' 称为上大圈，B 到 C 称为上小圈。大圈和小圈的形状均根据它的两个端点按某种求滞回曲线的方法确定，确定时只需在解析表达式中将原来的 γ_d、τ_d 代之以本转向点（γ_{d0}，τ_{d0}）与前一转向点（γ'_{d0}，τ'_{d0}）相应坐标差的一半（即以两转向点间连线的中点为原点）即可。

3. 应变累积性

当动应力和初始的剪应力较大，且土没有完全饱和时，土常在动应力作用下出现残余应变，表现出动应变逐周累积的特性。残余动应变的累积是引起土发生振陷的重要原因。对于残余应变变化规律的描述及确定，最简单的方法是将波动变化的动应变和累积增长的残余动应变分别进行整理分析，得到波动变化部分的动模量（一般的动模量）和累积变化部分的动模量（残余动模量），进而建立它们与各自所发展动应变之间的关系，或者统一整理出两者综合的动应变与动应力或模量之间的关系。大量的试验已经表明，不同的方法在定性上均可得到类似规律的变化曲线，只是在量上会有明显的不同。

8.3　黏弹性线性模型

在应变水平很低时，土的动力本构模型可以用黏弹性理论来描述，其应力-应变关系可认为是线性的，但需要考虑土体阻尼的存在对能量的耗散作用，土的黏弹性线性模型就是这两者的叠加。

假设黏弹性土体在循环动荷载作用下，剪应力和相应的剪应变的一般形式可写为：

$$\tau_d = \tau_{d0}\sin\omega t \tag{8.41}$$

$$\gamma_d = \gamma_{d0}\sin(\omega t - \delta) \tag{8.42}$$

式中，τ_{d0} 为剪应力幅值；t 为时间；ω 为圆频率；γ_{d0} 为剪应变幅值。设 δ 为表征应变对应力滞后作用的相位差。

联立式（8.41）和式（8.42）可得到动应力-动应变关系为：

$$\tau_d = E\gamma_d \pm E'\sqrt{\gamma_{d0}^2 - \gamma_d^2} \tag{8.43}$$

式中，E 为弹性模量，表示土体的弹性变形；E' 为损失能量，表示黏弹性体因变形而发生的能量损失或耗散。

常定义能量损失系数为：

$$\eta = \frac{E'}{E} = \tan\delta \tag{8.44}$$

式（8.43）中正号和负号分别表示加载和卸载过程，右端可以分解成两部分，即：

$$\tau_d = \sigma_1 + \sigma_2 \tag{8.45}$$

$$\sigma_1 = E\gamma_d \tag{8.46}$$

$$\sigma_2 = \pm E'\sqrt{\gamma_{d0}^2 - \gamma_d^2} \tag{8.47}$$

式（8.47）可写成：

$$\left(\frac{\sigma_2}{E'\gamma_{d0}}\right)^2 + \left(\frac{\gamma_d}{\gamma_{d0}}\right)^2 = 1 \tag{8.48}$$

式（8.46）表示应力-应变关系为线性的，其斜率为 E，即图 8.11(a) 中的直线。而式（8.48）表示应力与应变为椭圆形变化关系，即如图 8.11(b) 所示的椭圆。

因此式（8.43）所给出的应力-应变关系可以看作是上述两个函数的组合，其中一个为线性往复作用，另一个为椭圆形的运动轨迹。二者叠加即为如图 8.11(b) 所示的斜轴形椭圆滞回曲线，滞回曲线所包围的面积反映了循环荷载加荷一周的能量损失。图 8.11 中椭圆与纵轴的交点为 $E'\gamma_{d0}$，因此损失模量 E' 可以表征椭圆的扁平程度，E' 值越大，椭圆越趋于圆形，能量损失越大；E' 值越小，其能量损失越少；当 $E'=0$ 时，无能量损耗。

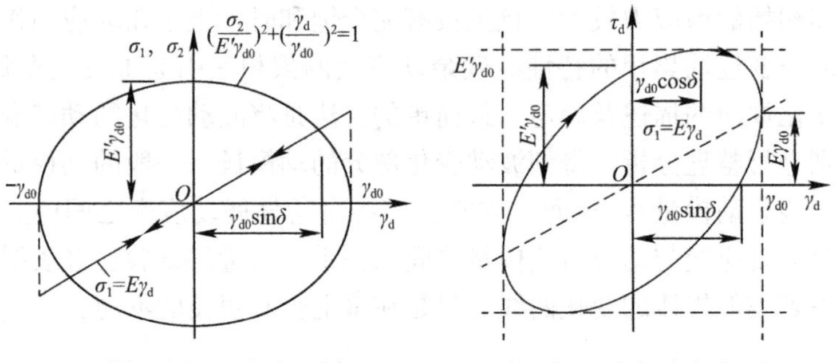

(a) 弹性部分与阻尼部分的分解　　(b) 合成后的应力-应变滞回曲线

图 8.11　黏弹性线性模型应力-应变关系

能量损失的程度可由阻尼比 λ_d 来反映，黏弹性体的阻尼比 $\lambda_d = \eta/2$，可由滞回曲线进行计算。根据椭圆面积积分公式得：

$$\Delta W = \int \tau_d \mathrm{d}\gamma_d = E'\pi\gamma_{d0}^2 \tag{8.49}$$

另一方面，黏弹性体内的最大弹性势能为［图 8.11(b)］：

$$W = \frac{1}{2}\sigma_1\gamma_{d0} = \frac{1}{2}E\gamma_{d0}^2 \tag{8.50}$$

损失的能量与最大应变能之比为：

$$\frac{\Delta W}{W} = \frac{E'\pi\gamma_{d0}^2}{\frac{1}{2}E\gamma_{d0}^2} = 2\pi\frac{E'}{E} \tag{8.51}$$

因此，

$$\lambda_d = \frac{\eta}{2} = \frac{E'}{2E} = \frac{\Delta W}{4\pi W} \tag{8.52}$$

即阻尼比的物理意义。不同黏弹性模型得到的阻尼比表达式不同。式（8.52）也可写为以下形式：

$$\lambda_d = \frac{E'\gamma_{d0}}{2E\gamma_{d0}} \tag{8.53}$$

式中，$E'\gamma_{d0}$ 为应变为零时的剪应力值；$E\gamma_{d0}$ 为应变最大时的剪应力值。

在实验室中根据这一特点可确定土的阻尼比，对于不完全符合线性黏弹性的土体也可以采用这种方法确定阻尼比。

8.4　等效线性模型

等效线性理论把土视为黏弹性非线性弹性介质，采用等效弹性模量 E 或 G 和等效阻尼比 λ_d 来反映土动应力-动应变关系的滞后性，通常将弹性模量和阻尼比表示为动应变幅的函数，即 $G=G(\gamma_{d0})$ 和 $\lambda_d=\lambda_d(\gamma_{d0})$，同时在确定上述关系时考虑固结应力的影响。

采用等效线性模型分析问题时，一般先预估剪切模量和阻尼比的值，据以求出土层的平均剪应变，然后根据上述模量与阻尼比的函数关系，由得到的平均剪应变求出相应的 G、λ_d 值，并与开始预估的 G、λ_d 值比较，反复计算和迭代直到协调为止。因此在等效线性理论中，等效模量和等效阻尼比与应变幅值之间函数关系的确定是关键问题。

8.4.1　等效模量

1）基本关系

等效模量与应变幅值之间的函数关系一般可由骨干曲线得到。

如果取 Hardin 等由试验得出的骨干曲线表达式（8.23），可得等效剪切模量 G 的函数关系式为：

$$G = \frac{1}{1+\dfrac{\gamma_{d0}}{\gamma_r}}G_0 \tag{8.54}$$

或

$$\frac{G}{G_0} = \frac{1}{1+\dfrac{\gamma_{d0}}{\gamma_r}} \tag{8.55}$$

如果取 Ramberg 和 Osgood 等提出的骨干曲线表达式（8.25），可得等效剪切模量 G 的函数关系式为：

$$\frac{G}{G_0} = \frac{1}{1+\alpha\left(\dfrac{\tau_{d0}}{\tau_{dmax}}\right)^{R-1}} \tag{8.56}$$

2）参数确定

确定等效动剪切模量一般需要确定两个基本参数：初始剪切模量 G_0 与参考应变 γ_r。

（1）初始剪切模量 G_0

初始剪切模量 G_0 可由动单剪试验求得，也可根据动三轴试验中 σ_d-ε_d 关系曲线得到的初始剪切模量 G_0 和参考应变 ε_r 进而求得，还可根据有关的经验成果来确定。如 Hardin 和 Black 指出土的剪切模量受一系列因素的影响，可表达为：

$$G_0 = f(\sigma_m', e, \gamma_{d0}, t, H, f, c, \theta, \tau_0, S, T) \tag{8.57}$$

式中，σ_m' 为平均有效主应力；f 为频率；e 为孔隙比；c 为颗粒特征；γ_{d0} 为剪应变幅；θ 为土的结构效应；t 为次固结时间效应；τ_0 为八面体剪应力；H 为受荷历史；S 为饱和度；T 为温度。

对于无黏性土来说，当剪应变幅小于 10^{-4} 时，除 σ_m' 和 e 外，其他因素的影响较小。

对于圆粒砂土（$e<0.8$）：

$$G_0 = 6934 \frac{(2.17-e)^2}{1+e} {\sigma_m'}^{\frac{1}{2}} \tag{8.58}$$

对于角粒砂土：

$$G_0 = 3229 \frac{(2.97-e)^2}{1+e} {\sigma_m'}^{\frac{1}{2}} \tag{8.59}$$

对于黏性土：

$$G_0 = 3229 \frac{(2.97-e)^2}{1+e} \mathrm{OCR}^k {\sigma_m'}^{\frac{1}{2}} \tag{8.60}$$

式中，G_0 及 σ_m' 均以 kPa 计；k 值可由表 8.1 按塑性指数 I_P 内插求得。

k 值与塑性指数 I_P 的关系 **表 8.1**

塑性指数 I_P	0	20	40	60	80	100
k	0	0.18	0.3	0.41	0.48	0.50

（2）参考应变 γ_r

由于参考应变 γ_r 与初始剪切模量 G_0 之间存在关系 $G_0=\tau_{dmax}/\gamma_r$，在已知 G_0 后，确定参考应变 γ_r 就成为确定 τ_{dmax} 的问题了。通常，τ_{dmax} 就是试验所得骨干曲线渐近线的对应值。根据摩尔-库仑破坏理论，最大动剪应力 τ_{dmax} 也可以近似地导出，如图 8.12 所示，有：

$$\tau_{dmax} = \left[\left(\frac{1+K_0}{2}\sigma_v'\sin\varphi' + c'\cos\varphi'\right)^2 - \left(\frac{1+K_0}{2}\sigma_v'\right)^2\right]^{\frac{1}{2}} \tag{8.61}$$

式中，K_0 为静止侧压力系数，$K_0=1-\sin\varphi'$；σ_v' 为垂直有效覆盖压力；φ' 为土的有效强度指标。

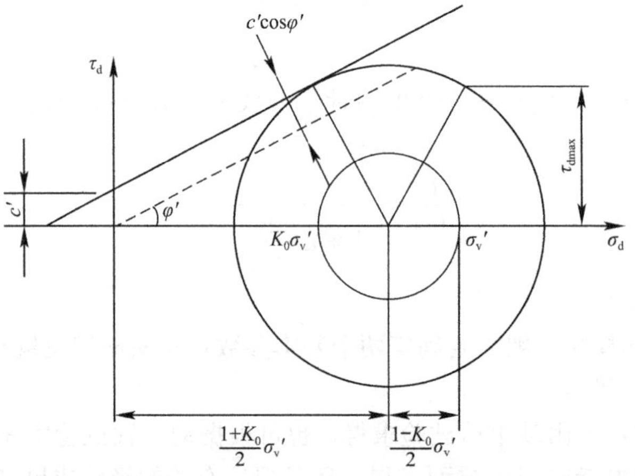

图 8.12　最大动剪应力 τ_{dmax} 的确定

考虑在动力条件下的抗剪强度与静力条件下的抗剪强度不同，对由式（8.61）求得的静力强度引入一个应变速率校正系数 λ_1，得到动力条件下的（τ_{dmax}）$_{动}$，即：

$$(\tau_{\mathrm{dmax}})_{动} = \lambda_1 (\tau_{\mathrm{dmax}})_{静} \tag{8.62}$$

根据 Whitman 和 Richart 的研究，干砂采用 $\lambda_1 = 1.10 \sim 1.15$；部分饱和土采用 1.5～2.0；对于饱和黏性土采用 1.5～3.0。Lee 等在动三轴试验中得到，当应变速率达到每分钟 0.1%～10000%时，疏松状态的砂在限制压力小于 147N/cm^2 和密砂在限制压力小于 58.8N/cm^2 时，应变速率系数为 1.07，而密砂在高限制压力时应变速率系数为 1.20。由此可见，对于干砂，应变速率的影响相对来说并不太重要，而对于黏土，在高应变速率下影响较大。

8.4.2　等效阻尼比

等效阻尼比 λ_{d} 为实际的阻尼系数 c 与临界阻尼系数 c_{cr}之比，它和能量损失数 ψ 及对数减幅系数 δ 之间的关系为：

$$\lambda_{\mathrm{d}} = \frac{c}{c_{\mathrm{cr}}} = \frac{c}{2m\omega} = \frac{1}{4\pi}\psi = \frac{1}{2\pi}\delta \tag{8.63}$$

又因

$$\psi = \frac{\Delta W}{W} \tag{8.64}$$

故有

$$\lambda_{\mathrm{d}} = \frac{1}{4\pi}\frac{\Delta W}{W} \tag{8.65}$$

式中，ΔW 为一个周期内损耗的能量；W 为一周内作用的总能量。

因此，为了得到土的阻尼比 λ_{d} 随动应变的关系，需要确定一个周期内的总能量 W 以及能量损耗 ΔW。

对于黏弹性体，一个周期内弹性力的能量损耗等于零，所以它的能量损耗应等于阻尼力所做的功，即：

$$\Delta W = \int_0^{\varepsilon_{\mathrm{d}}} c\dot{\varepsilon}_{\mathrm{d}} \mathrm{d}\varepsilon = \int_0^T c\dot{\varepsilon}_{\mathrm{d}} \frac{\mathrm{d}\varepsilon}{\mathrm{d}t}\mathrm{d}t = \int_0^T c\dot{\varepsilon}_{\mathrm{d}}^2 \mathrm{d}t \tag{8.66}$$

由 $\varepsilon = \varepsilon_{\mathrm{d0}}\sin(\omega t - \delta)$ 得：

$$\begin{aligned}\Delta W &= \int_0^t c\omega^2\varepsilon_{\mathrm{d0}}^2\cos^2(\omega t-\delta)\mathrm{d}t \\ &= c\omega\varepsilon_{\mathrm{d0}}^2\int_0^T\cos^2(\omega t-\delta)\mathrm{d}(\omega t) \\ &= c\omega\varepsilon_{\mathrm{d0}}^2\int_0^{\frac{2\pi}{\omega}}\cos^2(\omega t-\delta)\mathrm{d}(\omega t) \\ &= \pi c\omega^2\varepsilon_{\mathrm{d0}}^2\end{aligned} \tag{8.67}$$

可以证明，黏弹性体在一个周期内的能量损耗近似等于滞回曲线所围成的面积 A_0，即：

$$\Delta W = A_0 = \pi c\omega\varepsilon_{\mathrm{d0}}^2 \tag{8.68}$$

又因一个周期内动荷载所存储的总能量为 $W = 1/2\sigma_{\mathrm{d0}}\varepsilon_{\mathrm{d0}}$，即等于由原点到最大幅值点（$\varepsilon_{\mathrm{d0}}$，$\sigma_{\mathrm{d0}}$）连线下的三角形面积 A_{T}（图 8.13），则：

$$\lambda=\frac{1}{4\pi}\frac{A_0}{A_T}=\frac{1}{4\pi}\times\frac{\text{滞回圈的面积}}{\text{三角形}OAA'\text{的面积}} \tag{8.69}$$

式（8.69）即为动三轴试验中确定阻尼比的基本关系式，当利用它求出任一周的阻尼比 λ，作出阻尼比 λ 与动应变 ε_d 间的曲线后对其进行拟合，就可以得到阻尼比函数 $\lambda_d=\lambda_d(\gamma_{d0})$ 的关系式。

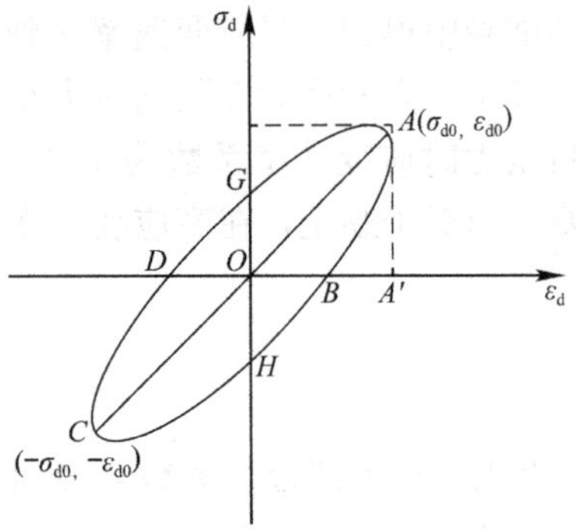

图 8.13　滞回圈与阻尼比

利用式（8.69）计算阻尼比时，滞回圈应该近似于一个椭圆曲线。如果实测的滞回圈与此条件相差较大，则式（8.69）可能会带来较大的误差。此时常可对测得的滞回圈作出适当的简化处理，使其尽量接近于椭圆曲线形态后再进行计算。

另外，图 8.14(a) 给出了 Seed 和 Idriss 对各家所测阻尼比结果进行综合分析对比。在影响砂土的主要因素（平均有效主应力 σ'_m、孔隙比 e 和应变幅 γ_{d0}）中，孔隙比 e 的影响相对次要。因此，在砂土孔隙比 $e=0.5$ 时，得出了如图 8.14(b) 所示的阻尼比与剪应变的关系曲线。如图 8.15 所示为各研究者对黏性土得出的阻尼比的基本资料，可作为应用时参考。由这些图可以看出，阻尼比随应变幅的增大而增大。当应变幅很小（$<10^{-4}\%$）时，阻尼比接近于零，因此，计算中可以不考虑阻尼的影响，即将土视为在弹性状态下工作。

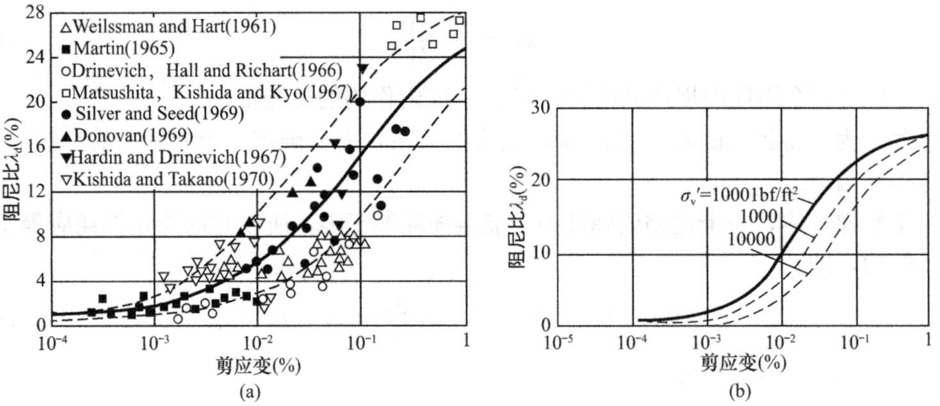

图 8.14　砂土阻尼比与剪应变幅关系曲线

等效线性模型在土体动力分析中应用很广泛，但是这类模型不能考虑影响土动力变形特性的因素。例如：

（1）不能计算永久变形。等效线性模型在加荷与卸荷时模量相同，不能计算土体在周期荷载连续作用下发生的残余应变或位移。

（2）不能考虑应力路径的影响。阻尼的大小与应力路径有关，在不同应力时加荷与卸荷的滞回圈所消耗的能量大小不同。

（3）不能考虑土的各向异性。土的固有各向异性反映过去的应力历史对土性质的影响，上述模型不包括这种影响。

（4）大应变时误差大。等效线性模型所有割线模量在小应变时与非线性的切线模量很相近，但在大应变时二者相差很大，偏于不安全。

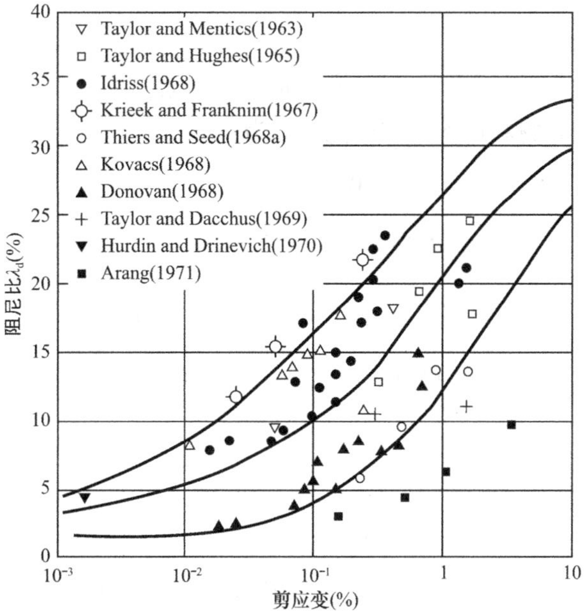

图 8.15　黏性土阻尼比

8.5　Ramberg-Osgood 模型

Ramberg-Osgood 模型将剪切模量和阻尼比表示为动应变幅值的函数，同时考虑了静力固结平均主应力的影响。该模型概念清晰，应用广泛。

由于 $\tau_{dmax}=G_0\gamma_r$，则其骨干曲线形式可写为：

$$G_0\gamma_{d0}=\tau_{d0}+\frac{\alpha\tau_{d0}^R}{(G_0\gamma_r)^{R-1}} \tag{8.70}$$

式中，α 为试验参数；R 为大于 1 的数，表示剪应变大于 γ_r 以后的非线性程度，$R=1$ 为线弹性体。

Ramberg-Osgood 模型的应力-应变关系如图 8.16 所示。当剪应变的幅值 γ_{d0} 小于屈服应变 γ_r 时，其应力-应变关系与双线性模型一样，骨干曲线是斜率为 G_0 的直线；当剪应变的幅值 γ_{d0} 超过 γ_r 时，按照式（8.70）进行修正。

这种模型有 γ_r、G_0、α、R 四个参数，等效剪切模量 G 可由式（8.71）计算，即：

$$\frac{G}{G_0}=\frac{1}{1+\alpha\left(\dfrac{\tau_{d0}}{\tau_{dmax}}\right)^{R-1}} \tag{8.71}$$

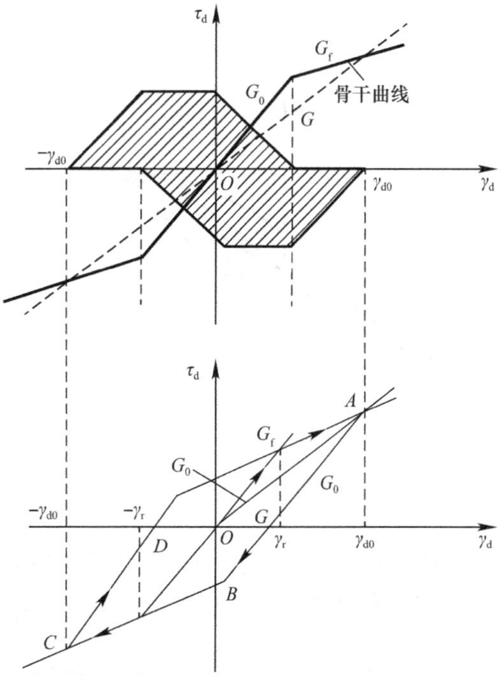

图 8.16　Ramberg-Osgood 模型的应力-应变关系曲线

加荷一周内损失的能量为：

$$\Delta W = 4\tau_{dmax}\gamma_r\alpha\left(\frac{R-1}{R+1}\right)\left(\frac{\tau_{d0}}{\tau_{dmax}}\right)^{R+1} \tag{8.72}$$

当剪应变为 γ_{d0} 时，材料内部的应变能近似为：

$$W = \frac{1}{2}G\gamma_{d0}^2 \tag{8.73}$$

由式（8.72）和式（8.73）得到等效阻尼比为：

$$\lambda_d = \frac{1}{4\pi}\frac{\Delta W}{W} = \frac{2}{\pi}\frac{R-1}{R+1}\left(1-\frac{G}{G_0}\right) \tag{8.74}$$

由式（8.70）和式（8.74）可见，当 $\gamma_{d0}\to\infty$ 时，G 收敛为零，λ_d 达到最大值 $\frac{2}{\pi}\frac{R-1}{R+1}$。

8.6 双线性模型

双线性模型如图 8.17 所示。骨干曲线从原点 O 到屈服应变点 γ_r 是弹性范围，应力与应变是斜率为 G_0 的直线关系；超过屈服应变，应力与应变是斜率为 G_f 的直线，$G_f < G_0$，这种模型有 G_f、G_0、γ_r 三个参数。若 $G_f=0$ 则屈服应力就是破坏应力，称为弹塑性模型。阻尼部分为梯形，如图 8.16 中阴影部分所示。滞回圈是平行四边形，任一剪应变幅 γ_{d0} 时的等效剪切模量，即滞回圈两端顶点相连的斜率 G 由式（8.75）计算：

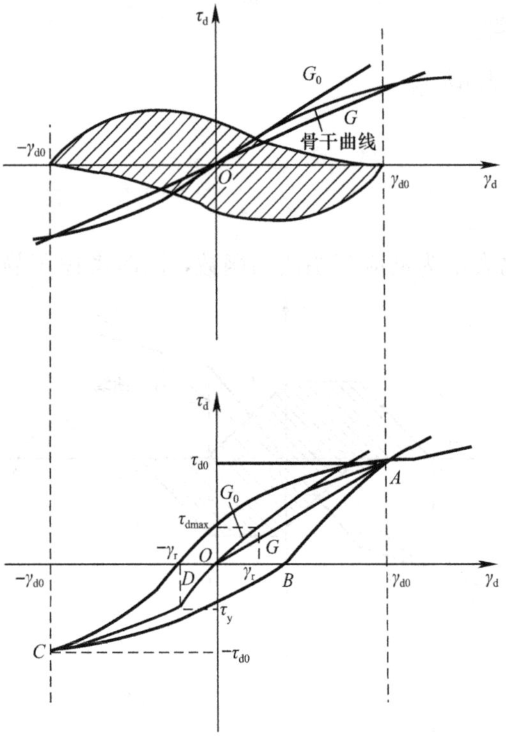

图 8.17 双线性模型的应力-应变关系曲线

$$\gamma_{d0} \leqslant \gamma_r, \frac{G}{G_0} = 1$$

$$\gamma_{d0} > \gamma_r, \frac{G}{G_0} = \frac{\gamma_r}{\gamma_{d0}} + \frac{G_f}{G_0}\left(1-\frac{\gamma_r}{\gamma_{d0}}\right) \tag{8.75}$$

由式（8.75）可得双线性模型的阻尼比函数为：

$$\gamma_{d0} \leqslant \gamma_r, \lambda_d = 1$$

$$\gamma_{d0} > \gamma_r, \lambda_d = \frac{2}{\pi}\frac{\left(1-\frac{G_f}{G_0}\right)\left(\frac{\gamma_{d0}}{\gamma_r}-1\right)\frac{\gamma_r}{\gamma_{d0}}}{\frac{G_f}{G_0}\left(\frac{\gamma_{d0}}{\gamma_r}-1\right)+1} \tag{8.76}$$

由上式可知，当 $\gamma_{d0}\to\infty$ 时，G 收敛为 G_f。则 λ_d 收敛于 0，这与实际情况不符，因为随着剪应变的增大，阻尼比应该增大而不是减小。

8.7 Martin-Finn-Seed 模型

等效线性模型能够反映动力荷载作用下土体变形的非线性和滞后性，但没有考虑塑性应变的累积性，而土的塑性变形积累是土的重要特性之一，这一点在往复荷载作用下表现得尤为明显。对于软黏土来讲，其滞回曲线位置随着荷载作用周数的增加而右移，且越来越大，越来越向应变轴倾斜，并出现周期衰化现象；对于松砂（干砂）来讲，其滞回圈随作用周数的增加而越来越小，并逐渐靠近，最终达到稳定状态。在动应力-动应变关系中要反映变形的累积性，可在等效线性模型基础上，配合一些能够计算永久变形的公式来实现，也可以直接采用弹塑性理论来实现，前者可称为等效的黏弹塑性模型，如本节将要介绍的 Martin-Finn-Seed 模型。

Martin、Finn、Seed 通过采用物态参数 K 来反映往复荷载的影响，并给出物态参数 K 与周数 N 的关系，根据土的初始状态、受力条件和当前 K 值得到下一步物态参数变化。假设参数 K 随周数 N 单调增长，即：

$$\frac{\mathrm{d}K}{\mathrm{d}N}=Q(K,\tau_{\mathrm{d0}})>0 \tag{8.77}$$

或

$$\frac{\mathrm{d}K}{\mathrm{d}N}=\hat{Q}(K,\gamma_{\mathrm{d0}})>0 \tag{8.78}$$

式中，Q、$\hat{Q}$ 是与土性及初始状态有关的函数，可由试验确定。当确定这个函数后，只要知道土在往复荷载作用下的反应量随 K 值的变化规律，即可确定能够反映残余变形的土的应力-应变关系。这种关系可视其用应力或用应变表示的情况分别写为：

$$\gamma_{\mathrm{d0}}=F(K,\tau_{\mathrm{d0}}) \tag{8.79}$$

或

$$\gamma_{\mathrm{d0}}=\hat{F}(K,\gamma_{\mathrm{d0}}) \tag{8.80}$$

通常根据可观测值联系方法的不同来建立与参数 K 的联系。对于排水条件，采用累积体积应变 ε_{v} 作为物态参数 K；对于不排水条件，则采用累积孔压 u 作为物态参数 K。此时，通过一系列等应变幅（或等应力幅）的往复剪切试验，对排水条件，测出 ε_{v}-τ_{d0} 曲线（或 ε_{v}-γ_{d0} 曲线）；对不排水条件，测出 u-γ_{d} 曲线（或 u-τ_{d} 曲线）。这些曲线给出了函数 $Q(K,\ \tau_{\mathrm{d0}})$ 或 $\hat{Q}(K,\ \gamma_{\mathrm{d0}})$，可根据此解决土的动应力-动应变关系问题。

8.7.1　排水条件下的 Martin-Finn-Seed 模型

排水条件下的 Martin-Finn-Seed 模型，可采用累积体应变 ε_{v} 作为物态参数 K，某一循环周数内体应变的增量 $\Delta\varepsilon_{\mathrm{v}}$ 可用下式计算：

$$\Delta\varepsilon_{\mathrm{v}}=C_1(\gamma_{\mathrm{d0}}-C_2\varepsilon_{\mathrm{v}})+\frac{\varepsilon_{\mathrm{v}}^2C_3}{\gamma_{\mathrm{d0}}+C_4\varepsilon_{\mathrm{v}}} \tag{8.81}$$

式（8.81）即为排水条件下的函数 $\hat{Q}(K,\ \gamma_{\mathrm{d0}})$，其中的物态参数 K 为 ε_{v}。这样，将前一周对应的累积体应变 ε_{v} 与作用的动剪应变 γ_{d0} 代入式（8.81），即可计算得到该计算周的体应变增量 $\Delta\varepsilon_{\mathrm{v}}$，其与前一周 ε_{v} 的代数和，即 $\Delta\varepsilon_{\mathrm{v}}+\varepsilon_{\mathrm{v}}$ 应为该计算周对应的物态参数，如此得到各周作为物态参数的 ε_{v}。

不同垂直应力 σ_{v}' 的影响可由一定 γ_{d0} 条件下 τ_{d0} 与 σ_{v}' 的平方根呈正比的关系来反映，即有：

$$\tau_{\mathrm{d0}}=\frac{(\sigma_{\mathrm{v}}')^{\frac{1}{2}}}{a+b\gamma_{\mathrm{d0}}}\gamma_{\mathrm{d0}} \tag{8.82}$$

式中，a 和 b 均为物态参数 ε_v 的函数，可表示为：

$$\begin{cases} a = A_1 - \dfrac{\varepsilon_v}{A_2 + A_3\varepsilon_v} \\ b = B_1 - \dfrac{\varepsilon_v}{B_2 + B_3\varepsilon_v} \end{cases} \tag{8.83}$$

式中，A_1、A_2、A_3、B_1、B_2、B_3 六个参数，可由三组等应变往复剪切试验结果确定。

8.7.2 不排水条件下的 Martin-Finn-Seed 模型

不排水条件下取孔隙水压力相关的物态参数，试样不发生体积应变，但引起体变的势依然存在，表现为土中孔隙水压力上升 Δp 力和有效应力 σ'_v 的减小，从而使土骨架产生回弹体胀的应变势，这种体胀应变势可用对应的排水条件下的体缩应变 $\Delta\varepsilon_v$ 表示。若假设水不可压缩，上述提到的应变势就可以与土骨架的回弹势建立关系：

$$\Delta p = \overline{E_r}\Delta\varepsilon_v \tag{8.84}$$

式中，$\overline{E_r}$ 和 $\Delta\varepsilon_v$ 需要通过相同应力状态的排水往复剪切试验和一维加卸载试验求得，其中回弹模量 $\overline{E_r}$ 的计算公式如下：

$$\overline{E_r} = \frac{d\sigma'_v}{d\varepsilon_v^e} = \frac{(\sigma'_v)^{1-m}}{mk(\sigma'_{v0})^{n-m}} \tag{8.85}$$

式中，m、n、k 为三个参数，可从一组卸载曲线中求得。这样式（8.84）、式（8.85）、式（8.81）就构成了不排水条件下的 Martin-Finn-Seed 模型。

8.8 弹塑性模型

岩土弹塑性理论的研究指出，岩土的弹塑性性质与传统弹塑性理论研究的金属材料有很大差别。传统弹塑性理论研究认为，材料的全变形过程包括弹性变形与弹塑性变形两个阶段。由于材料受力时应力分布不均，当高应力处超过材料弹性极限使土产生塑性变形时，低应力处的材料仍处于弹性阶段，只产生相应的弹性变形，但塑性变形的出现改变了应力的原分配。随着应力进一步的不断增加（即塑性变形的发展），上述塑性变形和应力的再分配也不断发展，材料继续变形的能力及其特性规律也不断变化，直至一定程度时出现破坏现象为止。从不同受荷载水平下的加载过程看，弹塑性材料除弹性变形外，尚产生不断积累的塑性变形，而且弹性变形的应力范围也不断加大。这种塑性应变增大时弹性区扩大（或称屈服极限提高）的现象称为塑性硬化。一般认为，塑性硬化的过程不会改变卸载时的弹性性质，称为弹塑性的非耦合性。当材料反向受荷载时，不会产生与正向不同的塑性变形或塑性硬化，既无包辛克效应。同时，认为塑性变形只能由偏应力引起，球应力不产生塑性变形，即不存在偏应力与球应力的交叉影响；而且偏应力引起塑性变形时，只有剪缩，没有剪胀。此外，在任一点上，塑性变形的方向与该点屈服面法线的方向一致（塑性势面与屈服面相一致），即产生相关联的塑性流动。但是，岩土材料有时表现出极低的弹性区，屈服极限不明显；岩土除塑性硬化外，还可能出现塑性软化（塑性变形发展时应力降低）的现象；岩土还具有弹塑性耦合性质，会出现包辛克效应，有应力的交叉影响，在球应力下也会发生屈服（与偏应力下的屈服异步），除剪缩外还会有剪胀，有时会表现出非关联的塑性流动，塑性流动的方向不只与当前应力有关，还会受应力增量方向的影响。所有这些都要求岩土的弹塑性理论要比传统的弹塑性理论考虑更多的问题，即需要在传统弹塑性理论的基础上，尽量考虑上述这些岩土的有关特性。

8.8.1　弹塑性理论

（1）塑性判别标准

在弹塑性理论中，通常采用增量法来描述应力-应变发展的非线性规律。通常把应变增量分为弹性应变增量和塑性应变增量，即：

$$\mathrm{d}\varepsilon = \mathrm{d}\varepsilon^{\mathrm{e}} + \mathrm{d}\varepsilon^{\mathrm{p}} \tag{8.86}$$

或

$$\begin{cases} \mathrm{d}\varepsilon_{\mathrm{v}} = \mathrm{d}\varepsilon_{\mathrm{v}}^{\mathrm{e}} + \mathrm{d}\varepsilon_{\mathrm{v}}^{\mathrm{p}} \\ \mathrm{d}\varepsilon_{\mathrm{q}} = \mathrm{d}\varepsilon_{\mathrm{q}}^{\mathrm{e}} + \mathrm{d}\varepsilon_{\mathrm{q}}^{\mathrm{p}} \end{cases} \tag{8.87}$$

式中，e、p 分别表示弹性及塑性情况；ε_{v}、ε_{q} 分别表示体应变和剪应变。

对于弹性应变部分，可由弹性理论的应力-应变关系直接给出，即：

$$\begin{cases} \mathrm{d}\varepsilon_{\mathrm{v}}^{\mathrm{e}} = \dfrac{\mathrm{d}p}{K} \\ \mathrm{d}\varepsilon_{\mathrm{q}}^{\mathrm{e}} = \dfrac{\mathrm{d}q}{3G} \end{cases} \tag{8.88}$$

式中，K 为体积弹性模量；G 为剪切弹性模量。

塑性应变不可恢复，且只能在材料发生屈服以后才会发生。在复杂条件下，塑性应变通常使用德鲁克（Drucker）公设或依留申公设来判断是否产生塑性应变。Drucker 公设认为，一个应力循环中所做的功大于零时才有塑性应变；依留申公设认为，一个应变循环中所做的功大于零时才有塑性应变。Drucker 公设不适用于软化条件；依留申公设既适用于硬化条件，也适用于软化条件。

（2）屈服条件和破坏准则

屈服条件是产生塑性应变时需要满足的条件。它在应力空间中为一个包括原点（无应力状态）在内的封闭曲面，称为屈服面。当应力点位于屈服面以内时，产生弹性变形；当位于屈服面之上时，出现塑性变形。最初出现塑性变形的屈服面称为初始屈服面。对于硬化材料，初始屈服面产生以后，如果应力继续增加引起塑性变形时，屈服面会扩大或移动，形成新的屈服面，称为后继屈服面或加载面。其对应的应力或应变条件称为加载条件。

对于加载状态：

$$\frac{\partial f}{\partial \sigma_{ij}} \mathrm{d}\sigma_{ij} > 0 \tag{8.89}$$

对于卸载状态：

$$\frac{\partial f}{\partial \sigma_{ij}} \mathrm{d}\sigma_{ij} < 0 \tag{8.90}$$

式中，$\dfrac{\partial f}{\partial \sigma_{ij}}$ 表示垂直于屈服面方向的向量；$\mathrm{d}\sigma_{ij}$ 为应力增量。

当加载面随应力增大而逐渐扩大（或移动）到某种程度，达到材料强度所代表的状态时，即发生破坏。破坏状态所相应的曲面称为状态边界面，它对应的应力条件称为破坏条件或破坏准则。破坏准则可通过强度试验确定。常用的破坏准则有 Mohr-Coulomb 准则、Tresca 准则、Misses 准则、Zienkiewicz-Pande 准则、广义 Tresca 准则、广义 Misses 准则、松冈元准则、Lade 准则等。

假定屈服条件和加载条件均与破坏条件代表的曲面形状相似，但位置及大小不同，破坏条件的函数式为：

$$f = f(\sigma_{ij}) - K = 0 \tag{8.91}$$

式中，K 为取决于土性的参数。在屈服条件和加载条件的函数式中，K 随塑性应变的发展而变化，此时函数式为：

$$f(\sigma_{ij} - a_{ij}) - a^n = 0 \tag{8.92}$$

式中，a_{ij} 和 a 都是某种物态参数（如塑性应变）的函数，a_{ij} 反映屈服面在应力空间中的位置；a 反映屈服面的大小。

通过将屈服面和破坏面投影到不同的特征平面（π 平面、子午面、$\sigma_1-\sqrt{2}\sigma_3$ 平面等），以此研究其在应力空间内的变化。其中，π 平面（图 8.18）较为常用。一个 π 平面对应于一个球应力 p（或 I_1、平均主应力 σ_m），且法向应力为 $\sigma_\pi = I_1/3$。π 平面内的应力偏量由 $\tau_\pi = \sqrt{2J_2}$ 和应力洛德角 θ_σ（π 平面上应力偏量与 σ_3' 轴间的夹角）的大小表示。不同的破坏条件在 π 平面上的形状如图 8.19 所示。根据需要，应力状态可在其他的平面如子午面（$I_1-\sqrt{J_2}$ 平面，见图 8.20）、p-q 平面（图 8.21）和 $\sigma_1-\sqrt{2}\sigma_3$ 平面（Rendulic 平面，见图 8.22）中表示。考虑到岩土（主要为黏性土）在球应力下仍有可能屈服，故还可能有如图 8.20～图 8.22 中右边弧线所示的一组屈服面。它相当于在图 8.18 中再加上一个“帽子”，也称为帽盖屈服面，其形状和大小也由试验确定。

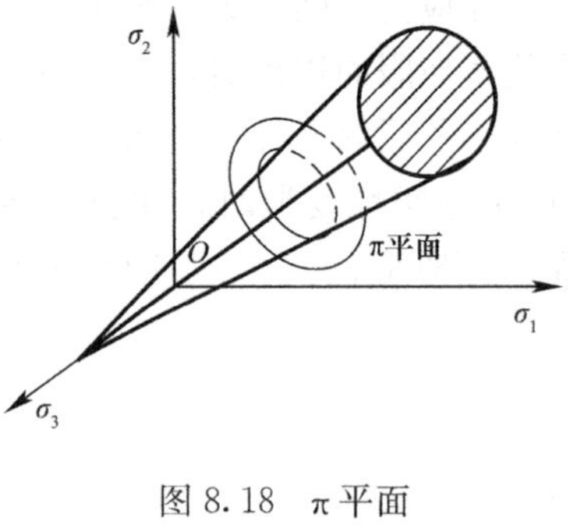

图 8.18 π 平面

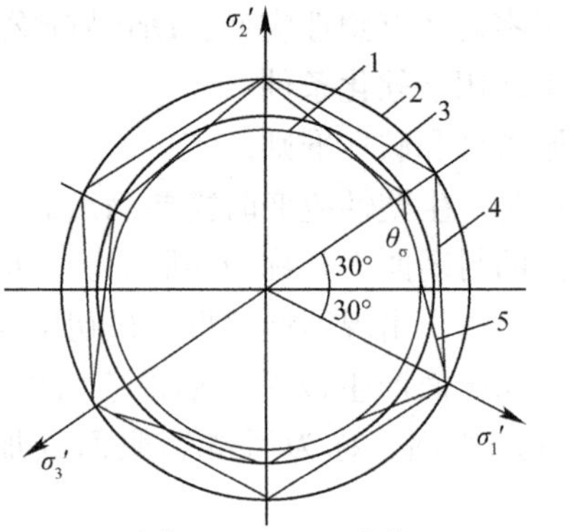

1—内接圆Misses；2—外接圆Misses；
3—内接圆Misses；4—Tresca；5—Mohr-Coulomb

图 8.19 不同的破坏条件在 π 平面上的形状

（3）流动准则

塑性应变的方向可由流动法则确定，经典塑性力学认为塑性应变增量的方向与塑性势面 $g=(p, q, H)=0$ 正交，此即为正交流动法则，即：

$$d\varepsilon_{ij}^{p} = d\lambda \frac{\partial g}{\partial \sigma_{ij}} \tag{8.93}$$

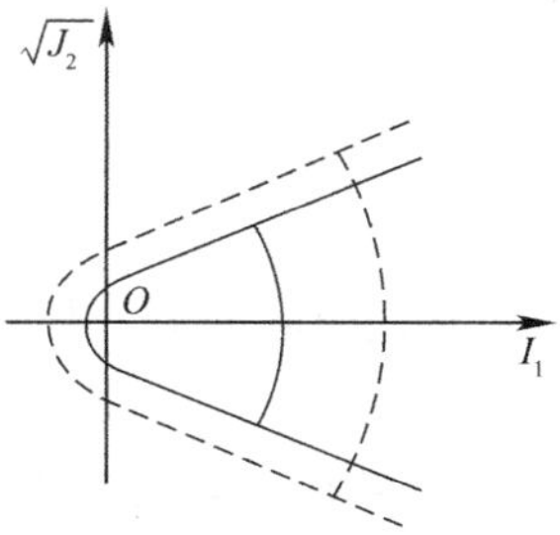

图 8.20　$I_1-\sqrt{J_2}$的子午面

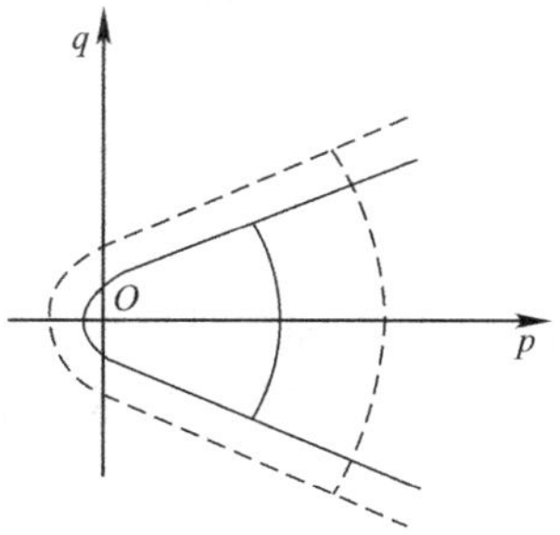

图 8.21　p-q 平面

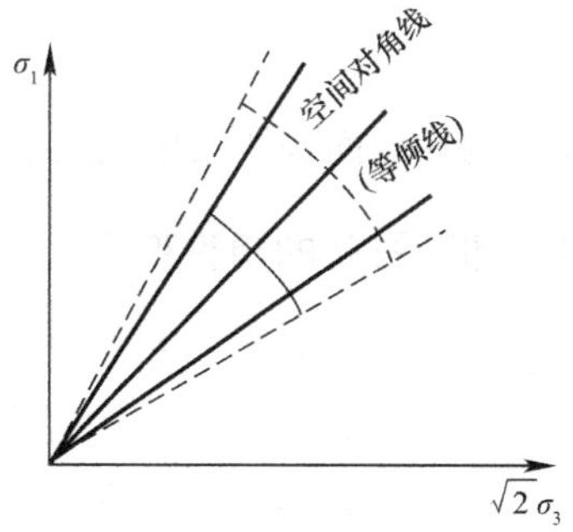

图 8.22　$\sigma_1-\sqrt{2}\sigma_3$（Rendulic 平面）

或

$$d\varepsilon_v^p = d\lambda \frac{\partial g}{\partial p} \tag{8.94}$$

$$d\overline{\varepsilon^p} = d\lambda \frac{\partial g}{\partial p} \tag{8.95}$$

式中，$d\overline{\varepsilon^p}$为塑性八面体剪应变；$d\lambda$ 为一个非负常数，且有：

$$d\varepsilon_v^p = d\varepsilon_{ii}^p \tag{8.96}$$

$$d\overline{\varepsilon^p} = \left(\frac{2}{3} de_{ij}^p de_{ij}^p\right)^{\frac{1}{2}} \tag{8.97}$$

$$de_{ij}^p = d\varepsilon_{ij}^p - \delta_{ij}\frac{d\varepsilon_v^p}{3}, \delta_{ij} = \begin{cases} 1, i = j \\ 0, i \neq j \end{cases} \tag{8.98}$$

正交流动法则可分为相关联流动（$g=f$）和非相关联流动（$g\neq f$）两种情形。传统塑性理论在研究金属材料时使用 $g=f$ 的相关联流动法则；而岩土材料采用不同的硬化参数可以得出不同的屈服面和屈服轨迹，故流动法则需通过试验和试算，寻求一种能够使 $f=(p, q, H)=0$ 相一致的硬化参数 H。

（4）硬化规律

在式（8.93）中，$d\lambda$ 是一个确定塑性应变大小的函数，与应力状态有关，也受应力历史和应力水平的制约，其在塑性变形发展过程中的变化反映了屈服面随塑性应变增大而发展变化的规律，即材料的硬化规律，通常假定：

$$d\lambda = \frac{1}{A}\frac{\partial f}{\partial \sigma_{ij}} d\sigma_{ij} = -\frac{1}{A}\frac{\partial f}{\partial H} dH \tag{8.99}$$

式中，A 为硬化参量 H 的函数。

可以用来表征材料硬化特性的参量有很多，如塑性应变的各分量、塑性功或代表热力学状态的内变量等，只要它是不可逆过程的某种量度，其所相应的 A 值就可用对应的硬化规律来计算。通常用硬化模量的变化来研究硬化规律以便于计算。硬化模量为沿屈服面外法线 n 方向的应力增量与塑性应变增量之比。根据硬化模量的变化，可得到应力与塑性应变之间的发展过程。在相关流动规则下，硬化模量的矢量式为：

$$K_p = \frac{d\sigma_n}{d\varepsilon^p} \tag{8.100}$$

写成标量式为：

$$d\varepsilon^{p}=\frac{1}{K_{p}}n d\sigma_{n} \tag{8.101}$$

式中，n 为屈服面法线的单位矢量。

8.8.2 卸荷引起的塑性变形

按照经典塑性理论，荷载通常被分为加载和卸载过程来研究，它们引起的应力和应变变化有所不同，使土的屈服和硬化特性也发生变化，通常可采用等向硬化、运动硬化来描述。加卸载的动力过程与其静力过程是有所差别的，如果动力的速率效应可以忽略不计，则传统塑性理论中用于描述静力加卸载的方法在土动力学中仍然可以借鉴应用。但按照经典塑性理论，卸荷只引起弹性变形，不产生残余的体积应变或残余孔隙水压力。为此，Cater 等（1982）建议采用运动硬化多屈服面的硬化函数，在卸载时使屈服面随着应力点移动，弹性范围缩小，再加荷时产生塑性变形，消除了经典塑性理论中周期加载问题的局限性。

下面以 Prevost 提出的黏土不排水应力-应变模型来说明多屈服面运动硬化模型怎样表示土的应力-应变关系。图 8.23(a) 中的折线表示三轴试验得到的应力-应变关系，其相应的屈服面如图 8.23(b) 所示。图中，σ_y、ε_y 分别为轴向应力与轴向应变，σ_x、σ_z 为侧向应力。

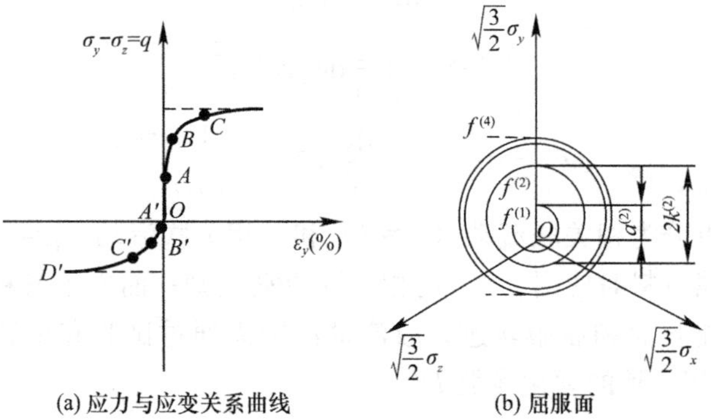

图 8.23　多屈服面模型

设 K_0 固结试验沿 y 轴方向加载，图 8.23 中 AA' 段表示弹性变形部分，A 点之后产生塑性变形，塑性应变增量为：

$$d\varepsilon_{ij}^{p}=\frac{1}{H'}\frac{\partial f}{\partial\sigma_{ij}}\frac{\dfrac{\partial f}{\partial\sigma_{rs}}d\sigma_{rs}}{\dfrac{\partial f}{\partial\sigma_{mn}}d\sigma_{mn}} \tag{8.102}$$

在三轴不排水压缩试验中，若采用广义 Von-Mises 屈服条件，并假设相关联的流动法则，则上式可改写为：

$$d\varepsilon_{ij}^{p}=\frac{2}{3H'}d\sigma_{11} \tag{8.103}$$

式中，$d\sigma_{11}$ 为轴向应力增量；H' 为 AB 段的塑性模量。

弹塑性模量 H 用 AB 段的斜率表示，它与塑性模量 H'、弹性剪切模量 G 之间的关系式为：

$$H=\left(\frac{1}{2G}+\frac{1}{H'}\right)^{-1} \tag{8.104}$$

如图 8.24(b) 所示从 A 点继续加荷至 B 点，屈服面 $f^{(1)}$ 内不断移动并与 $f^{(1)}$ 相接触，塑性应变用 BC 段的塑性模量计算。继续加荷至 D 点，则所有屈服面都接触在一点，如图 8.24(a) 所示。

从 D 点开始卸荷，卸荷范围是 $2k^{(1)}$，土体先在屈服面 $f^{(1)}$ 内产生弹性变形，即图 8.23(b) 中 $a^{(2)}$ 范围内的部分。继续卸荷，土体将再产生塑性变形，塑性模量取 EF 段的斜率，其值与 AB 段相同。该曲线的初次加载段与试验结果非常吻合，但卸荷段不完全符合，且将该模型用于有限元分析中，需要跟踪每个单元的屈服面移动，这会对计算造成困难，为此有学者发展了边界面模型。

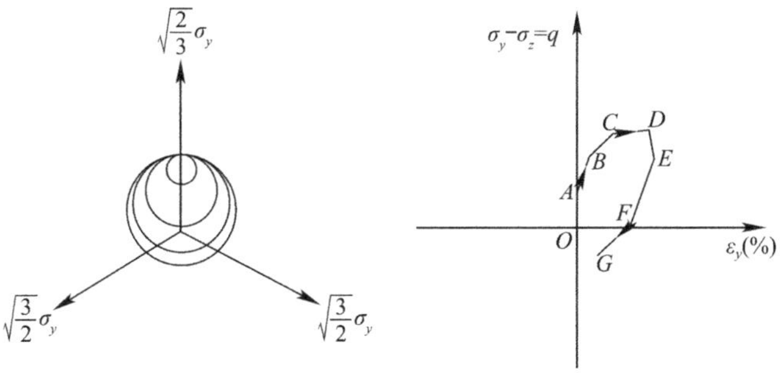

(a) 应力增大到D点时的屈服面　　(b) 应力与应变关系曲线

图 8.24　多屈服面的卸荷路径

8.8.3　边界面模型

20 世纪 80 年代加州大学分校的 Dafalias 和 Hermann 提出了边界面模型的基本框架，用于正常固结土及超固结土的静力和动力分析。具有以下特点：

(1) 取消了屈服面的概念。即使在超固结情况下其应力-应变关系也是平滑曲线，由此合理地反映了超固结黏土的特性。

(2) 适用于周期荷载。

(3) 不需要大量的嵌套面 (nested surfaces) 来表达土的塑性关系。

边界面模型是多重屈服面模型的进一步发展，它用映射方法将实际应力点投影至边界面上，得到对应的对偶应力点，根据该点的边界面法向确定塑性应变方向，并根据两点间距离确定塑性模量场。实际上，该边界面模型只有一个不动的边界面和可移动的内屈服面。应力点到达边界面时模量为零，离边界面越远模量越大，由于模量是连续变化的，所以应力-应变曲线是光滑的。如同屈服面一样，边界面可以用一个单值函数表示：

$$F=F(\bar{\sigma}_{ij},q_{\mathrm{n}})=0 \tag{8.105}$$

式中，$\bar{\sigma}_{ij}$ 是一个虚应力，是真实应力 σ_{ij} 的函数；q_{n} 是一组内部状态变量。

图 8.25 表示出虚应力与真实应力的关系。图 8.25 中 J_1 是第一应力不变量，J_{2D} 是剪切应力张量的第二不变量，$\bar{\sigma}_{ij}$ 是由一个假设的投影规则确定的。图 8.25 中显示的是径向投影规则，即 $\bar{\sigma}_{ij}$ 是由一个曲投影中心 C_{p} 出发，经过 σ_{ij} 而投影到边界面上得到的。投影中心可以是固定的，也可以是移动的。如果投影中心是固定的，则 C_{p} 是一个材料常数；如

果投影中心是移动的，则它可以是一个状态变量。

边界面理论中的塑性流动可表示为：

$$d\varepsilon_{ij}^{p}=\langle L\rangle\frac{\partial F}{\partial\overline{\sigma_{ij}}}=0 \tag{8.106}$$

式中，L 是荷载指数。〈〉表示一种运算，如果 $L>0$，$\langle L\rangle=L$；如果 $L\leqslant 0$，$\langle L\rangle=0$。

式（8.106）表示塑性应变增量的方向垂直于虚应力处的界面。根据一致性条件，有：

$$dF=\frac{\partial F}{\partial\overline{\sigma_{ij}}}d\overline{\sigma_{ij}}+\frac{\partial F}{\partial q_{n}}dq_{n}=0 \tag{8.107}$$

而状态变量的增量可被假设为应力增量的线性函数，即：

$$dq_{n}=\langle L\rangle\gamma_{n} \tag{8.108}$$

式中，$\gamma_n=\gamma_n(\sigma_{ij},\ q_n)$，即 γ_n 是当前应力及状态变量的函数。将式（8.108）代入式（8.107）中，得：

$$dF=\frac{\partial F}{\partial\overline{\sigma_{ij}}}d\overline{\sigma_{ij}}+\frac{\partial F}{\partial q_{n}}\langle L\rangle\gamma_{n}=0 \tag{8.109}$$

或

$$dF=\frac{\partial F}{\partial\overline{\sigma_{ij}}}d\overline{\sigma_{ij}}-\overline{K}_{p}\langle L\rangle=0 \tag{8.110}$$

式中，$\overline{K}_p=-\dfrac{\partial F}{\partial q_n}\gamma_n$。

由式（8.110）得：

$$L=\frac{1}{K_{p}}\frac{\partial F}{\partial\overline{\sigma_{ij}}}d\overline{\sigma_{ij}} \tag{8.111}$$

将式（8.111）代入式（8.106）得：

$$d\varepsilon_{ij}^{p}=\left(\frac{1}{\overline{K}_{p}}\frac{\partial F}{\partial\overline{\sigma_{ij}}}d\overline{\sigma_{ij}}\right)\frac{\partial F}{\partial\overline{\sigma_{ij}}} \tag{8.112}$$

同样地，塑性应变也可以表达为如下真实应力增量的函数：

$$d\varepsilon_{ij}^{p}=\left(\frac{1}{K_{p}}\frac{\partial F}{\partial\overline{\sigma_{ij}}}d\sigma_{ij}\right)\frac{\partial F}{\partial\overline{\sigma_{ij}}} \tag{8.113}$$

图 8.26 表示出了虚应力增量与真实应力增量之间的关系。

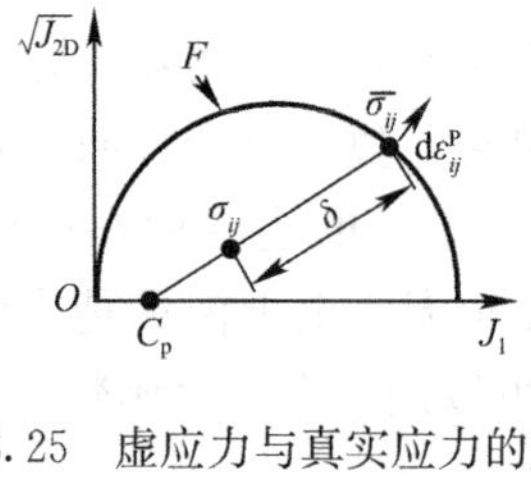

图 8.25 虚应力与真实应力的关系

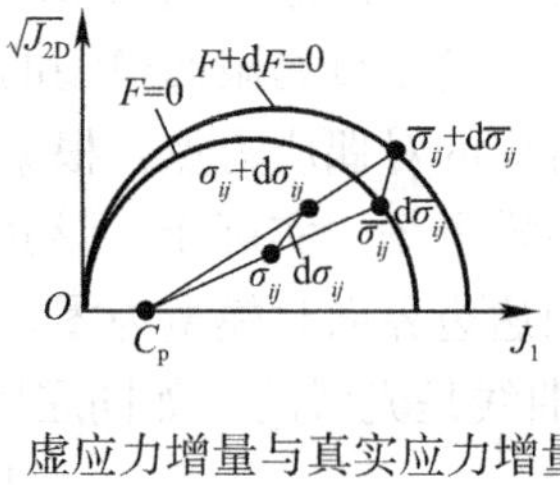

图 8.26 虚应力增量与真实应力增量的关系

由式（8.112）和式（8.113）可得：

$$\frac{\partial F}{\partial\overline{\sigma_{ij}}}d\overline{\sigma_{ij}}=\frac{\overline{K}_{p}}{K_{p}}\frac{\partial F}{\partial\overline{\sigma_{ij}}}d\sigma_{ij} \tag{8.114}$$

式中，K_p 为塑性模量；$\overline{K}_p$ 为在边界面上求得的塑性模量值。

十分明显，当 $\sigma_{ij}=\overline{\sigma_{ij}}$ 时，即真实应力在边界上时，$d\sigma_{ij}=d\overline{\sigma_{ij}}$，$K_p=\overline{K}_p$。当 σ_{ij} 在边界

面以内时，K_p 和 $\overline{K}_p$ 间的关系是 σ_{ij} 和 $\overline{\sigma_{ij}}$ 之间距离（图 8.25 中的 δ）的函数，表达式为：

$$K_p = \overline{K}_p + H(\delta) \tag{8.115}$$

式中，函数 $H(\delta)$ 须满足如下三个条件：

$$H(\delta) \geqslant 0 \tag{8.116}$$

$$H(0) = 0 \tag{8.117}$$

$$H(\delta_{in}) = \infty \tag{8.118}$$

式中，δ_{in} 指的是材料刚开始产生塑性变形时的 δ 值。

塑性应变从零开始变化时，塑性模量为无穷大。式（8.116）说明在任何情况下，塑性模量的值都不小于其在边界面上的值。式（8.117）满足当 $\sigma_{ij} = \overline{\sigma_{ij}}$ 时 $K_p = \overline{K}_p$ 的条件。

将式（8.114）代入式（8.110）可得：

$$\frac{\overline{K}_p}{K_p}\frac{\partial F}{\partial \overline{\sigma}_{ij}}\mathrm{d}\sigma_{ij} - \langle L\rangle \overline{K}_p = 0 \tag{8.119}$$

根据弹性理论，有：

$$\mathrm{d}\sigma_{ij} = E_{ijkl}(\mathrm{d}\varepsilon_{kl} - \mathrm{d}\varepsilon_{kl}^{p}) = E_{ijkl}\mathrm{d}\varepsilon_{kl} - E_{ijkl}\langle L\rangle \frac{\partial F}{\partial \overline{\sigma}_{kl}} \tag{8.120}$$

将式（8.120）代入式（8.119）可得：

$$\frac{\overline{K}_p}{K_p}\frac{\partial F}{\partial \overline{\sigma}_{ij}}E_{ijkl}\mathrm{d}\varepsilon_{kl} - \langle L\rangle \frac{\overline{K}_p}{K_p}\frac{\partial F}{\partial \overline{\sigma}_{ij}}E_{ijkl}\frac{\partial F}{\partial \overline{\sigma}_{kl}} - \langle L\rangle \overline{K}_p = 0 \tag{8.121}$$

或

$$\frac{\partial F}{\partial \overline{\sigma}_{ij}}E_{ijkl}\mathrm{d}\varepsilon_{kl} - \langle L\rangle \frac{\partial F}{\partial \overline{\sigma}_{ij}}E_{ijkl}\frac{\partial F}{\partial \overline{\sigma}_{kl}} - \langle L\rangle \overline{K}_p = 0 \tag{8.122}$$

所以，荷载指数 L 为：

$$L = \frac{\dfrac{\partial F}{\partial \overline{\sigma}_{ij}}E_{ijkl}\mathrm{d}\varepsilon_{kl}}{\dfrac{\partial F}{\partial \overline{\sigma}_{ab}}E_{abcd}\dfrac{\partial F}{\partial \overline{\sigma}_{cd}} + K_p} \tag{8.123}$$

将式（8.123）代入式（8.120），得到应力-应变增量间的关系如下：

$$\mathrm{d}\sigma_{ij} = E_{ijkl}\mathrm{d}\varepsilon_{kl} - h(L)\frac{\left(E_{ijmn}\dfrac{\partial F}{\partial \overline{\sigma}_{mn}}\right)\left(\dfrac{\partial F}{\partial \overline{\sigma}_{pq}}E_{pqkl}\right)}{\left(\dfrac{\partial F}{\partial \overline{\sigma}_{ab}}E_{abcd}\dfrac{\partial F}{\partial \overline{\sigma}_{cd}}\right) + K_p}\mathrm{d}\varepsilon_{kl} \tag{8.124}$$

故边界面弹塑性刚度张量可表达为：

$$D_{ijkl} = E_{ijkl}\mathrm{d}\varepsilon_{kl} - h(L)\frac{\left(E_{ijmn}\dfrac{\partial F}{\partial \overline{\sigma}_{mn}}\right)\left(\dfrac{\partial F}{\partial \overline{\sigma}_{pq}}E_{pqkl}\right)}{\left(\dfrac{\partial F}{\partial \overline{\sigma}_{ab}}E_{abcd}\dfrac{\partial F}{\partial \overline{\sigma}_{cd}}\right) + K_p}\mathrm{d}\varepsilon_{kl} \tag{8.125}$$

式中，$h(L)$ 为 Heaviside 函数，若 $L>0$，则 $h(L)=1$，否则 $h(L)=0$。

式（8.125）和一般的弹塑性刚度张量相比，形式是一样的。但在边界面理论中，边界面取代了屈服面，边界面上的虚应力扮演了经典塑性理论中屈服面上真实应力的角色，塑性模量 K_p 是真实应力与虚应力之间距离的函数。

由以上的介绍可以看出，要开发一个边界面模型，需要：

（1）定义一个边界面；

（2）定投影规则；

（3）定义函数 $H(\delta)$，使 K_p 可以平滑地从无穷大（纯弹性）变化到 $\overline{K}_p$。

边界面模型可以真实地反映土的塑性体应变的累积性，近年来一些学者把边界面看作可以扩大的等向硬化面，进一步扩展了这类模型的适用范围，它能比较全面地反映循环荷载作用下应力-应变的瞬时过程。下面以 Bardet（1986）建立的模型为例来说明其基本概念。

Bardet 采用如下椭圆形屈服面作为边界面：

$$F=\left(\frac{\sigma_m-a\sigma_{m0}}{1-a}\right)^2+\left(\frac{\sigma_s^2}{M(\theta)}\right)^2-f=0 \tag{8.126}$$

式中，

$$M(\theta)=\frac{2M_eM_c}{M_c+M_e-(M_c-M_e)\sin\theta} \tag{8.127}$$

式中，θ 为洛德角，M_c、M_e 可分别表示为：

$$M_c=\frac{6\sin\varphi_c}{3-\sin\varphi_c},\quad M_e=\frac{6\sin\varphi_e}{3-\sin\varphi_e} \tag{8.128}$$

式中，φ_c 和 φ_e 分别为压缩试验和伸长试验确定的残余内摩擦角。

当应力点落在边界面上时，以边界面的法线方向作为塑性应变方向；当应力点在边界面内时，则通过坐标原点与应力点的连线在边界面上找出映射点，映射点的法线方向即为流动方向。塑性模量的计算式为：

$$H=H_b+\frac{\sigma_m}{C_c-C_e}\frac{d}{d_{max}-d^2}h_0\left(\frac{M_p}{M_e}-\frac{\sigma_s}{M\sigma_{m0}}\right) \tag{8.129}$$

式中，$M_p=6\sin\varphi_p/(3-\sin\varphi_p)$，$\varphi_p$ 为峰值内摩擦角；d 为实际应力点与映射点间的距离；H_b 为应力点落在边界面上的塑性模量，按下式计算：

$$H_b=\frac{\sigma_{m0}M^2}{C_c-C_e}(\gamma-1)\left(\gamma+\frac{1-2a}{\alpha^2}\right) \tag{8.130}$$

式中，

$$\gamma=\frac{\alpha^2+(1-\alpha)\sqrt{\alpha^2+(1-2\chi)\chi^2}}{\alpha^2+(1-\alpha^2)\chi^2} \tag{8.131}$$

$$\chi=\frac{\sigma_m}{M(\theta)\sigma_m} \tag{8.132}$$

当 $d\geqslant d_{max}$ 时，$H\to\infty$。当 $M\geqslant M_c$ 时，$H_b<0$，可以反映应变软化的现象。

根据以上各式可以推算增量形式的应力-应变关系如下：

$$\Delta\sigma_{ij}=2G\Delta\varepsilon_{ij}+\left(B-\frac{2}{3}G\right)\Delta\varepsilon_{ij}\delta_{ij}-\frac{1}{K}N_{kl}\Delta\varepsilon_{kl}N_{ij} \tag{8.133}$$

式中

$$K=H+B\left(\frac{\partial F}{\partial\sigma_m}\right)^2+G\left(\frac{\partial F}{\partial\sigma_3}\right)^2(1+9\xi^2\cos^2 3\theta) \tag{8.134}$$

$$N_{ij}=\left(B\frac{\partial F}{\partial\sigma_m}-G\xi\frac{\partial F}{\partial\sigma_s}\right)\delta_{ij}+G\frac{\partial F}{\partial m}(1-\xi\sin3\theta)\frac{s_{ij}}{\sigma_s}+G\frac{\partial F}{\partial\sigma_s}\frac{s_{ik}s_{kj}}{\sigma_s^2} \tag{8.135}$$

$$\xi = \frac{M_e - M_c}{2M_c M_e} M(\theta) \tag{8.136}$$

$$\frac{\partial F}{\partial \sigma_m} = (\gamma - 1) M(\theta) \tag{8.137}$$

$$\frac{\partial F}{\partial \sigma_s} = \gamma \chi \left(\frac{1-a}{a} \right)^2 \tag{8.138}$$

上述各式中，C_c、C_e、a 和 h_0 均为计算参数，B 和 G 为弹性体积模量和弹性剪切模量。

8.8.4　临界状态模型

土的临界状态模型仍然是一种弹塑性模型，但它是以临界状态力学为基础，在 q-p-e 空间内研究土的力学特性，并引入了"状态边界面"概念。这是弹塑性理论在应用上的一个重要发展。

1. 状态边界面

状态边界面包括正常固结线、罗斯科线、临界状态线、伏斯列夫线以及零拉应力线等。下面以正常固结土为例来说明状态边界面中各类曲线的含义及其作用。

如图 8.27 所示为 q-p-e 空间内正常固结饱和土的状态边界面，图中 $ACEF$ 就是这个面的一部分。原始各向等压固结线（VICL，或正常固结线 NCL）是正常固结土在等向压缩条件下的应力-应变曲线，其在 e-p 平面内的投影为 AC 线。空间曲线 EF 为临界物态线（或简称 CSL），指塑性剪应变无限增大，塑性体应变增量和有效压力增量为零，土处于完全塑性状态时的应力状态线。CSL 在 e-p 平面和 q-p 平面的投影可分别表示为：

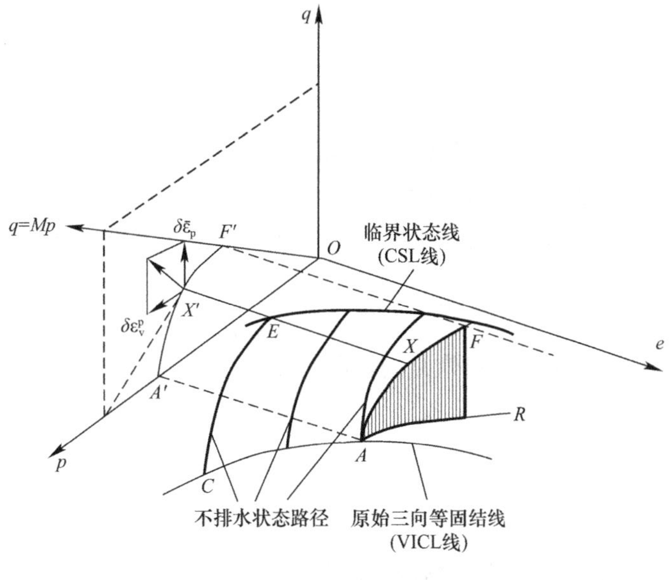

图 8.27　状态边界面

$$q = Mp \tag{8.139}$$

$$e = r - \lambda \ln p \tag{8.140}$$

式中，r 和 λ 为试验参数。

如果由 VICL 线上某一点 p 开始，改变应力 p 和 q 时，e 也不断改变，如图 8.27 所示，其在空间内的应力路径将形成一条由 VICL 线到 CSL 线的曲线 AF。由不同 p 点开始的这种曲线，可以构成一个连接 VICL 线与 CSL 线的空间曲面，称为罗斯科面（Roscoe surface）。

正常固结饱和黏土和较松的砂，在剪切时只发生收缩而无膨胀现象，它们的存在状态通常是在 VICL 线和 CSL 线两线所包括的状态边界面的部分范围内。剑桥模型也只适用于这种情况的“湿黏土”和松砂。

2. 剑桥模型和修正剑桥模型

剑桥模型是英国剑桥大学罗斯科（Roscoe）等基于正常固结黏土和弱超固结黏土（也就是他们所谓的“湿黏土”）试验，建立的一个有代表性的土的弹塑性模型。这个模型采用帽子屈服面和相适应的流动规则，并以塑性体应变为硬化参数，在国际上被广泛地接受和应用。

正常固结黏土和轻超固结黏土也被称为湿黏土，这类土在卸载时会发生可恢复的体应变。图 8.27 中，AR 为卸载回弹曲线，当荷载变化时，无塑性体积变化。如果选择塑性体应变为硬化参数，那么等塑性体应变面即为屈服面，等塑性体应变线 AF 就是屈服轨迹。$A'F'$ 即为剑桥模型在 p'-q' 平面上的屈服轨迹。

剑桥模型引入了能量方程来计算试验的应力-应变曲线，其中能量方程实质上是一种假设，如与实测不符，可修改至二者一致。设单位体积的土在 p、q 的应力作用下发生应变 $\delta\varepsilon_v$ 和 $\delta\bar{\varepsilon}$，则变形能增量 δE 为：

$$\delta E = p\delta\varepsilon_v + q\delta\varepsilon \tag{8.141}$$

式中，δE 分为可恢复的弹性能 δW_c 和不可恢复的消耗能或塑性能 δW_e，即：

$$\delta E = \delta W_e + \delta W_p \tag{8.142}$$

式中

$$\begin{cases}\delta W_e = p\delta\varepsilon_v^e + q\delta\varepsilon^e \\ \delta W_p = p\delta\varepsilon_v^p + q\delta\bar{\varepsilon}^p\end{cases} \tag{8.143}$$

在剑桥模型的理论推导中，补充假定为：

（1）假定 $\delta\varepsilon_v^e$ 可以从各向等压固结试验中所得的回弹曲线求取，即由式 $e=e_{a0}-\chi\ln p$ 得：

$$\delta\varepsilon_v^p = \delta\varepsilon_v - \frac{\chi}{1+e}\frac{\delta p}{p} \tag{8.144}$$

（2）假定一切剪应变都是不可恢复的，即假定：

$$\delta\varepsilon^e = 0, \delta\bar{\varepsilon}^p = \delta\bar{\varepsilon} \tag{8.145}$$

因此，式（8.143）的第一式为：

$$\delta W_e = p\delta\varepsilon_v^e = \frac{\chi}{1+e}\delta p \tag{8.146}$$

（3）假定全部消耗能 δW_p 等于 $Mp\delta\bar{\varepsilon}$，即：

$$\delta W_p = Mp\delta\bar{\varepsilon} \tag{8.147}$$

故得能量方程为：

$$p\delta\varepsilon_v + q\delta\bar{\varepsilon} = \frac{\chi\delta p}{1+e} + Mp\delta\bar{\varepsilon} \tag{8.148}$$

根据物态边界面的公式：

$$n=\frac{q}{p}=\frac{M}{\lambda-\chi}(e_{a0}-e-\lambda\ln p) \tag{8.149}$$

微分得：

$$\delta e=-\left[\frac{\lambda-\chi}{Mp}(\delta q-n\delta p)+\frac{\lambda}{p}\delta p\right] \tag{8.150}$$

$$\delta\varepsilon_{v}=\frac{\lambda}{1+e}\left[\frac{1-\chi/\lambda}{Mp}(\delta q-n\delta p)+\frac{\delta p}{p}\right] \tag{8.151}$$

再根据能量方程式（8.148）可得：

$$\delta\bar{\varepsilon}=\frac{\lambda-\chi}{(1+e)Mp}\left(\frac{\delta q}{M-n}+\delta p\right) \tag{8.152}$$

式（8.151）、式（8.152）即为应力-应变增量关系公式。

因 $n=q/p$，$\delta q=p\delta n+n\delta p$，将其代入式（8.151）、式（8.152）中，得：

$$\delta\varepsilon_{v}=\frac{1}{1+e}\left(\frac{\lambda-\chi}{M}\delta n+\lambda\frac{\delta p}{p}\right) \tag{8.153}$$

$$\delta\bar{\varepsilon}=\frac{\lambda-\chi}{1+e}\left[\frac{p\delta n+M\delta p}{Mp(M-n)}\right] \tag{8.154}$$

由 $\frac{\delta q}{\delta p}-\frac{q}{p}+M=0$，可得：

$$\frac{\delta q}{\delta p}=-M+n \tag{8.155}$$

利用正交条件，由上式可得：

$$\delta\varepsilon_{v}=\frac{\lambda}{1+e}\left[\frac{\delta p}{p}+\left(1-\frac{\chi}{\lambda}\right)\frac{\delta n}{\psi+n}\right] \tag{8.156}$$

$$\delta\bar{\varepsilon}=\frac{\lambda-\chi}{1+e}\left(\frac{\delta p}{p}+\frac{\delta n}{\psi+n}\right)\frac{1}{\psi} \tag{8.157}$$

由式（8.153）、式（8.154）或式（8.156）、式（8.157）可以看出，通过简单的常规三轴试验测定 λ、χ、M 三个常数，就可以应用这个模型的理论来确定土的弹塑性应力-应变关系，这是剑桥模型的优点。但是，这种优点是依靠前文所述及的、在推导中所作的种种补充或简化假定而获得的。因此，其可靠性需要进行进一步验证。

实践证明，如果 $n=q/p$ 值较小，则根据上述剑桥模型式（8.153）、式（8.154）或式（8.156）、式（8.157）所得的计算应变值一般偏大。而如果 n 值较大，计算值与实际值就很接近，计算的静止侧压力值也偏大。为了改进原来的模型，可在此模型中用：

$$\delta W_{p}=p[(\delta\varepsilon_{v}^{p})^{2}+(M\delta\bar{\varepsilon}^{p})^{2}]^{1/2} \tag{8.158}$$

代替剑桥模型中的假定：

$$\delta W_{p}=Mp\delta\bar{\varepsilon} \tag{8.159}$$

根据这种修正推得的屈服轨迹公式为：

$$\frac{p}{p_{0}}=\frac{M^{2}}{M^{2}+n^{2}} \tag{8.160}$$

物态边界面公式为：

$$\frac{e_{n0}-e}{\lambda \ln p}=\left(\frac{M^2}{M^2+n^2}\right)^{\left(1-\frac{\chi}{\lambda}\right)} \tag{8.161}$$

$$\psi=\frac{\delta\varepsilon_v^p}{\delta\varepsilon}=\frac{M^2-n^2}{2n} \tag{8.162}$$

$$\delta\varepsilon_v^p=\frac{\lambda-\chi}{1+e}\left(\frac{2n\delta n}{M^2+n^2}+\frac{\delta p}{p}\right) \tag{8.163}$$

$$\delta\varepsilon_v=\frac{1}{1+e}\left[(\lambda-\chi)\frac{2n\delta n}{M^2+n^2}+\lambda\frac{\delta p}{p}\right] \tag{8.164}$$

$$\delta\varepsilon=\delta\varepsilon^p=\frac{\lambda-\chi}{1+e}\frac{2n}{M^2-n^2}\frac{2n\delta n}{M^2+n^2}+\frac{\delta p}{p} \tag{8.165}$$

与实测结果进行比较可知，修正剑桥模型的计算值一般过小，但总的情况比剑桥模型好些。

3. 正常固结土的加卸载

在上述状态边界面概念的基础上研究加、卸载情况下土的弹性应变与塑性应变时，如果如图 8.28 所示，正常固结土在由 p_A 到 p_B 固结后，再卸载到 p_A，然后再加载到 p_B，最后到 p_C 时又卸载到 p_A，则在经过 $DBCE$ 的一个应力往复之后，试样的 e 减小（由 D 到 E），即产生了塑性变形，但试验在 DB、EC 段上的应变产生于 BC 段上，即产生在应力路径沿罗斯科面的 BC 段上。因此可以认为，应力路径在罗斯科面以下只产生弹性应变，经过罗斯科面时才产生塑性应变（同时也产生弹性应变）。而且在罗斯科面以下加载、卸载产生弹性应变时的应力路径，因必定要发生在罗斯科面以下竖立在卸载膨胀曲线 DB 上的平面（称为弹性墙）内，故它可由弹性墙和试验平面（排水或不排水）的交线（标有箭头的直线）确定，如图 8.29 所示。

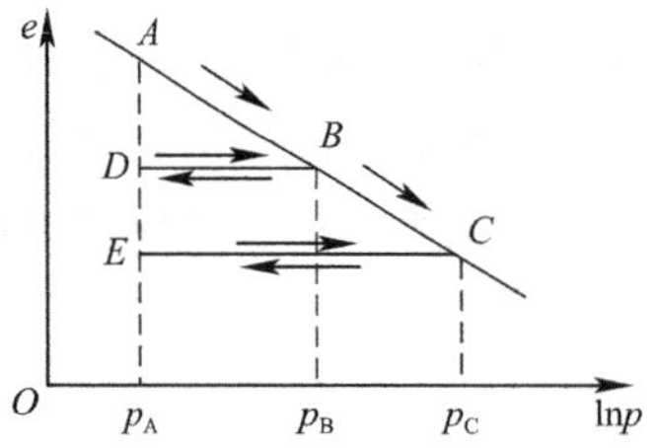

图 8.28 正常固结土的 e-$\ln p$ 曲线

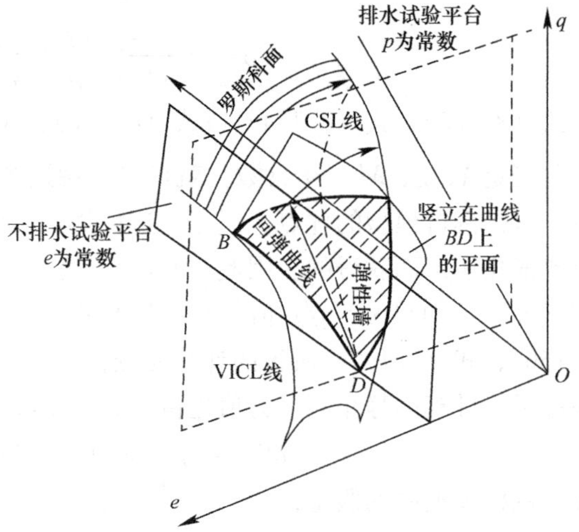

图 8.29 弹性应变时的应力路径与弹性墙

为了将临界状态模型应用于往复加载情况，除一些参数的确定应该考虑动荷载的影响外，Baladi 假定帽子屈服面在卸载时将跟着收缩，到达新的位置（图 8.30）再加载时，超出它的应力路径，又重新进入塑性区。这样，在反复加载过程中，每个周期都会有残余应变的积累（或残余孔压的积累），最后会导致液化的出现。

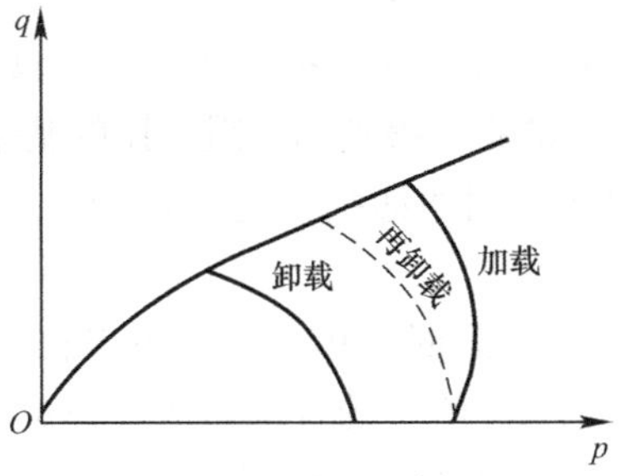

图 8.30　往复荷载情况下临界状态模型应用的假设

8.9　小结

（1）材料受到荷载后的力学性状，可能是弹性的、黏性的、塑性的，或者是弹性、黏性、塑性某种组合。选择能够较好地适合于土材料的力学模型，是建立土动应力-动应变关系的一个有效途径。试验测定的动应力-动应变关系曲线同各种力学模型的对比表明，双线性弹塑性模式和弹塑性模式均能与土的动应力-动应变曲线接近。目前，弹塑性模式也有应用；以等效黏弹性线性模型为代表的黏弹性模式和应用较多；弹塑性模式在迅速发展。

（2）土的动应力-动应变关系具有非线性、滞后性和应变累积性三个基本特点。由不同动应力周期作用的最大前应力 $\pm\tau_{m}$ 和它引起的最大剪应变 $\pm\gamma_{m}$ 绘出的曲线，称为骨干曲线，骨干曲线反映了动应力对动应变的非线性；加载、卸载、再加载的周期内的动应力-动应变关系曲线是一个以坐标原点为中心、封闭而且上下基本对称的滞回圈，称为滞回曲线，滞回曲线反映了动应变对动应力的滞后性；在作用的动剪应力较大时，土中塑性变形的出现会使滞回曲线不再能够封闭或对称，滞回曲线的中心点逐渐向应变增大的方向移动，显示出应变累积的特性。

（3）骨干曲线的曲线形态接近双曲线，常用 Konder、Hardin-Drnevic 的表达式、Ramberg-Osgood 的表达式或 Davidenkov 的表达式来描述，Hardin-Drnevich 的表达式应用更加广泛。滞回曲线的研究主要有等效线性模型法、Masing 二倍法、修正 Masing 曲线法、多项式逼近法和组合曲线法等。其中，Masing 二倍法得到较广的应用。当将它用于不规则荷载作用下的情况时，需要引入附加的加载准则；对于动应变累积特性的考虑，最简单的方法是将波动变化的动应变和累积增长的动力残余应变分别进行整理得到它们的动模量（一般的动模量和残余动模量）与各自所发展之间的关系。

（4）应变水平较低的情况下，土的动力本构模型可采用黏弹性理论来描述，且其应力-应变关系可认为是线性的，同时需要考虑阻尼对能量的耗散作用。根据这一特点，在实验室中，对于不完全符合线性黏弹性的土体也可采用黏弹性线性模型确定阻尼比。

（5）等效黏弹性线性模型把土视为非线性黏弹性介质，采用等效模量 E（或 G）和等效阻尼比 λ_{d} 两个参数来反映土动应力-动应变的两个基本特征（非线性与滞后性），并且将模量与阻尼比均表示为动应变幅的函数，即 $G=G$（γ_{d0}）或 $\lambda_{d}=\lambda_{d}(\gamma_{d0})$。在确定上述函数关系中考虑平均固结应力的影响。确定等效模量和等效阻尼比与应变幅值之间的函数关系是等效线性模型中的关键问题。在确定等效模量时，对其中包含的初始剪切模量和参考应变两个参数，可采用试验或经验的方法和根据摩尔-库仑破坏理论导出的关系式确定。在确定等效阻尼比时，根据动三轴试验，得到确定阻尼比的基本关系式，利用它求出任一周的阻尼比，作出阻尼比与动应变之间的曲线并进行拟合，就得到阻尼比函数 $\lambda_d=\lambda_d(\gamma_{d0})$ 的关系式。

（6）双线性模型是将应力-应变滞回圈用一个接近滞回曲线的平行四边形来代替。这个平行四边形由两组斜率分别为 E_1 和 E 的直线组成。模量由 E 变到 E_1 的应变称为屈服应变 ε_{dy}。双线性模型的三个参数均可通过试验确定。

（7）Martin-Finn-Seed 模型反映了往复动力荷载作用下土体的非线性和滞后性，当产生不可恢复的永久应变时，其应力-应变滞回圈要随周数的增加而逐渐向应变增大的方向移动，使软黏土的滞回圈出现越来越大且越来越倾斜的周期衰化现象。通过引入物态参数 K 来反映往复荷载的影响，排水条件下采用累积体积应变 ε_v、不排水条件下采用累积孔隙水压力 u 来进一步预估土在下一步荷载作用时的变形反应。

（8）弹塑性模型是在传统弹塑性理论的基础上，在尽可能考虑土的特性的条件下研究土的动应力-动应变规律。目前多是将往复荷载作用简化为单调的加载、卸载与再加载过程，故它只会在周数较小即达到稳定状态、不出现周期衰化现象的情况下得出较近似的结果。为了预估多周数作用下可能出现的周期衰化现象，必须在边界面和屈服面的表达式中增加表示衰化的参数。临界状态模型在 q-p-e 空间内研究土的力学特性，引入正常固结线、罗斯科线等，且既考虑了剪切屈服，也考虑了体积屈服；既考虑硬化时的体缩屈服，也考虑软化时的体胀屈服；既考虑加载路径下变形的变化，也考虑卸载路径下变形的变化。

习题

8.1 简述土的动应力-动应变关系的基本特点。

8.2 Drucker 公设和依留申公设的含义分别是什么？两者有什么区别？

8.3 某饱和砂土的孔隙比为 0.75，饱和重度为 17.6kN/m^3，静止土压力系数 $K_0=0.5$，场地地下水埋深为 0，采用 Hardin 和 Richart（1963）给出的圆粒砂的经验公式，给出该砂土场地 10m 深度范围内的初始剪切模量 G_0 与深度 z 的关系。

参考文献

[1] 谢定义. 土动力学 [M]. 北京：高等教育出版社，2011.
[2] 吴世明. 土动力学 [M]. 北京：中国建筑工业出版社，2000.
[3] 刘洋. 土动力学基本原理 [M]. 北京：清华大学出版社，2019.
[4] 高彦斌. 土动力学基础 [M]. 北京：机械工业出版社，2019.
[5] FINN W D L. 动力有效应力分析述评 [J]. 国外地震工程，1980 (2)：38-46.
[6] HARDIN B O，BLACK W L. Vibration modulus of normal consolidated clay [J]. Soil Found Div，ASCE，1968，94 (SM2).
[7] HARDIN B O，DRNEVICH V P. Shear modulus and damping in soils：measurements and parameter effects [J]. Journal of Geotechnical Engineering Division，1972，98 (6)：603-624.
[8] HARDIN B O，DRNEVICH V P. Shear modulus and damping in soils：design equations and curves

[J]. Journal of Soil Mechanics & Foundations Division, 1972, 98 (7): 667-692.

[9] 张建民，谢定义. 饱和砂土动本构理论研究进展 [J]. 力学进展，1994，24 (2)：197-201.

[10] 谢定义，张建民. 往返荷载下饱和砂土强度变形瞬态变化的机理 [J]. 土木工程学报，1987，20 (3)：57-70.

[11] WHITMAN R V, RICHART F E, Jr. Design procedures for dynamically loaded foundations [J]. Soil Mech Found Div, ASCE, 1967a, 93 (SM6).

[12] PYKE R M. Nonlinear soil models for irregular cyclic loading [J]. Journal of Geotechnical & Geoenvironmental Engineering, 1979, 105 (6): 715-726.

[13] SEED H B, WONG R T, IDRISS I M, et al. Moduli and Damping Factors for Dynamic Analyses of Cohassionless Soils [J]. J. of Geotechnical Engineering, ASCE, 1984, 112 (GT11): 1016-1032.

[14] ISHIBASHI I, CHANG X. Unified Dynamic Shear Modulas and Damoing Ratios of Sand and Clay [J]. Soils and Foundations. 1993, 33 (1): 182-191.

[15] ISHIHARA K. Soil Behaviour in Earthquake Geotechnics [M]. Oxford: Clarendon Press, 1996.

[16] FINN W D L. Analysis of Post-liquefaction Deformation in Soil Syructures [R]. Proc. Of H. B Seed Memorial Symposium, University of California, Berkeley, 1990, 2: 201-312.

[17] ISHIHARA K. Liquefaction and Flow Failure during Earthquakes [J]. Geotechnique, 1993, 43 (3): 351-415.

[18] ISHIHARA K, YOSHIMINE M. Evaluation of Settlements in Sand Deposits Following Liquefaction during Earthquakes [J]. Soils and Foundations, 1992, 32 (1): 173-188.

[19] ISHIHARA K, TATUOKA F, YASUDA S. Undrained Deformation and Liquefaction of Sand under Cyclic Stresses [J]. Soils and Foundations, 1975, 15 (1): 29-44.

[20] FINN W D L, BHATIA S. Endochronic theory of sand liquefaction [C] //Proceedings of the 7th Word Conference on Earthquake Engineering. Turkey: Istanbul, 1980.

第9章　砂土液化

9.1　概述

地震发生时，土的液化对建筑物、构筑物的安全构成巨大威胁，如1976年我国的唐山大地震、日本的新潟地震等。我国古代就有关于液化的记载，称之为“活砂”。美国土木工程协会岩土工程分会土动力学专业委员会对“液化”一词的定义为：液化是任何物质转为液体状态的行为或过程。就无黏性土而言，这种由固体状态变为液体状态的转化是孔隙水压力增大和有效应力减小的结果。对液化问题的研究主要包括土液化机理、影响土液化因素、土液化可能性的判定和液化地基处理等问题。

从微观来看，土的液化表现为土结构的破坏、孔隙水压力的上升、强度的丧失；从宏观来看，表现为场地喷砂冒水、长距离的迅速滑移、建筑物的沉降等。目前对土液化的研究多从土的液化应力特性和土的液化应变特性两个角度出发。Seed、Idriss、汪文韶等的研究多从前者出发，而Casagrande、Castro和Dobry等的研究多强调土的液化流动特征。液化应力状态的研究重视土的初始液化的出现，即土的有效应力等于零、土丧失所有抵抗剪切的能力。此后，在循环荷载的持续作用下，或表现为循环活动性，或表现为流动液化，直到最后出现土的大变形或土体强度破坏。但此过程必须要有初始液化的出现才能进行。所以对液化应力特性的研究将着重于确定饱和砂土达到初始液化的可能性及其范围，从初始液化出现的点开始进行其他问题的研究。液化应变的观点强调土出现的过量位移、变形或应变，他们认为工程中的破坏取决于此，而不完全取决于应力条件。此观点的核心是防止土体出现具有液化性态的流动破坏，在有些条件（如水平自由表面的土体）下，即使出现了大范围的初始液化，也并不会引起土体的流动破坏。第一种观点在我国得到了广泛的传播，并取得了丰富的研究成果。但第二种观点更加贴合工程实际，且能将宏观现象和微观研究建立更紧密的研究，因而值得进一步的探索。

已有研究多集中在饱和砂土的振动液化特性，饱和砂土作为一种典型的易液化土体，这无可厚非。但其他一些级配不良的砂砾石土、尾矿料、黄土，甚至非饱和土也会发生液化（达到一定的饱和度），编者课题组的彭晓东对非饱和钙质砂的液化特性做了一些研究。

由于地震液化机理及影响因素的复杂性和地震发生的不可预测性，故需要对液化做出综合性的分析和评价，土的液化问题也一直是土动力学领域的一个热门问题。

9.2　砂土液化机理

9.2.1　振动液化

对于具有水平表面的土，根据有效应力的强度关系式，即：

$$\tau_f = \sigma' \tan\varphi' = (\sigma - u)\tan\varphi' \tag{9.1}$$

式中，σ 和 σ' 分别为破坏面上由总应力和有效应力表示的正应力；u 为孔隙水压力；φ' 为土的有效内摩擦角。当孔隙水压力 u 发展到等于上覆有效压力 σ 时，有效应力减小为 0，土丧失抗剪强度，即发生液化。

从微观角度来看，当振动作用到土上时，土骨架会因振动的影响而受到一定的惯性力和扰动力，由于土颗粒结构的复杂性，它们会在各个土颗粒上引起大小、方向各不相同的附加应力。当其大小超过一定数值时，就会破坏土原来的结构状态和联络强度，使砂砾彼此之间脱离接触。原来由土骨架承担的有效应力就会转移到孔隙水上，从而引起孔隙水压力的突然增高。此时，孔压的增高将使孔隙水在超静水压力的作用下向上排出，同时土颗粒又受重力作用下沉，但土粒的下沉受到孔隙水向上排出的影响，从而使土粒处于悬浮（孔隙水压力等于有效覆盖压力）状态，此时土的抗剪强度局部或全部丧失，即出现不同程度的液化。此后，随着孔隙水逐渐排出，孔隙水压力逐渐减小，土粒重新堆积排列，压力重新由孔隙水传递给土粒，砂土重新达到稳定状态（振动压密）。

由此可以得出振动液化的发生和发展需要两个基本条件：一是振动作用要足以使土体结构发生破坏（振动较大或土结构强度低）；二是土体发生破坏后，土粒移动趋势为压密而不是松胀，使动孔压迅速增大。因此饱和松散的砂土极易产生液化现象，而密实的砂土不易振动液化。但地震作用后原地层中密实的饱和砂土也会喷出地面，这是因为密实砂土发生剪胀变松后，又导致了液化。

9.2.2　渗透液化

渗透液化是由渗透压力引起的液化，土中水力梯度恰好达到液化的临界梯度，砂土下部孔隙水压力达到上覆压力时，砂土颗粒就会发生上浮现象，承载能力也全部丧失。由于渗流液化主要来自渗透水压力的作用，常被考虑为“渗透不稳定”现象，但从它的物质状态评价也属于液化范围。

在没有渗流通过的饱和砂土中深度为 z 的某点，其应力表达式为：

$$\begin{cases} \sigma_z = \gamma' Z + p \\ \sigma_x = \xi' \gamma' Z + p \end{cases} \tag{9.2}$$

式中，σ_z 和 σ_x 分别为垂直和水平法向总应力；γ' 为土的浮重度；p 为孔隙水压力；ξ' 有效侧压力系数。

假设地下水变化时深度 z 处的孔隙水压力增量接近于 $\gamma' z$，则：

$$\begin{cases} \sigma_z' \to 0 \\ \sigma_x' \to 0 \\ \sigma_z' \to p \to \gamma_{sat} = \sigma_z \end{cases} \tag{9.3}$$

此时，饱和砂土向上渗流的水力梯度为：

$$i=\frac{\Delta p}{\gamma_{w}Z}\rightarrow\frac{\gamma'}{\gamma_{w}}=i_{cr} \tag{9.4}$$

这里的 i_{cr} 就是出现渗流液化时的临界水力梯度。

9.3 砂土液化类型

9.3.1 砂沸

砂沸是渗透液化的一种，常见于地面无载荷的天然条件下的砂层，也可发生于开挖基坑底面。地震时发生的类似于砂沸的喷水冒砂现象与临界水力梯度下发生的砂沸有本质区别。

9.3.2 流滑

饱和砂土在地震或循环荷载作用下孔隙水压上升并首次等于上覆有效应力时，土强度丧失，一般称为发生了初始液化。土体在初始液化后，如果动荷载继续作用，每一次振动均能使土发生迅速而持续的变形，土体将发生“实际液化”，表现出无限流动的特征，称为流滑。下面围绕流动结构和稳态强度对流滑进行具体阐述。

1. 剪缩性土和剪胀性土

大量的试验表明，砂土在受剪时，密实砂土体积膨胀，松砂在相同条件下体积缩小。因此，必然存在某一个孔隙比，使土在剪切破坏时既不会剪胀，也不会剪缩，这个孔隙比称为临界孔隙比。但临界孔隙比并不是一个常值，它随土上作用的法向固结应力而改变。

如图 9.1(a) 所示，为临界孔隙比 e_{cr} 和法向固结应力 σ_3 的关系曲线，其曲线被分为上、下两个部分。如果土的实际孔隙比 e 与法向固结应力 σ_3 的对应点处于曲线之上，即 $e>e_{cr}$，这种土为剪缩性土，发生液化的可能性较高；反之，如果土的实际孔隙比 e 与法向固结应力的对应点处于曲线之下，即 $e<e_{cr}$，则为剪胀性土，极不容易发生液化。而对于剪缩性土和剪胀性土在振动过程中的应力路径研究如图 9.1(b) 所示，可以得出如下结论：(1) 对于剪缩性土，孔压的上升导致有效应力下降，应力路径将迅速向土的强度线逼近；(2) 对于剪胀性土，孔压的下降导致有效应力上升，应力路径在另一个方向上也向土的强度线逼近；(3) 对于先剪缩后剪胀的土，对应地出现孔压先升高后降低的现象，应力路径上有一个由剪缩到剪胀的转折点，称之为相态转换点。不同应力路径上这类点的连线即称为相态转换线。这种特性在研究复杂应力条件下土的动力特性时有着重要意义。

2. 流动结构与稳态

流滑实际上主要是因为疏松的砂土颗粒骨架在单向剪切作用下发生不可逆的体积压缩(即剪缩作用)，同时孔隙水又未能及时排出，导致孔隙水压力上升、有效应力下降，直至转化为液体。流滑一般只发生在具有剪缩性的饱和土中，这种现象在海岸、河岸以及土坝的饱和砂土边坡中比较常见。Casagrand 研究发现，当土发生结构破坏时，土粒会在不断地运动中寻找摩擦力最小的结构状态。因此在发生大变形时，土的初始结构、应力-应变历史、加载条件等的影响将被掩盖，此时土达到一种所谓的“流动结构”。这时的土处于常剪应力、常有效应力、常体积和常速率的流动中，土的变形只与密实度有关，称为稳态。稳态时土具有的抗剪强度称为稳态剪切强度，如图 9.2(a) 所示。稳态剪切强度一般比较低，但不会等于零。将其投影到 e-lgσ'_{3c}平面内为一条直线，如图 9.2(b) 所示，称为稳态线。

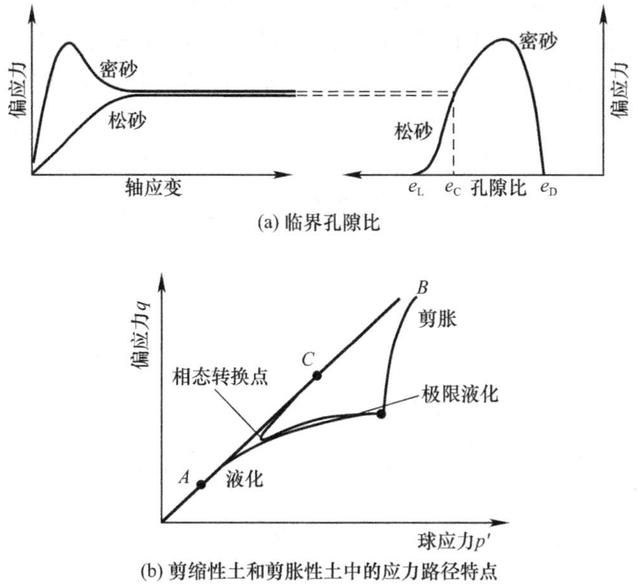

图 9.1　临界孔隙比及剪缩性土和剪胀性土中的应力路径特点

稳态线与三轴试验得到的临界孔隙比线既有区别又有联系。稳态线的概念要比临界孔隙比线更加先进。Polous 指出，临界状态没有指明流动结构是否发生，流动结构是稳态变形的充要条件；临界状态是土体结构的早期破坏阶段，而稳态时土体结构已经完全破坏。因此，一般稳态线在数值上低于临界孔隙比线，在临界状态时土的流动结构没有出现或者只是局部出现。

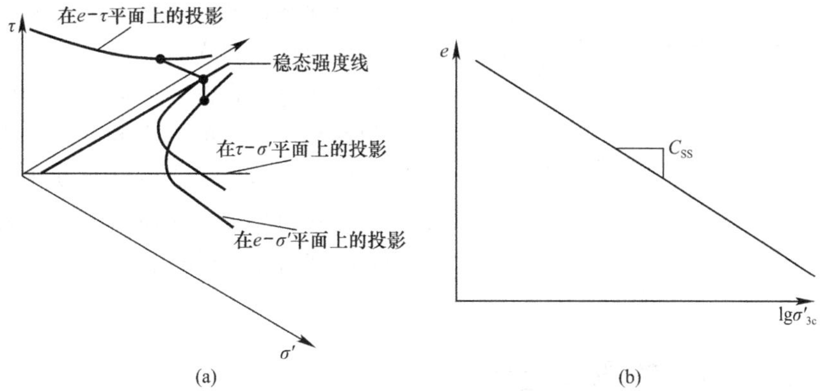

图 9.2　稳态强度线

9.3.3　循环液化

发生初始液化后如果继续施加动荷载，每一次振动只能产生有限的变形，这种变形具有随振动逐渐增加的特性或趋于往复变化的趋势，称为循环液化。循环活动性一般发生在具有剪胀性的砂土，或有一定阻力，或者荷载作用下有硬化趋势的土中。

循环液化的物理机制比较复杂，Casagrande 认为循环液化与相对密度和含水量在不排水循环剪切荷载作用下的重分布和不均匀性有关，即与试样在循环剪切作用中的剪缩和剪胀交替变化有关。因此，他提出了相转换线（PTL）的概念来分析循环液化。Ishihara 等（1985）对中密砂进行不排水试验，发现在单调剪切荷载作用下，中密砂开始出现剪缩行为，但随着应变向稳态发展逐渐呈现出剪胀性，因此在 q-p'平面上定义了一条线（应力路径），即相转换线（PTL），如图 9.3 所示。PTL 上面是剪胀区，应力路径向左发展，孔隙水压力增加，平均有效应力降低；当应力路径穿过状态转换线后，发生剪胀，产生负的孔隙水压力，平均有效应力增加，应力路径向右移动。

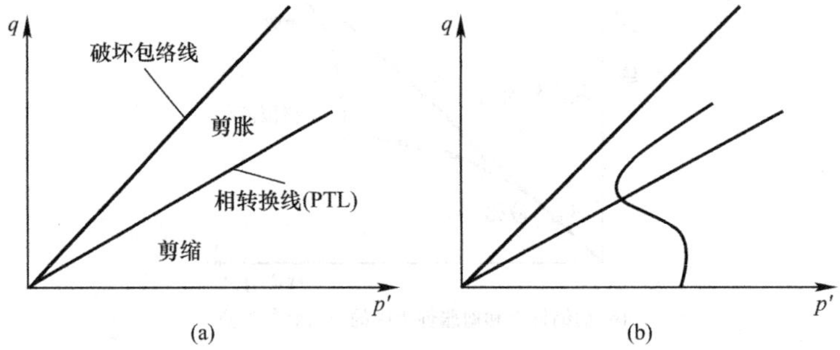

图 9.3　相转换线

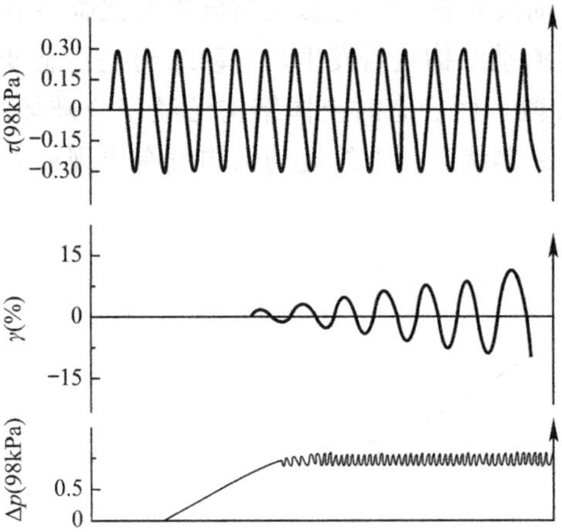

图 9.4　饱和密砂的空心圆柱等压固结不排水平循环扭剪三轴试验记录示例

上述成果都是对单调荷载作用进行研究得出的，而负的剪应力条件并未考虑，实际上破坏面和状态转换同样存在。在循环剪应力作用下，依然可以看到在不同方向经历的剪胀和剪缩的状态转换。在循环荷载作用下，应力路径不断经过状态转换线，砂土也表现为在循环软化和循环硬化之间交替发展，如图 9.4 所示为砂土在循环剪扭荷载下的应力-应变曲线。循环液化的发生与砂土的密实程度、主应力比、有效固结压力、循环动应力幅值以及荷载循环次数等因素密切相关，从而形成了间歇性瞬态液化和有限度断续变形的格局。

9.4　土振动液化的影响因素

土液化的原因是一个整体性问题，应该全面考察影响土振动液化的主要因素。研究表明，影响饱和砂土振动液化可能性的主要因素有土性条件（土的颗粒特征、密度特征以及结构特征）、初始应力条件（动荷载施加以前土所承受的法向应力和剪应力以及它们的组合）、动荷载条件（动荷载的波形、振幅、频率、持续时间以及作用方向等）以及排水条件（主要指土的透水程度、排水路径及排渗边界条件）。此外，土的应力历史也是一个重要因素。

9.4.1　土性条件的影响

1. 粒度特征

土的粒度特征包括三个方面，即土的粒径，不均匀系数 C_u 和黏粒含量。Seed 等将对不同砂所做的试验结果进行汇总，绘制出给定循环加载次数下的应力比和 D_{50} 的关系曲线。如图 9.5 所示为加载 10 次产生初始液化的 $\sigma_d/2\sigma_c'$ 与 D_{50} 的关系曲线。

在其他条件相同情况下，粗粒砂土较细粒砂土更难于液化。不均匀系数越大，土体的动力稳定性越高，不均匀系数大于 10 的砂土一般不容易发生液化。当土中黏粒含量增加到一定程度（>10%）时，土体的抗液化能力将明显提高，因此粉土一般不容易液化，但在强震作用下依然可能发生液化（如唐山大地震天津地区粉土的液化）。

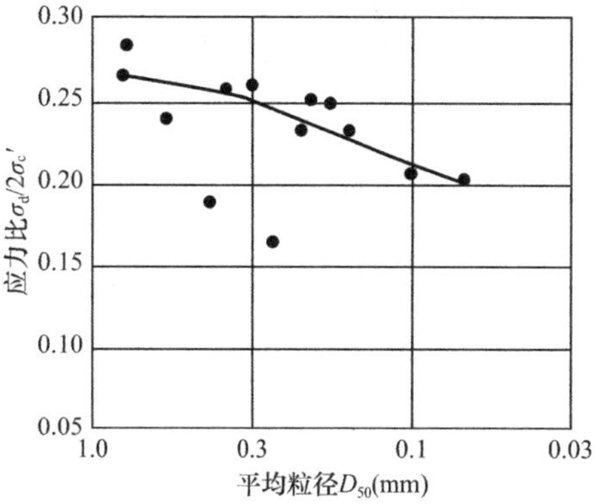

图 9.5　循环三轴试验得到的应力比与平均粒径关系

2. 密度特征

从土的密实度特征来看，土相对密实度 D_r 越大，抗液化能力越强。如图 9.6 所示为纯净的 Toyoura 砂在不同相对密度下的循环三轴试验结果。试验结果表明，循环剪应力比与相对密度呈线性关系，而且当砂土相对密实度大于 70%时，循环剪应力比随相对密实度的增大变化更明显。所以，砂土相对密实度的增加可大大提高其抗液化性能。如图 9.7 所示，Seed 和 Lee 对饱和 Sacramento 河砂的动力三轴试验结果也表明，当相对密实度增大时，造成 20%全幅应变和初始液化所需的循环次数将显著增大。Peacock 和 Seed 对饱和 Monterey 砂进行动单剪试验得到了产生初始液化的 τ_h 峰值和初始相对密度的关系，由图 9.8 可知，当相对密实度小于 80%时，引起液化所需的 τ_h 峰值随 D_r 线性增大。

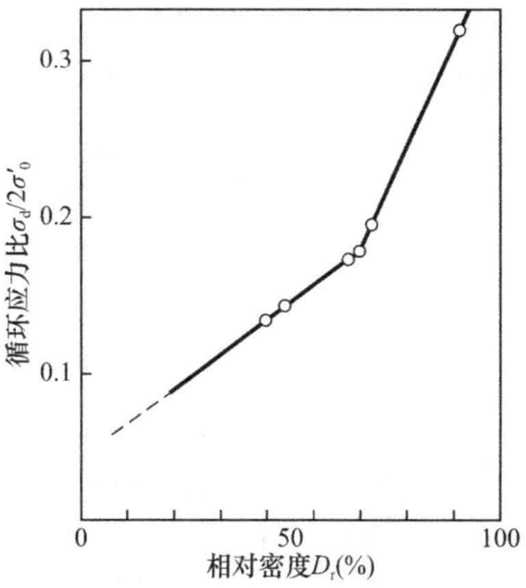

图 9.6　相对密实度对 Toyoura 砂土液化强度的影响

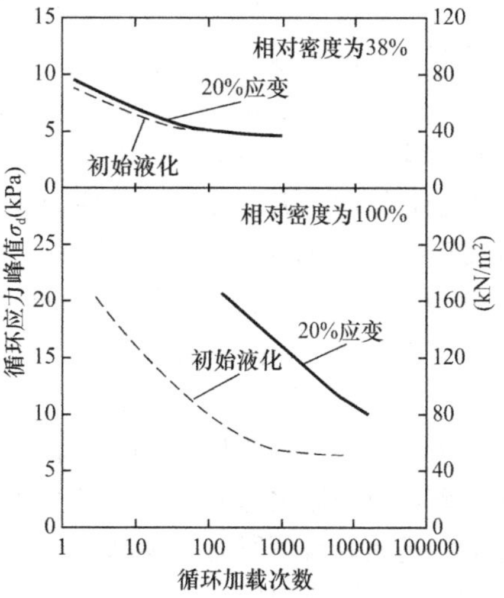

图 9.7　初始相对密实度对 Sacramento 河砂液化的影响

3. 结构特征

土的结构特征主要指土颗粒的排列和胶结情况，排列结构稳定和胶结情况好的砂土都具有良好的抗液化能力。土的结构受应力历史和应变历史的影响，原状土比受扰动后的重塑土难液化（抗液化剪应力约增加 1.5～2 倍），图 9.9 为新沉积土样与原状土样试验结果对比，原状土样的抗液化能力明显高于新沉积的土样。老砂层更不容易液化；遭受过地震的砂土比未遭受地震的砂土难液化。发生这些现象的主要原因不是密度变化，而是结构的改变。土颗粒排列中主要接触方向角（接触点的切线与铅垂线的夹角）大的土比方向角小的土难液化。进行预压后的重塑土试样的抗液化能力都有所提高。

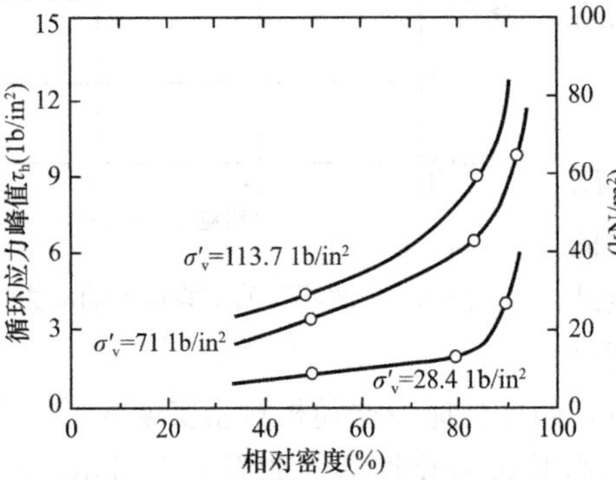

图 9.8　相对密实度对 Monterey 砂初始液化的影响

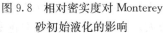

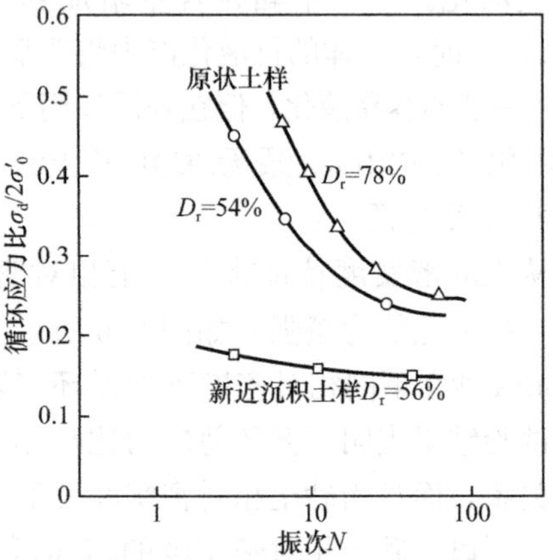

图 9.9　新沉积土样与原状土样的试验结果对比

9.4.2　初始应力条件的影响

理论上讲，上覆土层厚度越大，有效覆盖压力越大，下部砂土层越不容易液化。很多地震区内较深处的饱和砂土在上覆有效压力的作用下不易发生液化。实践表明，如果在 0.3～1.0km² 的面积上填 3m 左右厚度的土层，则可以有效防止下部土的液化。

在三轴试验中，初始固结应力比 $K_c=\sigma'_{1c}/\sigma'_{3c}$ 或起始剪应力比越大，土的抗液化能力也越强。在初始固结应力 $K_c>1.0$ 的偏应力固结状态下，土内产生了一定的初始剪应力，它的动强度反而要比在初始固结应力比 $K_c=1$ 的等应力固结状态下有所提高。这是因为 $K_c=1$ 时，振动会使剪应力发生反复的方向变化；而 $K_c>1.0$ 时，剪应力可能只有大小的变化，而没有或较小有方向上的变化。

同样，三轴试验中围压也会对土体液化产生显著影响。高运昌对饱和钙质砂所做的三轴试验探究了累计塑性应变与振次的关系，由图 9.10(a) 可以明显看出饱和钙质砂的有效围压越大，破坏所需振次越大。但是围压对非饱和钙质砂的影响却与饱和状态相反，即有效围压越大，钙质砂破坏所需振次越小，如图 9.10(b) 所示。主要是因为非饱和钙质砂在低围压作用时，动应力较小，钙质砂破碎速度慢，试样中水分向下迁移，下部达到饱和，进而发生液化破坏。在高围压作用下，颗粒破碎明显，试样水分未完全迁移已经发生“拉伸破坏”，因此破坏所需振次较小。

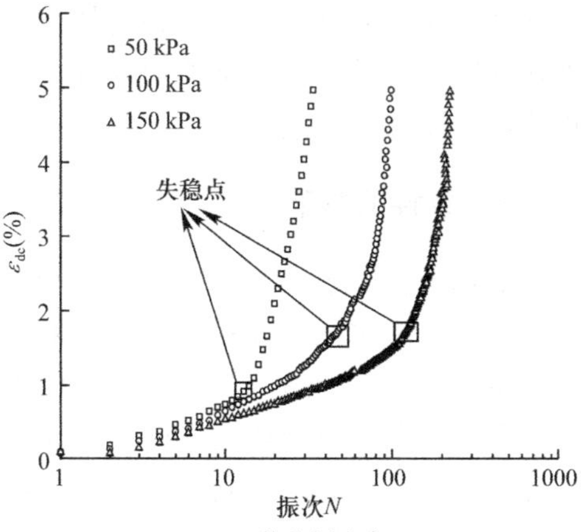

(a) 饱和钙质砂

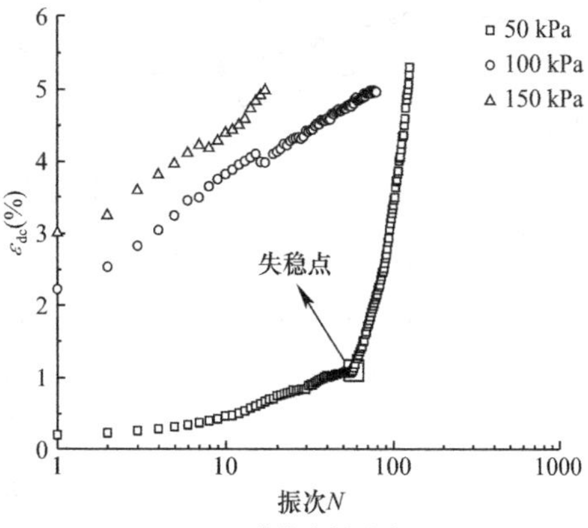

(b) 非饱和钙质砂

图 9.10 不同围压下振次 N 与累计塑性应变关系曲线

9.4.3 动荷载条件的影响

1. 动荷载波形

K. Ishihara 在三轴试验中将在 1965 年日本十胜冲地震时记录到的 12 种加速度波形分别施加到砂样上，测定出不同波形下的动剪应力比和孔隙水压力比。他将振动波形划分为冲击型波（仅在部分时间内具有相同的最大加速度，在它之前只有 1～2 个峰的振幅超过最大振幅的 60%）和振动型波（在最大振幅的一侧波形内有 3 个以上的峰，其振幅超过最大振幅的 60%）两大类。试验结果表明，在冲击型波荷载作用下，孔隙水压力急剧上升；而在振动型波荷载作用下，孔隙水压力逐渐上升。相较于振动型波，冲击型波作用下达到液化所需的应力比更大。砂土抗液化能力在冲击型波作用时最大，振动型波作用时次之，正弦型波作用时最小。这表明简单的等效荷载并不能完全反映动荷载作用。

2. 振幅和频率

振动的最大加速度 a 是关于动荷载振幅 A 和频率 f 的函数，即 $a=4\pi^2 f^2 A$ 为不同振幅和频率的组合可以获得相同大小的振动加速度。试验结果表明，只要加速度不变，则低频高幅、高频低幅的不同组合对土的动力响应差别不大；但试验的频率不能过低，那样会失去动荷载的特性，得不到想要的效果。

3. 动荷载作用时长和振次

动荷载作用时长和振动次数对砂土压化有明显的作用，由于饱和砂土孔压的上升和变形的增大都需要一定的时间，所以较小的动荷载也可能引起液化。

4. 振动作用方向

大量在多变向振动台上进行的试验表明，受垂直和水平方向振动作用的试样动力响应大致相同，但 45°方向上的振动作用能够使试样产生较大的变形或较低的抗剪强度。土的抗剪强度在振动方向与土的内摩擦角接近时最低。H. B. Seed 等对饱和砂土的试验表明，双向（两个相互垂直的方向）振动时的孔压约为单向振动时孔压的 2 倍；给定循环数下引起液化的动剪应力比，在双向振动时较单向振动低 10%～20%。Ishihara 等设计了交替型剪切和旋转型剪切两类应力路径的单剪试验，其试验结果表明达到指定应变所需动剪应力

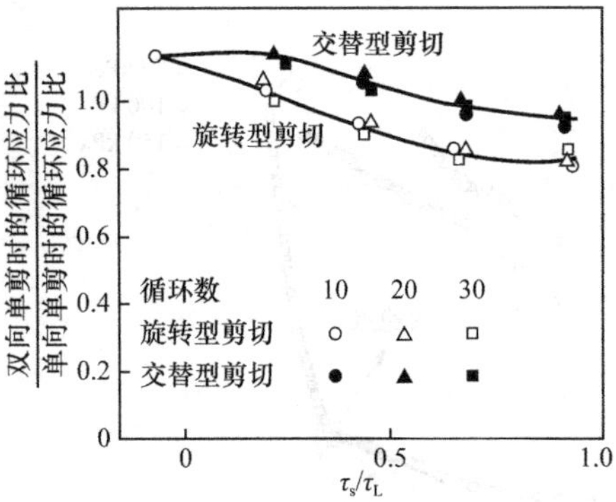

图 9.11 交替型剪切应力路径和旋转型剪切应力路径的比较

在双向交替剪切时要低于单向交替剪切时，且旋转型剪切的应力路径比交替型剪切的应力路径下降得更快，如图 9.11 所示。

9.4.4 排水条件的影响

土的液化与孔隙水压力的上升直接相关，而排水条件则与孔隙水压力直接相关。如果具有良好的排水条件，即土的透水性较强或土层边界的排渗条件良好，在动荷载作用下既发生孔压增长也发生孔压消散，就会减小孔压的最大值，从而增强土体抵抗液化的能力。而在现实生活中因地震动荷载具有突发性，作用时间较短，常认为土中的孔隙水来不及排出，孔隙水压力也来不及消散，故可采用不排水条件进行土液化的相关试验。

在多层地基中有其他土层对可液化土层的液化存在显著影响，主要体现在排渗能力和层位结构两个方面。排渗能力与上下邻层土的透水程度和实际厚度有关，厚度大的较强透水层可能会与厚度小的较弱透水层具有相同的排渗效果。层位结构可以通过由不同液化势土层组成的双层或多层试样进行试验。章守恭等在这方面的研究表明，一定程度的排水能够明显降低液化势。Y. Umehara、K. Zeu 及 K. Hamada 等在部分排水条件下的液化试验研究表明，当排渗条件采用渗透系数 k 和渗径 L 的比值，即 $\alpha=k/L$ 来反映时，由达西(Darcy) 定理得 $\alpha=v/H=q/AH$（v 为流速，H 为水头差），故可通过在试样面积为 A、水头差为 H 的情况下改变排渗流量 q 的方法来控制 α 值，研究排渗条件的影响。试验表明当振动频率 f 一定时，液化剪应力比 τ_d/σ_c 随比值 α 的增大而增大；比值 α 不变时，液化剪应力比 τ_d/σ_c 随频率 f 的增大而减小（图 9.12）。而且，这种影响对密砂较为明显，对松砂不太明显。谢定义等的试验不仅探究了排渗条件的影响并得出相似结论，而且也探究了层位结构的影响。成层地基中的可液化土层，即使其相邻土层并无明显的排渗条件，但动荷载作用下相邻土层中的低动孔压，也可以拉平或削减液化土层中本应产生的高孔压。

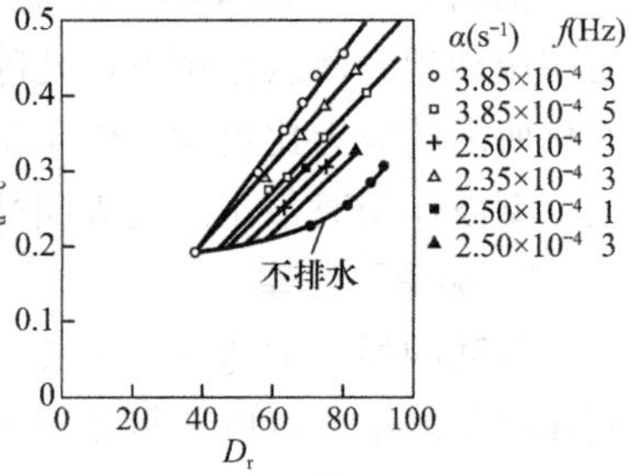

图 9.12 液化剪应力比随 α 的变化

9.5 饱和砂土液化判别方法

9.5.1 临界标准贯入击数法

临界标准贯入击数法就是将砂土实际标准贯入击数 N 与临界标准贯入击数进行对比来评估土体液化的可能性。我国《建筑抗震设计规范》GB 50011—2010 已经采用这种方法。标准贯入击数就是实际情况下产生液化和不产生液化的界限状态时砂土应该具有的标准贯入击数 N_{cr}，此数值与地震烈度密切相关，是我国科学家对国内几次大地震进行勘探并结合大量资料才得到的。

参照我国《建筑抗震设计规范》GB 50011—2010，液化判别分两步进行。

1. 饱和的砂土或粉土，当符合下列条件之一时，可初步判别为不考虑液化影响：

(1) 地质年代为第四纪晚更新世（Q_3）及其以前时，可判为不液化土；

(2) 根据粉土的黏粒（粒径小于 0.005mm 的颗粒）含量，地震烈度为 7 度、8 度和 9 度分别不小于 10%、13%和 16%时，可判别为不液化土；

(3) 采用天然地基的建筑，当上覆非液化土层厚度和地下水位深度符合下列条件之一时，可不考虑液化影响：

$$d_u > d_0 + d_b - 2$$

$$d_w > d_0 + d_b - 3$$

$$d_u + d_w > 1.5d_0 + 2d_b - 4.5 \tag{9.5}$$

式中，d_w 为地下水位深度；d_u 为上覆非液化土层厚度；d_b 为基础埋置深度；d_0 为液化土深度特征，可按表 9.1 取用。

液化土特征深度（m）　　　　**表 9.1**

饱和土类别	地震烈度		
	7	8	9
粉土	6	7	8
砂土	7	8	9

2. 上述判定完成后，对可液化土层继续进行判别

地面下深度 15m 范围内的可液化土层可按下式判定：

$$N_{cr} = N_0\beta[\ln(0.6d_s + 1.5) - 0.1d_w]\sqrt{3/p_c} \tag{9.6}$$

式中，N_0 是液化判别标准贯入锤击数基准值，0.1g、0.2g、0.3g、0.4g 地震加速度分别采用 7、12、16、19；d_s 为饱和土标准贯入点深度；d_w 为地下水位深度；p_c 为黏粒含量，$p_c<3\%$时，取 $p_c=3$；β 为考虑震源距的调整系数，设计地震第一组取 0.80，第二组取 0.95，第三组取 1.05。

Seed 等指出我国采用的自动脱钩锤法与美国基本一致，因此我国工程实践中可以参考 Seed 法。由于我国标准贯入试验中钻杆传递的能量比大约为美国标准贯入试验所传递能量比的 60%，故可以认为 $N=N_{60}$。依此对标准贯入击数的修正，主要指上覆有效应力 σ_v' 的影响。关系式为：

$$(N_1)_{60} = C_N N_{60} \tag{9.7}$$

式中，$(N_1)_{60}$为对应于上覆有效应力 100kPa 的修正标准贯入击数；C_N 为考虑上覆有效应力影响的修正系数。

关于 C_N 取值的文献有很多，Seed 建议采用 $C_N=1-1.25\lg\sigma_v'$（其中 σ_v' 单位为 t/ft^2，1t/ft$^2\approx$100kPa），而 Tokimatsu 和 Yoshimi 则采用 $C_N=1.7/(0.7+\sigma_v')$。Seed 等采用 Marcuson 和 Bieganousky 的数据对其表达式进行了修正，将修正的 C_N 绘于图 9.13 中。Liao 和 Whitman 提出了一个新的表达式：$C_N=(1/\sigma_v')^{1/2}$。现有文献多是对上覆有效应力 σ_v' 低于 6t/ft^2 的情况进行的研究，而对于 $\sigma_v'>$600kPa 的情况较少。Pillai 和 Stewart 通过对加拿大 Duncan 土坝的 80m 深坝基进行液化试验与分析后，得出了以下结论（图 9.14）：

当相对密实度 $D_r=30\%\sim50\%$、上覆有效应力 $\sigma'_v=1\sim6t/ft^2$ 时，C_N 值与 Liao 和 Whitman 建议公式的计算值很接近；而当 $\sigma'_v=6\sim12t/ft^2$、$D_r=50\%\sim65\%$时，C_N 值略高。

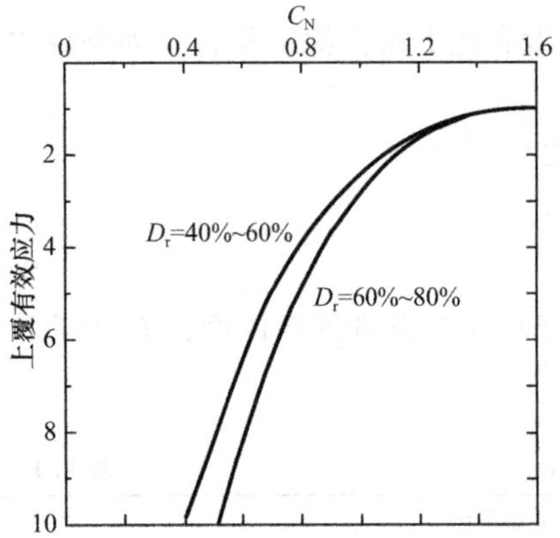

图 9.13　上覆有效应力与修正系数的关系（Seed 等）

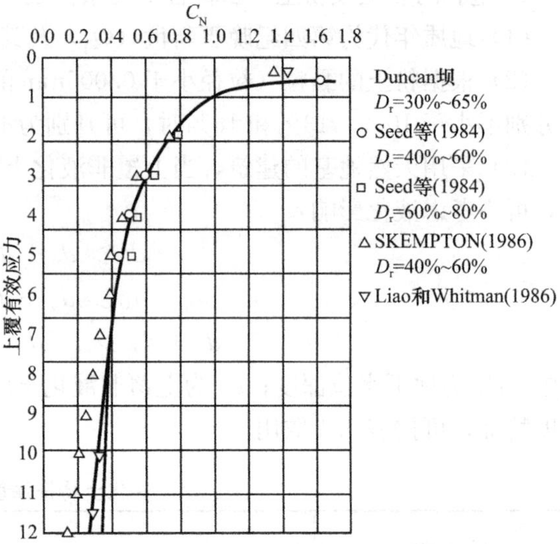

图 9.14　上覆有效应力与修正系数的关系（Duncan 坝）

9.5.2 Seed 简化法

Seed 简化法又被称为循环应力法，最早由 Seed 等提出，基本原理是先求出地震作用下不同深度土体的剪应力，再与室内试验得到的砂土抗液化剪应力进行对比来评价土体液化可能性。通常有以下 5 个步骤：

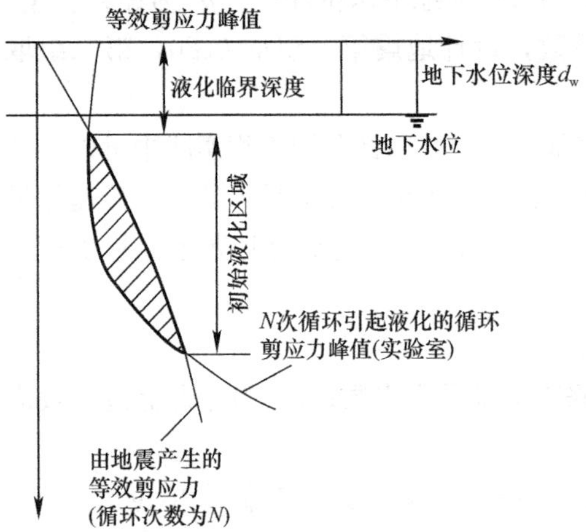

图 9.15　现场初始液化区的确定

（1）确定设计地震震级。

（2）确定由地震引起的在不同深度土层中的剪应力时程。

（3）将剪应力时程转换成等效循环剪应力 τ_{av} 和等效均匀应力循环次数 N_{eq}，并将剪应力随深度的变化绘于图 9.15。

（4）利用室内循环试验或现场贯入试验，确定不同深度处土体在 N 次循环荷载作用下产生初始液化所需的循环剪应力。同样将循环剪应力随深度变化的关系图绘于图 9.15。

（5）产生初始液化所需循环剪应力小于或等于由地震引起的等效循环剪应力的区域就是可能发生液化的区域。

1. 地震剪应力

（1）等效循环剪应力

等效循环剪应力的确定采用 Seed 和 Idriss 提出的一种简化方法。假设图 9.16(a) 中

高为 h 的单位截面积砂柱为刚体，最大地面加速度 a_{max} 在深度 z 处产生的最大剪应力为：

$$\tau_{max} = \gamma z \frac{a_{max}}{g} \tag{9.8}$$

式中，τ_{max} 为最大剪应力；γ 为土的重度；g 为重力加速度。

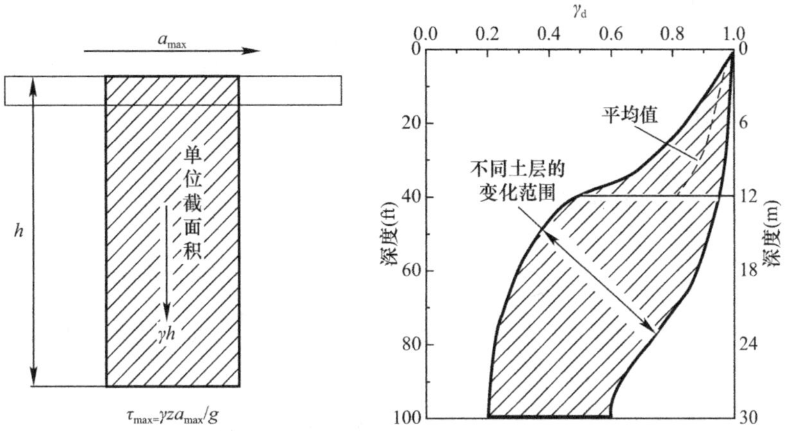

(a) 刚性土柱在某一深度的最大剪应力　　(b) 对于可变形土的剪应力折减 γ_d 的范围

图 9.16　土层中剪力与深度关系

实际上砂柱并不是刚体，所以需要依照如图 9.16(b) 所示的剪应力折减系数 γ_d 进行修正，修正式为：

$$\tau_{max} = \gamma_d \gamma_z \frac{a_{max}}{g} \tag{9.9}$$

为了简化计算，可取 γ_d 的平均值进行计算，表 9.2 给出了 12m 深度范围内 γ_d 的平均值。

γ_d 的平均值　　　　**表 9.2**

深度（m）	0	1.5	3.0	4.5	6.0	7.5	9.0	10.5	12
γ_d	1.000	0.985	0.975	0.965	0.955	0.935	0.915	0.895	0.850

等效循环剪应力 τ_{av} 可根据地震剪应力时程所确定的最大剪应力得到，Seed 和 Idriss 建议等效循环剪应力可表示为：

$$\tau_{av} = 0.65\tau_{max} = 0.65\gamma_d \gamma z \frac{a_{max}}{g} \tag{9.10}$$

对于分层土层，可对式（9.10）进行修正：

$$\frac{\tau_{av}}{\sigma_v'} = 0.65 \cdot \frac{\sigma_v}{\sigma_v'} \cdot \frac{a_{max}}{g} \cdot \gamma_d \tag{9.11}$$

式中，σ_v 为上覆总应力；σ_v' 为上覆有效应力。

（2）等效循环次数的确定

图 9.17(a) 表示地震时土层内剪应力随时间的不规则变化。地震引起的最大剪应力为 τ_{max}，该不规则应力时程可与如图 9.17(b) 所示的最大值为 τ_{max} 的均匀剪应力时程等效。所谓等效在这里是指对土体液化的影响是一致的，即达到相同的破坏应变或其他破坏标准。从土液化的观点出发，Lee 和 Chan，Seed 等对这些问题作出研究。

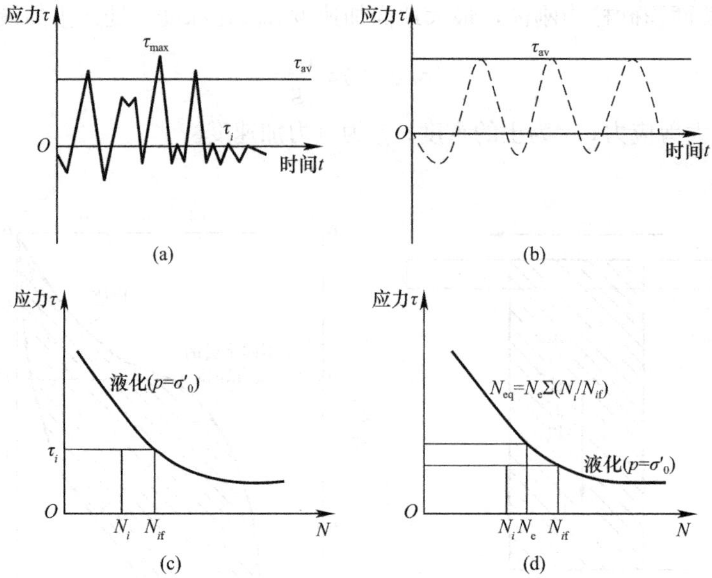

图 9.17　等效均匀应力与等效循环次数示意图

根据 Palmgren-Miner 假定：在每一应力循环中所具有的能量对材料都有一种积累的破坏作用，这种破坏作用与每一应力循环中能量的大小呈正比，而与实际施加的应力波顺序无关（对非线性明显的土过于简化）。设达到某一破坏标准（指定应变或初始液化）需要 N_{if}个大小为 τ_i 的应力，那么由 N_i 个 τ_i 应力所引起的破坏相对值可用 N_i/N_{if}来表示。那么不规则波时程曲线上所有应力产生的累计破坏可用$\sum N_i/N_{if}$表示（图 9.17(c)、图 9.17(d)）。假设等效均匀应力 τ_{av}使砂土发生破坏所需的均匀循环次数为 N_e。就破坏程度而言，τ_{av}应力的 N_e 次循环与 τ_i 应力的 N_{if}次循环是等效的。对于不规则剪应力时程曲线中各种大小的剪应力都重复进行这种计算，最后求得等效循环次数 N_{eq}。计算公式为：

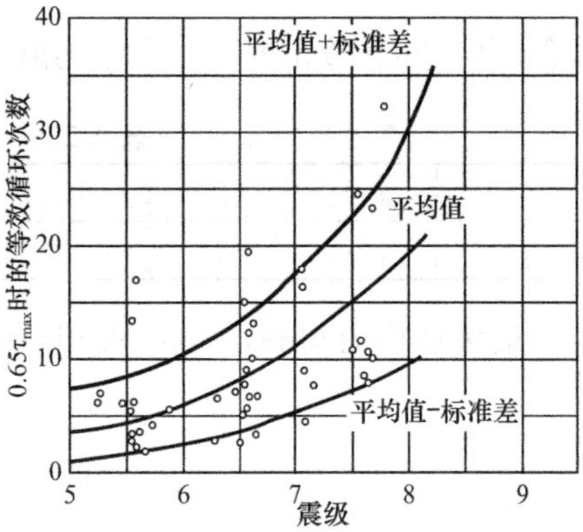

图 9.18　等效循环次数与震级的关系

$$N_{eq} = N_e \sum \frac{N_i}{N_{if}} \tag{9.12}$$

Seed 在式（9.10）和一系列强震记录计算的基础上，再参照大型振动台上的液化试验并取 1～1.5 的安全系数（图 9.18），进一步得出了如表 9.3 所示的结果。

等效循环数　　　　**表 9.3**

震级	等效循环数 N_{eq}	持续时间（s）
5.5～6.0	5	8
6.5	8	14
7.0	12	20
7.5	20	40
8.0	30	60

2. 抗液化剪应力

（1）室内试验确定抗液化剪应力

抗液化剪应力可以采用室内试验或现场标准贯入试验来确定。动三轴试验常在等压固结状态下进行，即 $K_c=1.0$，而动单剪试验对应的是 K_0 固结状态（$K_c=K_0$），由于应力状态不同，动三轴试验得到的结果 $\sigma_d/2\sigma_c'$ 与动单剪试验得到的 τ_h/σ_v' 并不相同，其关系为：

$$\left(\frac{\tau_h}{\sigma_v'}\right)_{单剪}=\alpha'\left(\frac{\sigma_d}{2\sigma_c'}\right)_{三轴} \tag{9.13}$$

Finn 等指出对于正常固结砂土的初始液化，$\alpha'=-(1+K_0)$，$K_0=1-\sin\varphi'$。Castro 采用初循环荷载作用下的八面体剪应力与固结时的有效八面体法向应力进行研究，得到 $\alpha'=2(1+2K_0)/3\sqrt{3}$。Seed 等则提出当 $K_0=0.4$ 时，α' 取 0.55～0.72；当 $K_0=1.0$ 时，α' 取 1.0。

但由于室内试验条件与现场试验的差别，室内试验并不能完全反映真实的现场情况。在现场条件下产生初始液化所需的循环应力比比动单剪试验得到的循环应力比低大约 10%。由此现场土体的循环应力比为：

$$\left(\frac{\tau_{av}}{\sigma_v'}\right)_{现场}=c_r\left(\frac{\sigma_d}{2\sigma_c'}\right)_{三轴}=\frac{\alpha'}{c_r}\left(\frac{\tau_h}{\sigma_v'}\right)_{单剪} \tag{9.14}$$

对于修正系数，Seed 等通过单剪试验探究了相对密实度对于 c_r 的影响，如图 9.19 所示。在相对密度小于 50% 的情况下，c_r 约为 0.54。

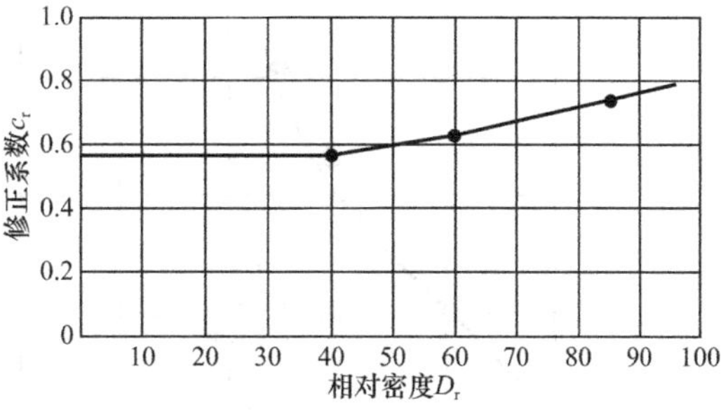

图 9.19　修正系数 c_r 与相对密度 D_r 的关系

但式（9.14）仅适用于室内试验与现场试验试样的相对密实度相同的情况。Seed 等的研究发现，在加载次数相同的情况下初始液化强度与相对密实度呈正比。所以得出了适用于任意密实状态的现场液化强度公式：

$$\left(\frac{\tau_{av}}{\sigma_v'}\right)_{现场}=c_r\left(\frac{\sigma_d}{2\sigma_c'}\right)_{三轴}\left(\frac{D_{r现场}}{D_{r三轴}}\right) \tag{9.15}$$

式中，$D_{r现场}$ 为现场的相对密实度；$D_{r三轴}$ 为室内试验土样的相对密实度。

（2）原位测试确定抗液化剪应力

Seed、Idriss 和 Arango 结合图 9.13 中的 C_N 曲线和现场资料，绘出了如图 9.20 所示的液化剪应力下限曲线，但此曲线只适用于 $D_{50}>0.25$mm 的砂，将曲线拟合为式（9.16）；而对于 $D_{50}<0.15$mm 的粉砂，Tokimatsu 和 Yoshimi 通过分析 Miyagiken-Oki 地震时粉砂土的现场液化资料，得出一条新的剪应力比－$(N_1)_{60}$ 关系曲线。Seed 和 Chung 进一步分析了细粒含量 Fine Content（FC）的影响，修正后的关系曲线如图 9.21 所示。但是如图 9.21 所示的曲线原则上只适用于上覆有效应力为 1t/ft^2 的情况。考虑到上覆有效应力 σ'_v 的影响，修正为式（9.17）。

$$\frac{\tau_{av}}{\sigma_v'}=\frac{1}{34-(N_1)_{60}}+\frac{(N_1)_{60}}{135}+\frac{50}{(10(N_1)_{60}+45)^2}-\frac{1}{200} \tag{9.16}$$

$$\left(\frac{\tau_{av}}{\sigma_v'}\right)_\sigma = K_\sigma\left(\frac{\tau_{av}}{\sigma_v'}\right)_1 \tag{9.17}$$

式中，$(\tau_{av}/\sigma_v')_1$ 可由图 9.21 得到；K_σ 是考虑上覆有效应力影响的修正系数。Seed 和 Harder 首先提出一条修正曲线（图 9.22），但此曲线只适用于上覆有效应力为 $1\sim8t/ft^2$ 的情况。Pillai 和 Byrne 通过对 Duncan 坝的研究给出另一条修正曲线，同样绘于图 9.22 中。我国规范所采用的方法也可用于现场液化试验中，与国外采用方法并无本质区别。但上述图 9.20、图 9.21 是在地震震级为 7.5 级时求得的，对于实际震级还需按照表 9.4 给出的修正系数进行修正。

震级修正系数 **表 9.4**

震级	5.5	6	6.75	7.5	8.5
修正系数	1.50	1.30	1.13	1.00	0.89

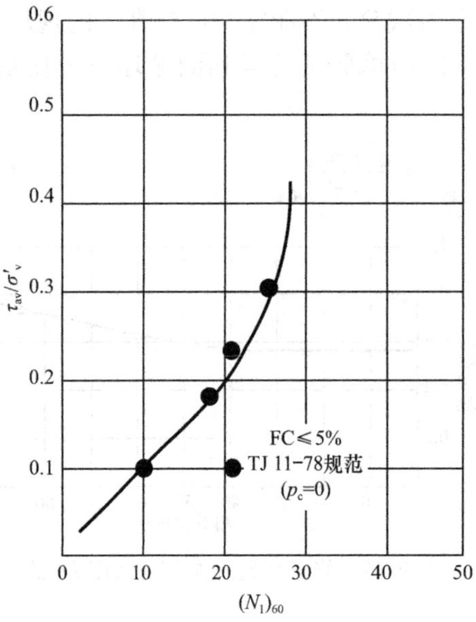

图 9.20 引起砂土液化的应力比与 $(N_1)_{60}$ 的关系

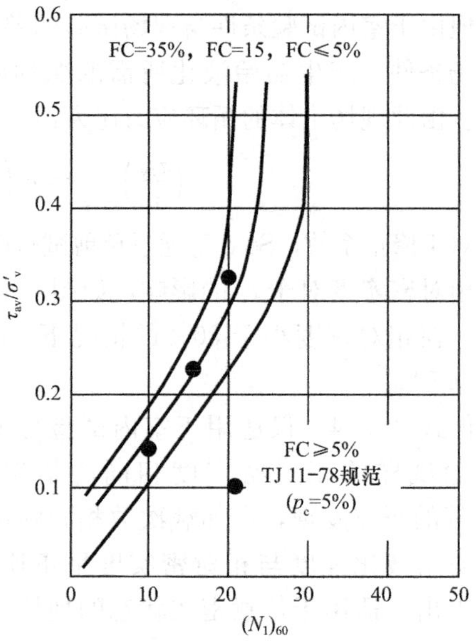

图 9.21 引起粉土液化的应力比与 $(N_1)_{60}$ 的关系

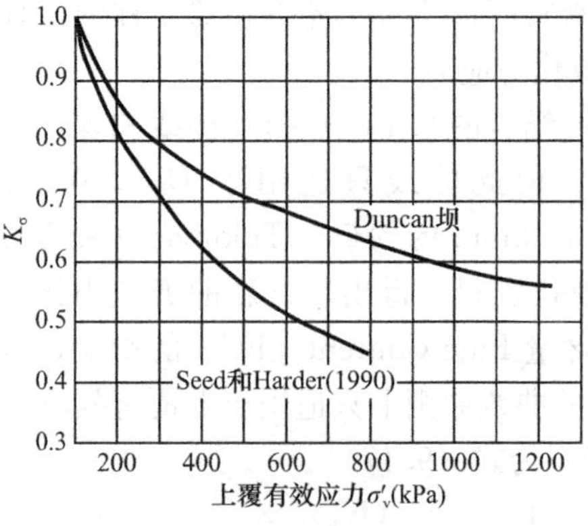

图 9.22 考虑上覆有效应力的修正系数

9.5.3　循环应变法和剪切波波速法

Dobry 等认为，液化的发生与孔压直接相关，而剪应变 γ 与孔压比 p/σ_c' 的关系曲线几乎不受其他因素的影响，故可用剪应变 γ 作为判定液化的参量。当 $\gamma=\gamma_{cr}$ 时，$p/\sigma_c'=0$，此时剪应变 γ_{cr} 称为临界剪应变。当 $\gamma>\gamma_{cr}$ 时，才会发生液化问题。此方法称为循环应变法。

Dobry、Ladd 等根据未液化饱和土的资料得出了临界剪应变 γ_{cr} 与修正标准贯入击数 $(N_1)_{60}$ 的关系，如图 9.23 所示。图中 $(N_1)_{60}$ 为 $\sigma_v=1\text{kg/m}^2$ 时的换算标准贯入击数，它与标准贯入击数的关系式为：

$$(N_1)_{60}=\left(1-1.125\frac{\sigma_v'}{\sigma_1'}\right)N_{60} \tag{9.18}$$

式中，σ_1' 为换算有效应力 t/ft²；σ_v' 为上覆有效应力；N_{60} 为标准贯入击数。

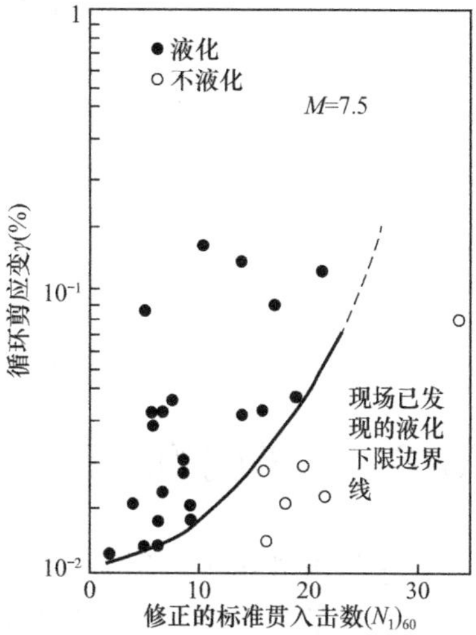

图 9.23　临界剪应变与修正标准贯入击数的关系

根据 Seed 提出的地震等效剪应力的公式，地震等效剪应变可表示为：

$$\gamma_{av}=0.65\frac{a_{max}}{g}\frac{\gamma z}{G(G/G_{max})\gamma_{cr}}\gamma_d \tag{9.19}$$

式中，a_{max} 为地表最大加速度；z 为土层埋深；$(G/G_{max})\gamma_{cr}$ 为对应于临界剪应变的剪切模量比，$G_{max}=\rho V_S^2$，V_S 为剪切波波速，临界剪切波速为：

$$c_{scr}=\left[0.65\gamma_d\frac{a_{max}}{g}\frac{\gamma z}{\rho G(G/G_{max})\gamma_{cr}}\gamma_d\right]^{1/2} \tag{9.20}$$

石兆吉、王永春认为按土初始产生残余孔压标准求出的临界剪切波速 c_{scr} 判别液化偏于保守。他们提出了采用液化最小剪应变为 2%时的临界剪切波速为判别标准，考虑到地下水位等因素，最终得到的判别公式为：

$$c_{scr}=c_{S0}(d_s-0.0133d_s)^{1/2}(1-0.185d_w/d_s) \tag{9.21}$$

式中，c_{s0} 在地震烈度为 7 度、8 度和 9 度时砂土分别取 65m/s、90m/s 和 130m/s；d_s 为土的埋深；d_w 为地下水位埋深。

9.5.4　静力触探法

静力触探法将实测的比贯入阻力和临界比贯入阻力进行对比来判定液化可能性。虽然它在理论上是无可非议的，但目前仅有少量的临界比贯入阻力的资料和经验。不过，它对薄层松砂的判别要比标准贯入试验更简便、费用更低，可以连续得到贯入阻力，值得进一步积累资料。国内和国外对其研究已经取得一定成果，如图 9.24 所示为归一化贯入阻力与循环剪应力比的关系。归一化贯入阻力 q_{c1} 可由下式确定：

$$q_{c1}=q_c\sqrt{\frac{p_a}{\sigma_v'}} \tag{9.22}$$

式中，q_c 为贯入阻力；p_a 为比贯入阻力。

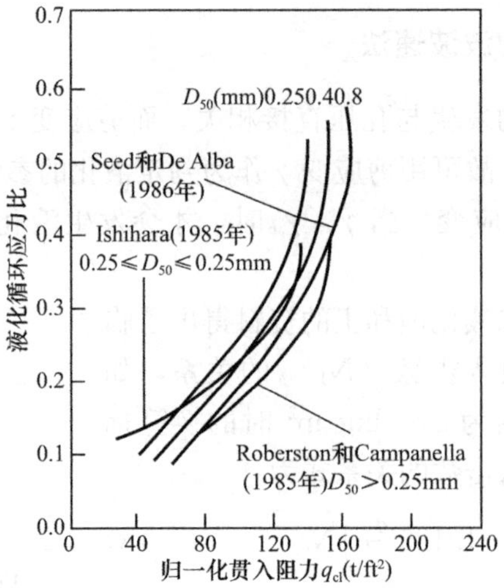

图 9.24　归一化贯入阻力与循环剪应力比的关系

9.6　土液化的防治措施

怎样有效防止液化或减轻液化造成的危害是本章所要探讨的最后一个问题，也是研究液化问题的“终极”目的。本节主要探讨对可液化地基的处理和加固。下面介绍几种常见的方法。

1. 避开

避开就是在选择建筑场地时，要做好地质勘探，尽量不要把建筑物建在容易发生液化的地区，即地下水位高、砂层埋藏浅、颗粒级配差、相对密度低、覆盖土层薄等情况下的地段。

2. 换填

换填是常用的地基处理方法，就是将可液化土挖去，并用非液化土置换。这种方法不但将浅层可液化的砂层去除掉，而且上部的回填土层还有利于防止下部砂层的液化破坏。一般当可液化土层距地表 3～5m 时，可以全部挖出；当可液化土层较深时，可考虑部分挖除。如美国巴托加土坝（印第安纳州）高 25.6m，坝基为软弱黏土和粉砂，厚 21m，经分析不能满足当地抗震设计要求，最后将可液化土层全部挖除，直至基岩。

3. 加密

加密是一种普遍采用、效果良好的措施。对于饱和砂土的加密常采用振冲加密法、砂桩挤密法、直接振密法和爆破加密法。

（1）振冲加密法

在地基砂土中插入棒状的振冲器，振冲器能够一边振动，一边射水。振动产生的水平激振力，使相当大范围内的砂土发生结构破坏。振冲器尖端的高压射水，既可对振冲器沉入起导向作用，又可在土层中造成“流砂”条件，使振冲器迅速沉入到所需的深度。当振冲器沉到预定深度时，停止喷水，继续振动，边振边提，使周围的砂土压实，地表发生下沉，随即灌入砂土形成一个压实的砂土柱体。多个这样的砂土柱体按一定规律排列，即可有效地对建筑物地基进行均匀压密。这个方法要求砂土中的粉粒和黏粒含量不得大于

20%，否则不易振密。

（2）砂桩挤密法

利用振动作用先将一根钢管打入地基，然后从管内将粗粒料抛入，一边振动，一边将管上提，同时将砂夯实，使砂土既能达到密实，又能向横向扩大挤实周围的砂层。由于砂桩常使用较粗的砾砂、中砂进行填充，桩身可以使地基加速排水，加上振动和挤压，加密效果比较显著。修建青藏铁路时对察尔汗盐湖南北两岸饱和细粉砂层路基就采用了这种方法。

（3）直接振密法

直接振密法不专门加入粗骨料，只是用振动器对砂土进行振动加密。常用的是气压脉冲，可以使相当大范围内砂土同时受振而加密。

（4）爆破加密法

爆破加密法，顾名思义利用爆破产生的巨大振动来对地基进行加密。常用于水库土坝地基的加密，我国安徽花亭水库、河南鸭河口水库及内蒙古红山水库土坝地基均采用这种方法进行处理。

4. 围封

围封主要是限制砂土液化时发生侧向流动，使地基的剪切变形受到约束，避免建筑物因大量沉陷而破坏。围封可以采用板桩，也可以采用砾石桩或其他方式。围封处理要求有足够的深度可以穿越可液化土层，否则起不到防止液化的作用。

5. 排水

由前文可知良好的排水能有效缓解土的液化，即通过减小振动引起的孔隙水压力来减小液化的危险性。对于相对不透水层中的饱和砂土夹层或透境体，宜采用砂井或减压井处理。目前，常用的有效方法是在地基中设置砾石排水桩。砾石排水桩不仅可以促进排水使孔压降低、减小沉降，而且还可以限制周围土体的变形。我国科学家在这方面拥有丰富的研究成果。桩长和布置不同，抗液化效果也不同。表层桩的效果较小，但可在大面积内防止喷冒，有效地减小不均匀沉降，可用于较轻型的建筑物；直接布置在基础下的砾石桩可在基础下形成一个刚性区，使地基沉降量大大减小，且深桩的效果明显大于浅桩；当桩布置在基础外缘时，可以直接减小基础外侧的液化区，此时虽然会因基础下土体未加固而使基础较早出现明显沉降，但从最终沉降看，可以取得与基础下布桩相近的减沉效果。这些结论对工程实践都有一定的指导作用。

6. 深基

采用深基增大基础的砌置深度，可以相应地增大地基砂土的抗液化能力。如果桩能够穿过全部的可液化土层，就可以有效防止液化的危害性。例如，双台子拦河闸地基的允许承载力低于设计荷载，故采用了桩基础。在海城地震（地震烈度为 7 度）过后，仅产生微小损伤，主要原因就是桩基插入到密实的细砂层中。可见桩基插入非液化土层也是一种良好的抗震基础形式，但桩长一定要足够穿过可液化土层，否则对抗液化起不到任何有利作用。

9.7　小结

（1）土的液化是指土在动荷载作用下转化为类似液体状态的现象，在这个过程中孔隙水压力上升，有效应力减小为0。土的液化不仅发生在饱和砂土中，在颗粒级配不良的砂砾石、尾矿料，甚至在非饱和土中都有可能发生。对土的液化问题的研究存在两种观点：一种观点研究土的液化应力特性，另一种观点研究应变特性。对于应变特性的研究更贴近工程实际，有进一步发展的价值。

（2）砂土的液化机理分为振动液化和渗透液化两种。振动液化是饱和砂土在动荷载作用下，土结构发生破坏，土体颗粒将压力传递给孔隙水，引起孔隙水压力上升导致的液化。振动液化的发生需要满足两个条件：一是动荷载足够破坏土体结构；二是土体结构破坏后，土体发生剪缩而不是剪胀。渗透液化是由渗透压力引起的液化，当砂土中水力梯度超过临界水力梯度时就会发生渗透液化。

（3）砂沸属于渗透液化，与地震时喷水冒砂现象相似，但本质上却完全不同。初始液化发生后，依据应变发展特征分为流动液化和循环液化两种。流动液化是指每一次均能使土发生迅速而持续发展的变形、表现出无限流动的特征、发生在剪缩土中的液化。循环液化是每一个振次只能产生一定的有限变形，这种变形具有随振动逐渐增加的趋势，发生在剪胀性土或在荷载作用下有加密趋势的土中。

（4）土性条件（粒度特征、密度特征以及结构特征）、初始应力条件（围压、初始固结应力）、动荷载条件（动荷载的波形、振幅、频率、振次以及作用方向等）以及排水条件都对饱和砂土的振动液化具有一定的影响。颗粒级配良好、土体结构稳定、有效上覆压力较大、排水条件良好的土不易发生液化。反之，抗液化性能较差。实际上地形、地质条件以及上部结构都会对土的液化产生影响，需要加以注意。

（5）砂土液化可能性的评判方法有很多，本章选取了具有代表性的4种方法进行详细描述。包括临界标准贯入击数法、Seed简化法、剪切波波速法和静力触探法。这些方法具有不同的评判标准，包括孔压、剪切波速、循环应力比等，所以在使用时要根据实际情况进行选择。

（6）对可液化土层的地基进行处理和加固常用的方法有避开、换填、加密（振动加密法、砂桩挤密法、直接振密法、爆破加密法）、加压、围封、排水和深基等。

习题

9.1 某砂层厚20m，重度γ为18kN/m^3，地下水位埋深1m。预估在地震震级为7级时，地面运动的水平加速度最大值为0.2g。如果按照现场标贯试验得到的深度为10m处的标贯击数为$N=16$，采用我国《建筑抗震设计规范》GB 50011—2010中规定的方法，判断是否产生液化。

9.2 某砂土层厚20m，重度γ为18kN/m^3，地下水位埋深1m。预估在地震震级为7级，地面运动的水平加速度最大值为0.15g的情况下，埋深为10m处的饱和砂土的地震等效荷载（动剪应力和作用次数）。

9.3 在习题9.1的基础上，采用Seed简化法判别是否会发生液化。（按$C_N=(1/\sigma'_v)^{1/2}$计算）

参考文献

[1] BRAJA MDAS，LUO Z. Principles of Soil Dynamics [M]. Third edition. Stamford：Cengage Learnin，2015.

[2]　谢定义. 土动力学 [M]. 北京：高等教育出版社，2011.
[3]　吴世明. 土动力学 [M]. 北京：中国建筑工业出版社，2000.
[4]　刘洋. 土动力学基本原理 [M]. 北京：清华大学出版社，2019.
[5]　汪文韶. 土的动力强度和液化特性 [M]. 北京：中国电力出版社，1997.
[6]　ISHIHARA K. Soil Behaviour in Earthquake Geotechnics [M]. Oxford：Clarendon Press，1996.
[7]　汪闻韶. 土的液化机理 [J]. 水力学报，1981 (5)：22-34.
[8]　SEED H B，IDRISS I M. Simplified procedures for evaluating soil liquefaction potential [J]. Journal of Soil Mechanics and Foundation Division，1971，97 (9)：1249-1273.
[9]　CASAGRADE A. Liquefaction and cyclic deformation of sands，a critical review [C] // Proceedings of the 5th Pan-American Conference on Soil Mechanical and Foundation Engineering，Buenos Aires. Argentina：[s. n.]，1975.
[10]　CASTRO G. Liquefaction and cyclic and mobility of saturated sands [J]. Journal of Geotechnical and Geoenvironmental Engineering，1975，101 (6)：551-569.
[11]　BAZIER M H，DOBRY R. Residual strength and large-deformation potential of loose silty sands [J]. Journal of Geotechnical Engineering，1995，121 (12)：896-906.
[12]　POULOS S J，CASTRO G. FRANCE J W. Liquefaction evaluation procedure [J]. Journal of Geotechnical Engineering，1985，111 (6)：772-791.
[13]　彭晓东. 非饱和钙质砂力学特性三轴试验研究 [D]. 青岛：山东科技大学，2021.
[14]　高运昌. 高聚物固化钙质砂静力特性及液化机理研究 [D]. 青岛：山东科技大学，2022.
[15]　POLOUS S J. The steady state of deformation [J]. Journal of Geotechnical and Geoenvironmental Engineering，1981，107 (5)：553-562.
[16]　SEED H B，IDRISS I M. Simplified procedures for evaluating soil liquefaction potential [J]. Journal of the Soil Mechanics and Foundation Division，1971，97 (9)：1249-1273.
[17]　CHRISTIAN J T，SWIGER W F. Statistics of liquefaction and SPT results [J]. Journal of the Geotechnical Engineering Division，1975，101 (11)：1135-1150.
[18]　门福录，崔杰，景立平，等. 建筑物饱和砂土地基地震液化判别的简化分析方法 [J]. 水利学报，1998 (5)：34-39.
[19]　王余庆，孙建生，韩仲卿，等. 挤密桩法在加固在可液化地基中的应用 [J]. 岩土工程学报，1989 (2)：18-25.
[20]　汪闻韶，郭锡荣. 剪切波波速在判定砂土液化中的应用 [G]. 北京：水利水电科学院研究院抗震防护研究所，1983.
[21]　王兰民. 黄土地层大规模地震液化滑移的机理与风险评估 [J]. 岩土工程学报，2020，42 (1)：1-19.
[22]　石兆吉，郁寿松，王余庆，等. 饱和轻亚黏土地基液化可能性判别 [J]. 地震工程与工程振动，1984 (3)：71-82.
[23]　中华人民共和国住房和城乡建设部. 建筑抗震设计规范：GB 50011—2010 [S]. 北京：中国建筑工业出版社，2010.
[24]　魏茂杰，谢定义. 往返荷载下饱和砂土液化的应力条件及其渲化过程 [C] //第三届全国土动力学学术会议论文集. 1990.
[25]　何广纳. 评价砂土液化时的能量法 [J]. 岩土工程学报，1981，3 (4)：11-21.
[26]　谢定义，林本海. 砂土-碎石桩复合地基作为抗液化处理措施的应用 [C] //第五届全国土动力学学术会议论文集. 大连：大连理工大学，1998，6：522-530.
[27]　TANIMOTO K，NODA T. Prediction of liquefaction occurrence of sandy deposits during earth-

quakes by a statistical method [C] // Proceedings of the Japan Society of Civil Engineers. [S. l.]: Japan Society of Civil Engineers, 1976 (256): 79-89.
[28] SEED H B, LEE K L. Liquefaction of saturated sand during cyclic loading [J]. Journal of Soil Mechanics and Foundation Engineering Division, 1966, 92 (6): 105-134.
[29] CASTRO G. Liquefaction and cyclic mobility of sand [J]. Journal of Geotechnical Engineering Division, 1981, 107 (5): 553-562.
[30] ISHIHARA K. Soil behavior in earthquake geotechnics [M]. Oxford: Clarendon Press, 1996.
[31] Yoshimi H, Nakanodo H. Consolidation of soils by vertical drain wells with permeability [J]. Soils and Foundations, 1974, 14 (2): 35-46.
[32] CASTRO G, POULOS S J. Factors affecting liquefaction and cyclic mobility [J]. Journal of Geotechnical Engineering Division, 1977, 103 (6): 501-516.
[33] FINN W D L, PICKERING D J, BRANSBY R L. Sand liquefaction in triaxial and simple shear test [J]. Journal of the Soil Mechanics and Foundations Division., 1971, 97 (4): 639-659.
[34] ISHIHARA K, LEE S. Liquefaction of saturated sand in triaxial torsion shear test [J]. Soils and Foundations, 1972, 12 (2): 19-39.
[35] WONG R T, SEED H B, CHAN C K. Cyclic loading liquefaction of gravelly soils [J]. Journal of the Geotechnical Engineering Division, 1975, 101: 571-583.
[36] MARTIN G R, FINN W D L, SEED H B. Fundamentals of liquefaction under cyclic loading [J]. Journal of Geotechnical Engineering Division. 1975, 101: 423-438.
[37] SEED H B, DE ALBA P. Use of SPT and CPT tests for evaluating the liquefaction resistance of sands [C] // Use of in situ Tests in Geotechnical Engineering. [S. 1.]: ASCE, 1986: 281-302.
[38] IDRISS I M. Ground motion and soils liquefaction during earthquakes [M]. Berkeley, California: Earthquake Engineering Research Institute, 1982.
[39] SEED H B, IDRISS I M, ARANGO I. Evaluation of liquefaction potential using field performance Data [J]. Journal of Geotechnical Engineering, 1983, 109: 458-482.
[40] MAHARJAN M, TAKAHASHI A. Centrifuge model tests on liquefaction- induced settlement and pore water migration in non-homogeneous soil deposits [J]. Soil Dynamic and Earthquake Engineering, 2013, 55: 161-169.
[41] VAID Y P, THOMAS J. Liquefaction and postliquefaction behavior of sand [J]. Journal of Geotechnical Engineering, 1995, 121 (2): 163-173.
[42] LIAO S S C, WHITEMAN R V. Overburden Correction Factors for SPT in Sand [J]. Journal of Geotechnical Engineering, ASCE, 1986, 112 (3): 373-377.
[43] TOKIMATSU K, YOSHIMI Y. Empirical Correlation of Soil Liquefaction Based on SPT N-value and Fines Content [J]. Soils and Foundations, 1983, 23 (4): 56-74.
[44] 中华人民共和国水利部. 水工建筑物抗震设计规范: SL 203—97 [S]. 北京: 中国水利水电出版社, 1998.
[45] 中华人民共和国国家经济贸易委员会. 水工建筑物抗震设计规范: DL 5073—2000 [S]. 北京: 中国水利水电出版社, 2001.

习题参考答案

第2章 振动基础

2.1

$$f_n = f_n = \left(\frac{1}{2\pi}\right)\sqrt{\frac{g}{z_s}} = \left(\frac{1}{2\pi}\right)\sqrt{\frac{9.81}{0.000381}} = 25.54\text{Hz}$$

2.2 固有振动频率：

$$f_n = \frac{1}{2\pi}\sqrt{\frac{k}{m}} = \frac{1}{2\pi}\sqrt{\frac{10^4}{(45/9.81)}} = 7.43\text{Hz}$$

振荡周期：

$$T = \frac{1}{f_n} = \frac{1}{7.43} = 0.135\text{s}$$

2.3

$$\omega_n = \sqrt{\frac{k}{m}} = \sqrt{\frac{70000\times 10^3}{178\times 10^3/9.81}} = 62.11\text{rad/s}$$

$$\omega = 2\pi f = 2\pi\times 13.33 = 83.75\text{rad/s}$$

$$|F_{\text{dynam}}| = \left|\frac{p_0}{1-\omega/\omega_n}\right| = \frac{35.6}{1-(83.75/62.11)} = 102.18\text{kN}$$

对路基的最大作用力＝178＋102.18＝280.18kN

对路基的最小作用力＝178－102.18＝75.82kN

2.4 (1)

$$c_c = 2\sqrt{km} = 2\sqrt{11000\left(\frac{60}{9.81}\right)} = 518.76\text{kN}\cdot\text{s/m}$$

$$\frac{c}{c_c} = D = \frac{300}{518.76} = 0.386 < 1$$

因此，系统是欠阻尼的。

(2)

$$\delta = \frac{2\pi D}{\sqrt{1-D^2}} = \frac{2\pi(0.386)}{\sqrt{1-(0.386)^2}} = 2.63$$

(3)

$$\frac{Z_n}{Z_{n+1}} = e^{\delta} = e^{2.63} = 13.87$$

2.5

$$f_d = \sqrt{1-D^2} f_n$$

式中，f_d 为阻尼固有振动频率。

$$f_n = \frac{1}{2\pi}\sqrt{\frac{k}{m}} = \frac{1}{2\pi}\sqrt{\frac{11000\times 9.81}{60}} = 6.75\text{Hz}$$

因此，

$$f_d = (\sqrt{1-(0.386)^2})\times(6.75) = 6.23\text{Hz}$$

2.6 (1)

$$f_n = \frac{1}{2\pi}\sqrt{\frac{k}{m}} = \frac{1}{2\pi}\sqrt{\frac{12\times 10^4}{140/9.81}} = 14.59$$

(2)

$$\omega_n = 2\pi f_n = 2\pi(14.59) = 91.67\text{rad/s}$$

$$\begin{aligned} Z &= \frac{p_0/k}{\sqrt{(1-\omega^2/\omega_n^2)^2 + 4D^2(\omega^2/\omega_n^2)}} \\ &= \frac{46/(12\times 10^4)}{\sqrt{[1-(157/91.67)^2]^2 + 4(0.2)^2\times(157/91.67)^2}} \\ &= \frac{3.833\times 10^{-4}}{\sqrt{3.737+0.469}} = 0.000187\text{m} = 0.187\text{mm} \end{aligned}$$

(3)

$$c = 2D\sqrt{km} = 2\times(0.2)\times\sqrt{(12\times 10^4)\left(\frac{140}{9.81}\right)} = 523.46\text{kN}\cdot\text{s/m}$$

$$\begin{aligned} |F_{\text{dynam}}| &= Z\sqrt{k^2+(c\omega)^2} \\ &= 0.000187\times\sqrt{(12\times 10^4)^2 + (523.46\times 157)^2} \\ &= 27.20\text{kN} \end{aligned}$$

2.7

$$\eta = \frac{m_2}{m_1} = \frac{G_2}{G_1} = \frac{22.24}{111.20} = 0.2$$

$$\omega_{nl_1} = \sqrt{\frac{k_1}{m_1+m_2}} = \sqrt{\frac{17\times 10^3\times 9.81}{111.2+22.24}} = 35.86\text{rad/s}$$

$$\omega_{nl_2} = \sqrt{\frac{k_2}{k_1}} = \sqrt{\frac{8.75\times 10^3\times 9.81}{22.24}} = 62.12\text{rad/s}$$

由

$$\omega_n^4 - (1+\eta)(\omega_{nl_1}^2 + \omega_{nl_2}^2)\omega_n^2 + (1+\eta)(\omega_{nl_1}^2)(\omega_{nl_2}^2) = 0$$

解得：

$$\omega_{n_1} = 34.60\text{rad/s} \quad \omega_{n_2} = 70.55\text{rad/s}$$

2.8 $\Delta(\omega^2) = \omega^4 - (1+\eta)(\omega_{nl_1}^2 + \omega_{nl_2}^2) + (1+\eta)(\omega_{nl_1}^2)(\omega_{nl_2}^2)$

$= 78.54^4 - (1+0.2)\times(35.86^2+62.12^2)\times 78.54^2 + (1+0.2)\times 35.86^2\times 62.12^2$

$= 5922262.92$

$$A_1=\frac{p_0(\omega_{nl_2}^2-\omega^2)}{m_1\Delta(\omega^2)}=\frac{44.5\times(62.12^2-78.57^2)}{\frac{111.2}{9.81}\times5922262.92}$$

$$=-0.00153\text{m}=-15.3\text{mm}$$

$$A_2=\frac{p_0\omega_{nl_2}^2}{m_1\Delta(\omega^2)}=\frac{44.5\times66.12^2}{\frac{111.2}{9.81}\times5922262.92}$$

$$=0.0026\text{m}=2.6\text{mm}$$

第3章　弹性介质中的波

3.1　杆件内压缩波速度：

$$v_c=\sqrt{\frac{E}{\rho}}=\sqrt{\frac{2.0\times10^{10}}{2.5\times10^3}}=2828\text{m/s}$$

杆端速度：

$$v=\frac{\sigma_x v_c}{E}=\frac{2\times10^5\times2828}{2.0\times10^{10}}=0.028\text{m/s}$$

0.05s 后：

$$x=v_c t=2828\times0.05=141.4\text{m}$$

即 0.05s 后压缩波传播到距杆端 141.4m 处。

3.2　由弹性模量 E=50MPa，泊松比 μ=0.2 可得 $G=\frac{E}{2\ (1+\mu)}$=20.83MPa，取土的密度 ρ=2.3g/cm^3。

对于半无限地基：

$$V_p=\sqrt{\frac{E(1-\mu)}{\rho(1+\mu)(1-2\mu)}}=155.4\text{m/s}$$

$$V_s=\sqrt{\frac{G}{\rho}}=95.2\text{m/s}$$

对于一维土柱：

$$V_p=\sqrt{\frac{E}{\rho}}=147.4\text{m/s}$$

$$V_s=\sqrt{\frac{G}{\rho}}=95.2\text{m/s}$$

3.3　将 μ=0.25 代入 $v^3-8v^2+8\frac{2-\mu}{1-\mu}v-\frac{8}{1-\mu}=0$ 可得：

$$v^3-8v^2+8\frac{2-0.25}{1-0.25}v-\frac{8}{1-0.25}=0$$

$$3v^3-24v^2+56v-32=0$$

解得：

$$v = 4(舍),\quad 2+\frac{2}{\sqrt{3}}(舍),\quad 2-\frac{2}{\sqrt{3}}$$

故

$$v = c^2/V_s^2 = 2-\frac{2}{\sqrt{3}}$$

即瑞利波波速：

$$c = 0.9194V_s$$

3.4　由题意知，衬砌周围介质是无限、弹性、可压缩的，土体与衬砌的动力相互作用不考虑其界面特性。由于是轴对称问题，其几何方程为：

$$\begin{cases}\varepsilon_r = \dfrac{\partial u_r}{\partial r}\\ \varepsilon_\theta = \dfrac{u_r}{r}\end{cases}$$

本构关系为：

$$-\sigma_r = \frac{E(1-\mu)}{(1+\mu)(1-2\mu)}\left(\varepsilon_r + \frac{\mu}{1-\mu}\varepsilon_\theta\right)$$

$$-\sigma_\theta = \frac{E(1-\mu)}{(1+\mu)(1-2\mu)}\left(\varepsilon_\theta + \frac{\mu}{1-\mu}\varepsilon_r\right)$$

运动方程为：

$$\frac{\partial\sigma_r}{\partial r} + \frac{\sigma_r - \sigma_\theta}{r} = -\rho\frac{\partial^2 u_r}{\partial t^2}$$

式中，σ_r 为径向应力；σ_θ 为切应力；ε_r 为径向应变；ε_θ 为切应变；u_r 为位移。

利用衬砌和土体界面处位移和应变连续的条件，可得衬砌结构的振动方程为：

$$\rho_L h[\ddot{u}(R,t) + \omega_0^2 u(R,t)] = p(t) - \sigma_R(R,t)$$

式中，ω_0 为衬砌结构的固有频率，$\omega_0=\sqrt{k/m}$，其中 k 为刚度，m 为质量。可根据圆柱形壳的无矩理论求解 ω_0。

引入拉梅（Lame）势函数 φ（r，θ）：

$$u(r,\theta) = -\frac{\partial\varphi}{\partial r} = \frac{1}{r^2}\phi(\theta) + \frac{1}{cr}\phi'(\theta)$$

$$\phi = r\varphi$$

满足二维轴对称波动方程。引入延迟时间：

$$\theta = t-(r-R)/c \geqslant 0,c\ 为膨胀波波速$$

即可求解衬砌的振动响应问题。详细求解过程请参考文献：高盟，高广运，王滢，等. 均布突加荷载作用下圆柱形衬砌振动响应的解析解 [J]. 岩土工程学报，2010，32（2）：237-242.

第 4 章　饱和土体中的波

4.1　提示：见本书第 4 章参考文献［31］。

4.2　提示：见本书第 4 章参考文献［29］。

第5章　非饱和土体中的波

5.1　提示：将隧道衬砌及周围介质分别视为弹性介质和非饱和介质，根据本书第5.3.1节的控制方程，进行Fourier变换和Laplace变换，求出控制方程的通解，再根据边界条件和衬砌与周围介质的连续条件得出问题的定解。对解答进行反Laplace变换和反Fourier变换，得出时域数值解。具体求解过程可参考文献“王滢，王海萍. 非饱和土中圆柱形衬砌隧道的瞬态动力响应［J］. 岩土力学，2022（11）：1-13”。

5.2　提示：求解方法同5.1。

第6章　土的动力特性试验

6.1　（1）$\sigma_1 = K_c \times \sigma_3 = 2 \times 150 = 300\text{kPa}$

（2）$u_{cr} = \dfrac{\sigma_1 + \sigma_3}{2} - \dfrac{\sigma_1 - \sigma_3 + \sigma_{d0}\ (1 - \sin\varphi')}{2\sin\varphi'} + \dfrac{c'}{\tan\varphi'}$

$= \dfrac{300 + 150}{2} - \dfrac{300 - 150 + 30\ (1 - \sin 22°)}{2\sin 22°} + \dfrac{15}{\tan 22°} = 37.13\text{kPa}$

6.2　（1）$K_c > 1$，N_{50} 对应 $u = 0.5\sigma_3 = 0.5 \times 100 = 50\text{kPa}$ 时所对应的循环周数，$N_{50} = 20$

（2）由10周的孔隙水压力公式 $\dfrac{u}{\sigma_3} = \dfrac{1}{2} + \dfrac{1}{\pi}\arcsin\left[\beta\left(\dfrac{N}{N_{50}}\right)^{\frac{1}{\theta}} - 1\right]$ 得：

$$\frac{30}{100} = \frac{1}{2} + \frac{1}{\pi}\arcsin\left[1 \times \left(\frac{10}{20}\right)^{\frac{1}{\theta}} - 1\right] \quad 解得 \frac{1}{\theta} = 0.0159$$

（3）由40周的孔隙水压力公式 $\dfrac{u}{\sigma_3} = \dfrac{1}{2} + \dfrac{1}{\pi}\arcsin\left[\beta\left(\dfrac{N}{N_{50}}\right)^{\frac{1}{\theta}} - 1\right]$ 得：

$$\frac{u}{100} = \frac{1}{2} + \frac{1}{\pi}\arcsin\left[1 \times \left(\frac{40}{20}\right)^{0.0159} - 1\right] \quad 解得\ u = 70.2\text{kPa}$$

第7章　土的动强度、动变形与动孔压特性

7.1　土在承受逐级增大的动荷载（力幅增大、持时增大或振次增大）作用下，它的变形、强度或孔压总要经历从轻微变化、明显变化再到急速变化这三个发展阶段。依据各自特性，可分别称之为振动压密阶段、振动剪切阶段和振动破坏阶段，这三个阶段间的两个界限动力强度分别称为临界动力强度和极限动力强度。

（1）振动压密阶段：发生在振动作用强度较小（力幅小或持续时间短）的情况，此时土的结构没有或只有轻微的破坏，孔压的上升、变形的增大和强度的降低都相对较小，土的变形主要表现为由土颗粒垂直位移所引起的振动压密变形；

（2）振动剪切阶段：发生在动荷载的强度超过临界动力强度后，此时出现孔压与变形的明显增大和强度的明显降低，土的变形中剪切变形的影响逐渐增大；

（3）振动破坏阶段：发生在动应力达到极限动力强度时，此时孔压急骤上升，变形迅

速增大，强度突然减小，标志着土的失稳破坏。

动荷载作用下的土处于不同阶段时，其上的建筑物将有不同的反应，表现出不同的后果。第一阶段危害是较小的，第三阶段是不能容许的，第二阶段是否能够容许应视具体建筑物的重要性和对地基变形的敏感程度分别决定。确定这些不同阶段的界限条件、了解土所处的阶段特性有着重要意义。

7.2　(1) 土的动强度是指能够引起土发生变形破坏的或土在动孔压达到极限平衡条件时的动应力，其与动荷载作用下的变形特性和孔隙水压力是紧密联系在一起的。

(2) 如果作用的动应力能够引起土在破坏意义上的动变形或土在极限平衡条件下的动孔压，则这个动应力即相当于土的动强度。

(3) 将固结应力比 K 相同、围压 σ_s 不同的几个动力试验分为一组，根据每个试验中的固结应力比和围压，从如图 7.10 所示的动强度曲线上查得与某一规定振次 N_f 对应的动应力幅值 σ_{d0}，在 σ_1 的基础上加上动应力幅值，在 τ-σ 平面上绘制出对应的破坏应力圆，绘制得到这一组内所有试样的破坏应力圆后，即可得到破坏应力圆的公切线，此公切线称为土的动强度包线。根据动强度包线即可确定土的动强度指标 c_d 和 φ_d。

7.3　已知 $\sigma_c'=100\text{kPa}$，$N=50$，$p=50\text{kPa}$，$\alpha=0.7$

根据公式 $\frac{p}{\sigma_c'}=\frac{2}{\pi}\arcsin\left(\frac{N}{N_L}\right)^{1/2\alpha}$

$$N_L=\frac{N}{\sin\left(\frac{\pi p}{2\sigma_c'}\right)^{2\alpha}}=\frac{50}{\sin\left(\frac{\pi\times 50}{2\times 100}\right)^{1.4}}\approx 82$$

因此在第 82 次左右达到液化。

7.4　已知 $K_c=1.2$，$\alpha=0.7$，$\sigma_c'=100\text{kPa}$，$N=50$，$\beta=3K_c-2=1.6$

根据公式 $\frac{u}{\sigma_c'}=\frac{1}{2}+\frac{1}{\pi}\arcsin\left[\left(\frac{N}{N_{50}}\right)^{\frac{1}{\beta}}-1\right]$

$$N_{50}=\frac{N}{\left[\sin\left(\frac{\pi u}{\sigma_c'}-\frac{\pi}{2}\right)+1\right]^{\beta}}=\frac{50}{\left[\sin\left(\frac{100\times\pi}{100}-\frac{\pi}{2}\right)+1\right]^{1.6}}\approx 17$$

孔压比等于 50%时的循环次数为 17。

第 8 章　土的动力本构关系

8.1　土是由土颗粒所构成的土骨架和孔隙中的水与空气组成的三相混合物，其在动荷载作用下的变形过程十分复杂，表现出弹性、塑性和黏滞性，它是典型的黏-弹-塑性体。此外，土还具有明显的各向异性。因此，土的动应力-动应变关系十分复杂，主要表现为变形的滞后性、非线性和应变累积性。

8.2　含义：Drucker 公设认为，一个应力循环中所做的功大于零时才有塑性应变；依留申公设认为，一个应变循环中所做的功大于零时才有塑性应变。

区别：(1) Drucker 公设不适用于软化条件；依留申公设既适用于硬化条件，也适用于软化条件。(2) Drucker 公设在应力空间讨论问题，而伊留申公设在应变空间讨论问题。

8.3 根据 Hardin 和 Ridart 的圆粒砂公式，初始剪切模量：

$$G_0=\frac{7000(2.17-e)^2}{1+e}(\sigma'_{m})^{0.5}$$

深度 z（m）处的平均有效应力：

$$\begin{aligned}\sigma'_{m}&=\frac{1}{3}(\sigma'_x+\sigma'_y+\sigma'_z)=\frac{1}{3}\sigma'_z(1+2k_0)\\&=\frac{1}{3}(17.6-10)\cdot z\cdot(1+2\times0.5)\\&=\frac{2}{3}\times7.6z\\&=5z(\text{kPa})\end{aligned}$$

因此，深度 z（m）处的初始剪切模量：

$$\begin{aligned}G_0&=\frac{7000\times(2.17-0.75)^2}{1+0.75}\times(5z)^{0.5}\\&=8065(5z)^{0.5}(\text{kPa})\end{aligned}$$

当深度 $z=10\text{m}$ 时，$G_0=8065\ (5z)^{0.5}=57028\text{kPa}\approx57\text{MPa}$

第 9 章 砂土液化

9.1 根据地面运动得水平向加速度最大值为 0.15g，N_0 取 12。取设计地震分组为第一组，确定 $\beta=0.8$。将 $N_0=12$，$\beta=0.8$，$d_s=10$，$d_w=1$ 带入式（9.6）得：

$$\begin{aligned}N_{cr}&=N_0\beta[\ln(0.6d_s+1.5)-0.1d_w]\sqrt{3/p_c}\\&=12\times0.8\times[\ln(0.6\times10+1.5)-0.1\times1]\sqrt{3/3}\\&=18.3\end{aligned}$$

实测标贯击数 $N=16<N_{cr}$，判定为液化。

9.2 根据表 9.2，深度 10m 处的修正系数 γ_d 取 0.9，动剪应力幅值为：

$$\tau_{max}=\gamma_d\gamma z\frac{a_{max}}{g}=0.9\times18\times10\frac{0.15}{g}=24.3\text{kPa}$$

等效循环荷载的幅值：

$$\tau_{av}=0.65\tau_{max}=0.65\gamma_d\gamma z\frac{a_{max}}{g}=0.65\times24.3=15.8\text{kPa}$$

根据表 9.3，地震震级为 7 级情况下的作用次数 $N=12$。

9.3 计算上覆压力 σ'_v：

$$\sigma'_v=9\times(18-10)\text{kPa}+1\times18\text{kPa}=90\text{kPa}$$

修正标准贯入击数为：

$$C_N=(1/\sigma'_v)^{1/2}=(1/0.9)^{1/2}=1.05$$

$$(N_1)_{60}=C_NN_{60}=1.05\times16=16.8$$

由式（9.16）得 7.5 级地震下：

$$\frac{\tau_{av}}{\sigma'_v}=\frac{1}{34-(N_1)_{60}}+\frac{(N_1)_{60}}{135}+\frac{50}{(10(N_1)_{60}+45)^2}-\frac{1}{200}=0.178$$

根据表 9.4 震级修正系数，7 级地震下：

$$\frac{\tau_{av}}{\sigma'_v}=1.087\times0.178=0.193$$

等效循环荷载幅值：

$$\tau_{av}=0.65\tau_{max}=0.65\gamma_d\gamma z\frac{a_{max}}{g}=0.65\times0.9\times18\times10\times\frac{0.2g}{g}=21.06\text{kPa}$$

$$\frac{\tau_{av}}{\sigma'_v}=\frac{21.06}{90}=0.234$$

0.193<0.234，判定为液化。